진단의 시대

진단의 시대
진단은 어떻게 우리를 병들게 하는가

수잰 오설리번

이한음 옮김

THE AGE OF DIAGNOSIS : How the Overdiagnosis Epidemic is Making Us Sick

by Suzanne O'Sullivan

Copyright © 2025 by Suzanne O'Sullivan
All rights reserved.
Korean translation copyright © 2025 by Kachi Publishing Co., Ltd.
Korean translation rights arranged with HODDER & STOUGHTON LIMITED through EYA Co., Ltd.

이 책의 한국어판 저작권은 EYA Co., Ltd를 통한 HODDER & STOUGHTON LIMITED사와의 독점계약으로 (주)까치글방이 소유합니다. 저작권법에 의하여 한국 내에서 보호를 받는 저작물이므로 무단 전재 및 복제를 금합니다.

역자 이한음
서울대학교에서 생물학을 공부했다. 우리나라를 대표하는 과학 전문 번역가이자 저술가로 활동하고 있다. 지은 책으로는 『아직 DNA가 어려운 너에게』, 『투명 인간과 가상 현실 좀 아는 아바타』, 『바스커빌가의 개와 추리 좀 하는 친구들』 등이 있으며, 옮긴 책으로는 『아웃사이더』, 『세포의 노래』, 『바다』, 『생명이란 무엇인가』, 『조상 이야기 : 생명의 기원을 찾아서』, 『암 : 만병의 황제의 역사』, 『질병 해방』, 『노화의 종말』, 『만들어진 신』 등이 있다.

편집, 교정 _ 권은희(權恩喜)

진단의 시대 : 진단은 어떻게 우리를 병들게 하는가

저자/수잰 오설리번
역자/이한음
발행처/까치글방
발행인/박후영
주소/서울시 용산구 서빙고로 67, 파크타워 103동 1003호
전화/02 · 735 · 8998, 736 · 7768
팩시밀리/02 · 723 · 4591
홈페이지/www.kachibooks.co.kr
전자우편/kachibooks@gmail.com
등록번호/1-528
등록일/1977. 8. 5
초판 1쇄 발행일/2025. 11. 17

값/뒤표지에 쓰여 있음

ISBN 978-89-7291-884-4 03510

차례

프롤로그 9

서론 21

1. 헌팅턴병 41

2. 라임병과 만성 코로나 증후군 77

3. 자폐증 129

4. 암 유전자 173

5. ADHD, 우울증, 신경다양성 217

6. 이름 없는 증후군 257

결론 295

감사의 말 333

주 337

역자 후기 360

인명 색인 363

저자 알림

이 책에 실린 이야기는 모두 실화이다. 분량은 조절했지만, 이야기 자체는 거의 손대지 않은 채 들은 그대로 전달했다. 다만 내용 중에 지극히 개인적인 사항들도 있어서, 이름과 신원을 드러낼 만한 세세한 부분들은 바꾸었다. 내가 진료한 환자들도 있는데, 그럴 때에는 본문에 명확히 밝혀놓았다. 또 각 주제마다 다양한 전문가들에게 의견을 구했는데, 민감한 내용이라서 이름을 밝히지 말아달라고 요청한 분들도 있었음을 밝혀둔다.

프롤로그

나는 이따금 애비게일을 떠올린다. 10여 년 전부터였는데, 그럴 때마다 늘 죄책감이 슬며시 따라붙는다. 애비게일이 겨우 열다섯 살일 때, 그러니까 직접 만나기도 훨씬 전에, 그녀의 삶을 영원히 바꿔놓았을 법한 무엇인가를 내가 했기 때문이다.

최근에 나는 그녀에게 물어보았다. "내가 신경과 의사를 찾아가보라고 했을 때, 자신에게 뭔가 의학적 문제가 있을 거라고 생각했나요?"

"뭐, 딱히요." 그녀는 깔깔 웃었다.

내가 줄곧 걱정하던 점이 바로 그 문제였다. 내가 10대 소녀의 삶을 불필요하게 의학적으로 규정한 것은 아닐까 하는 생각을 떨쳐버릴 수 없었으니까.

20대 중반인 지금 애비게일은 아이 돌보미로 일한다. 2012년 나는 충분히 깊이 생각하지 않은 채, 그녀가 묻지도 않은 진단을 내렸다. 내가 의사로서 하도록 훈련받은 일이 바로 그것이었으니까. 지금의 의학 역시 거기에 초점이 맞춰져 있다. 앞으로 어떤 진단이 나올지 예측하고, 질병을 선별하고, 더 일찍 진단을 내리고자 애쓴다. 그러나 지금 돌이켜보면, 내가 합당한 이유 없이 그녀를 환자로 만든 것은 아닐까 하는 미안한 마음이 든다.

나는 애비게일의 엄마 스테퍼니를 거의 20년 동안 진료해왔다. 그녀는 의학적 진단에 따라붙는 온갖 문제들을 고스란히 겪어야 했다. 병을 앓고 있음에도 확실한 진단을 받지 못한 채 살다가, 아주 긴 세월을 잘못된 진단을 받은 채 살아야 했다. 그녀가 명확한 진단을 받은 것은 발병한 후로 거의 30년이 흐른 뒤였다.

스테퍼니의 병은 1990년에 시작되었다. 겨우 스물두 살의 나이에, 첫 아이를 임신한 지 29주째에 갑자기 쓰러졌다. 자간eclampsia이라는 질환 때문이었다. 자간은 임신 기간에 혈압이 높아지고 발작이 일어나는 병이다. 그녀는 조산을 했고, 아기는 살아남지 못했다.

몇 년 뒤 건강한 아이, 즉 애비게일의 언니를 출산한 다음 스테퍼니는 두 번째로 쓰러졌다. 처음으로 경련까지 일으켰다. 그녀는 아기와 함께 계단에서 굴렀다. 다행히 다치지는 않았지만, 그 뒤로 발작은 스테퍼니가 주기적으로 겪는 삶의 한 부분이 되었다.

스테퍼니는 10여 명이 넘는 의사들을 만났는데, 의사들의 견해가 상충되는 경우도 있었다. 처음에는 뇌전증이라는 진단을 받았지만 치료가 전혀 효과가 없자, 의사들은 말을 바꾸었다. 어떤 의사는 스트레스 때문에 일어나는 심인성 발작이라고 했다. 발작이 재발해서 응급실에 실려가자, 응급실 담당의는 뇌전증이라고 다시 진단명을 바꾸었다. 그 뒤에 다른 의사는 다시 심인성 발작이라고 진단을 수정했다. 어떤 의사는 뇌전증 약물로 치료했고, 어떤 의사는 그녀를 정신과 의사에게 보냈다. 그러나 어느 쪽으로 가도 차도는 전혀 없었다.

나는 스테퍼니가 발병한 지 17년째인 2007년에 진료를 맡아달라는 요청을 받았다. 발작 전문의로서, 진단이 더 이상 오락가락하는 일이 없도록 확실히 잡아달라는 것이었다. 나는 스테퍼니를 입원시킨 뒤, 그냥 발작이 일어나기를 기다렸다. 대부분의 신경학적 진단은 임상 기법에 의존한다. 즉 환자가 말하는 이야기의 해석과 신체 검사이다. 스테퍼니가 경련을 일으킬 때 지켜보는 것만으로도 충분했다. 그녀는 내가 지금까지 수많은 환자들에게서 보았던 전형적인 "긴장성" 강직과 "간대성間代性" 근육 경련을 보였다. 이런 증상들은 뇌전증 경련으로만 설명이 가능했다. 즉 스테퍼니는 뇌전증을 앓고 있는 것이 분명했다.

그러나 내가 수수께끼를 완전히 풀 수 있었다는 말은 아니다. 뇌전증 발작은 뇌종양, 유전병, 감염, 염증, 발달이상, 부상 등 다양한 뇌 질환으로 생기는 증후군이다. 스테퍼니의 이야기도 검사 결과도 그 발작이 구체적으로 어떤 질환으로 생기는지 밝혀내는 데에는 도움이 되지 않았다. 뇌전증의 원인이 무엇인지, 즉 진짜 진단명이 무엇인지까지는 알아내지 못했지만, 그래도 스테퍼니는 뇌전증이 확실하다는 말에 만족했다. 뭐가 문제인지 사람들이 물을 때 명확히 말해줄 수 있었으니까. 그 진단명으로 그녀는 한 공동체의 일원이 되었고, 치료 가능성도 열렸다. 치료의 효과가 좋아서가 아니었다. 발작은 계속 일어났지만, 설령 그렇다고 해도, 미흡하기는 해도 진단명이 나왔기에 스테퍼니는 무슨 병인지도 모르는 상태에서 앓고 있을 때보다 기분이 더 나아졌다. 그 뒤로 우리가 할 수 있는 일은 그저 스테퍼니의 병이 어떤 식으로 전개되는지 기다리면서 지켜보는 것밖에 없었다.

많은 어려운 진단은 어느 정도는 인내심 싸움이다. 부정확하거나 미확정적인 상태를 명확한 진단으로 바꿀 수 있는 것은 두 가지이다. 때로는 병이 진행될 때 새로운 증상들이 나타나면서 병의 전체적인 모습이 더 명확해진다. 다른 하나는 과학이 병을 따라잡는 것이다. 즉 과학이 발전함으로써, 병세가 더 심해지기 전에 진단을 내릴 수 있게 되는 것을 말하며, 내가 볼 때 이쪽이 더 낫다. 스테퍼니의 사례에서는 두 가지 다 필요했다.

그 점을 먼저 알아차린 것은 한 수련의였다.

"환자 분의 걸음걸이가 좀 이상하지 않아요?" 재검사를 위해서 스테퍼니가 신경과 병동에 입원했을 때, 그 의사가 내게 물었다.

"내가 볼 때는 멀쩡한데?" 나는 그렇게 대답했다.

그러나 곧 내가 스테퍼니의 걸음걸이를 지켜본 것이 언제였는지 전혀 기억이 나지 않는다는 사실을 깨달았다. 내가 스테퍼니를 맡은 것이 이미 5년 전이었다. 대개 우리는 만나면 진료실에서 서로 마주앉아 발작 양상을 살펴보고, 때로 곁들여서 그녀의 집안과 직장 이야기도 나눴다. 그녀는 걷는 데 문제가 있다는 말을 한번도 한 적이 없었고, 나도 굳이 물어볼 이유가 전혀 없었다.

나는 스테퍼니에게 물었다. "여기 의사 선생님이 보니까, 걸을 때 몸이 한쪽으로 좀 기울어진대요. 알고 있었어요?"

그러자 병상 옆 의자에 앉아 있던 그녀의 남편 마크가 낄낄거렸다.

"놀리는 거예요." 그녀는 웃음을 지으면서 남편을 째려보았다. "아무데나 걸려서 잘 넘어지거든요. 하지만 원래 그랬어요."

나는 스테퍼니가 자신의 발작을 으레 과소평가한다는 것을 알고 있었다. 그녀는 건강 문제를 별것 아닌 양 넘기는 유형이었다. 그래서 나는 더 구체적으로 물어보았다. 그녀는 어릴 때부터 죽 걸음걸이가 그랬는데, 시간이 흐르면서 점점 나빠진 것은 맞다고 인정했다. 남편도 동의했다. 그 변화가 너무나 서서히 일어났고 뚜렷하지 않았기 때문에, 언급할 생각조차 하지 않은 것이었다.

나는 복도에서 스테퍼니의 걸음을 지켜보았다. 그녀는 몸을 튕기듯이 걸었고, 발을 질질 끌었다. 발가락은 안쪽으로 틀어져 있었다. 나는 음주 여부를 확인할 때처럼 가느다란 직선이 바닥에 그려져 있다고 상상하면서 걸어보라고 했다. 그녀는 제대로 할 수 없었다. 이어서 그녀를 침대에 눕히고 다리를 검사했다. 다리는 뻣뻣했고 무릎 반사는 과하게 일어났다. 어떤 근육은 미묘하게 약했다. 그녀는 팔에는 아무 문제가 없다고 했지만, 팔의 근육도 비정상적으로 뻣뻣한 듯했다.

신경과 의사는 이런 상태를 경직 불완전마비spastic paraparesis라고 한다. 경직은 팔다리가 뻣뻣한 것, 불완전마비는 팔다리가 힘이 없는 것을 가리킨다. 뇌나 척수의 운동신경을 교란하는 것들은 모두 이 질환을 일으킬 수 있다. 나는 발작 당시 스테퍼니가 어떻게 쓰러졌을지 다양한 상황을 떠올렸다. 혹시 예전에 목을 다친 적이 있었을까? 외상으로 척수가 손상된 것은 아닐까?

그때 마크가 불쑥 말했다. "애비게일도 엄마처럼 걸어요."

나는 놀라서 스테퍼니를 쳐다보았다. 스테퍼니가 아이들을 이야기할 때, 그저 잘 지낸다는 말만 했기 때문이다. 그래서 나는 아이들이 건강하게 잘 자란다고만 생각했다.

스테퍼니는 남편의 말에 동의했다. "그런 것 같아요. 나처럼 좀 꼴사납게 걷죠."

남편이 덧붙였다. "학교에서 아이들이 딸을 '펭귄'이라고 불러요."

내가 여러 해가 지난 뒤 마침내 애비게일과 대화를 나눌 기회가 왔을 때 여전히 죄책감을 느낀 것은 바로 이 일 때문이다. 애비게일은 "우스꽝스러운 걸음걸이" 때문에 학교에서 놀림을 받고 있는 10대였다. 그녀는 수줍어했지만, 자신감과 능력도 갖추고 있었다. 그녀는 팀 스포츠를 좋아했지만, 엄마가 그랬듯이 양쪽 팀 모두가 그녀를 데려가려고 하지 않아서 늘 마지막에야 뽑혔다. 그녀는 그러려니 하고 받아들였다. 그녀에게는 달리기를 포함하는 종목보다 수영과 요가가 더 맞았다.

나는 진단 퍼즐 조각들을 맞추는 일을 좋아하는 신경과 의사다운 열정을 가지고 이 새로운 정보를 받아들였다. 스테퍼니의 걸음걸이 문제의 원인일 가능성에서 척수 손상을 배제하고서, 스테퍼니와 애비게일에게 근육과 운동 문제를 전문으로 하는 신경과 의사를 만나보라고 했다. 의사는 모녀 모두에게 경직 불완전마비 증세가 있다고 동의했고, 원인이 유전적인 것일 가능성이 있다고 보았다.

스테퍼니와 애비게일의 질병은 여러 해에 걸쳐 일어난 작은 발전들이 쌓인 끝에 전체 모습을 드러냈다. 2012년에 스테퍼니는 몇 가지 유전자 검사를 받았지만 도움이 될 만한 결과는 전혀 나오지 않았다. 그 뒤로 유전암호를 분석하는 능력이 단기간에 폭발적으로 향상되었고, 나는 2019년에 스테퍼니와 애비게일의 신경유전학자로부터 편지를 받았다. 여러 가지 새로운 검사를 실시한 끝에 모녀의 염색체에서 유전자 변이체, 즉 유전자 돌연변이를 하나 발견했다는 소식이었다. KCNA1이라는 유전자가 비정상이었다.

유전자 이상으로 생기는 질병은 그 유전자가 정상일 때 무슨 일을 하느냐에 달려 있다. KCNA1 유전자는 이온이 세포 안팎으로 이동할 수 있는 통로를 만드는 데에 관여한다. 신경계가 정상적으로 기능하려면 이런 통로가 필수적이다. 모든 유전자 변이체가 병을 일으키는 것은 아니지만, KCNA1 유전자의 변이체 중에는 이런저런 신경 문제와 관련이 있는 것들이 많다. 걸음걸이 문제와 뇌전증도 포함된다. 스테퍼니와 애비게일에게 있는 변이체는 드문 것이었다. 사실 그 전까지 겨우 두 번 관찰되었을 만치 아주 희귀했다. 이 유전자 이상은 새로 발견된 것이고 거의 이해가 되지 않은 상태였지만, 같은 유전자 변이체를 지니고 신경 질환을 앓고 있는 다른 사람들을 기술한 두 건의 사례 보고 논문들은 우리가 마침내 스테퍼니의 병을 명확하게 진단했음을 시사했다.

결국 그렇게 마무리되었다. 거의 30년 만에 스테퍼니는 가능성이 높은 진단명을 받았다. 뇌전증과 경직 불완전마비를 일으키는 KCNA1 유전자 변이체를 지녔다는 것이다. 의사가 좋아하는 유형의 진단이었다. 희귀했다. 뜻밖이었다. 힘겨운 싸움이었다. 첨단 지식이 동원되었다. 스테퍼니의 모든 의학적 문제들을 포괄할 수 있을 만한 설명이었다.

그러나 진단은 본래 다른 무엇인가로 이어져야 한다. 전통적으로 진단은 증상을 설명하고, 다음 단계의 조치를 시사하고, 같은 병을 앓는 환자들이 있음을 알려준다. 스테퍼니와 애비게일의 진단은 이것들 중에서 어느 것도 하지 못했다. 현재 과학의 발전 덕분에 아주 희귀하거나 전례 없는 병이라는 진단을 받기는 하지만, 그 진단이 자신의 미래에 어떤 의미가 있는지 아무도 알려줄 수 없는 사례가 늘고 있다. 이 두 사람도 그런 사례에 속한다.

나는 진단을 내릴 당시에 애비게일을 직접 만난 것이 아니었다. 그녀가 없는 상태에서 부모와 나눈 대화를 토대로 신경과 의사를 만날 필요가 있다고 나름의 판단을 내렸을 뿐이다. 나는 애비게일이 엄마와 동일한 신경학적 문제를 안고 있을 수 있다고 추측했고, 그 점을 그녀가 알면 유용할 것이라고 가정했다. 그녀는 내가 제안한 대로 따랐다.

나중에 나는 조금 기대하는 마음으로 애비게일에게 물었다. "나 때문에 자기 몸이나 건강에 너무 신경을 쓰게 된 건 아니겠죠?"

그녀는 잠시 생각하더니 말했다. "무슨 말인지 알아들었어요. 유치원에서 아이가 넘어질 때와 비슷해요. 아이는 무릎을 살펴보다가 피가 보이면 엉엉 울기 시작해요. 피가 안 보이면 그냥 일어나서 아무 일도 없었던 것처럼 가죠."

"혹시라도 나 때문에 건강에 지나치게 신경을 쓰게 된 건 아닌지 걱정이 되어서요."

"아니에요. 그냥 그렇구나 했어요." 애비게일은 고개를 저으면서 빙긋 웃었다.

그 일이 있은 지 17년 뒤에, 그녀로부터 직접 들으니 안심이 되었다.

애비게일과 달리, 스테퍼니는 확실한 진단이 나오기를 기다리면서 긴 세월을 보냈다. 힘든 시간이었지만, 가치 있는 기간이기도 했다. 자신의 건강이 더 악화될 수 있음을 알지 못했기에, 그녀는 미래를 꿈꾸었고 앞날에 대한 지나친 걱정 없이 성장했다. 10대에 그녀는 자기 앞에 펼쳐질 희망찬 가능성만을 내다보았다.

스테퍼니는 내게 말했다. "40대가 되기 전까지 유전 질환이 있다는 걸 몰랐잖아요. 그러니 모른 채 살았죠. 직장에 다녔고, 가정도 꾸렸고요. 비정상 유전자가 있다는 걸 몰랐을 때는 다 괜찮아질 거라는 희망을 여전히 품을 수 있었거든요."

"정말이에요?! 진단이 없는 편이 더 나았어요?" 나는 놀라서 물었다. 내 경험상 대다수가 믿는 것과는 달랐으니까.

"모르는 게 약이라는 말도 있잖아요." 그녀는 빙긋 웃었다.

엄마와 정반대로, 애비게일은 진단을 아주 쉽게 받아들였다. 그것도 아주 어린 나이에. 엄마와 달리 진단이 불확실한 상태로 살아가지는 않겠지만, 부담 없이 미래를 낙관하는 사치를 누린 적도 없다.

애비게일은 내가 신경과 의사를 만나보라고 권했을 때 자신에게 어떤 의학적 문제가 있는지 몰랐지만, 결국에는 알게 될 것이 분명했다. 걸음걸이가 서서히 나빠지고 있었기 때문이다. 대학을 졸업한 뒤, 그녀는 프랑스의 한 스키 리조트에서 아이 돌보미로 잠시 일했다. 그때쯤에는 이미 미끄럽고 부드럽거나 평탄하지 않은 바닥에서는 걷기가 어려워지고 있었다. 어느 날 밤 살짝 취한 상태에서 친구들은 서로를 놀리는 이름표를 만들었다. 애비게일의 이름표에는 이렇게 적혀 있었다. "안녕, 난 애

프롤로그 17

비게일이야. 난 눈 위에서 못 걸어." 지금 그녀는 걸을 수 있지만 오래 걷지는 못하고, 장시간 서 있지도 못한다. 최근 디즈니랜드에 갔을 때는 때때로 휠체어를 이용해야 했다.

애비게일의 조기 진단이 그녀에게 어떤 혜택을 주었을지 굳이 찾자면, 아마 엄마가 진단을 받기까지 겪어야 했던 온갖 일들을 겪지 않아도 된다는 것이 아닐까. 그녀는 자신의 증상을 말해도 남들이 믿지 않을 때의 심경을 결코 모를 것이다. 증상이 희귀하고 어떻게 진행될지 아무도 제대로 예측할 수 없기는 해도, 그녀는 엄마에게 어떤 일들이 일어나고 엄마가 어떻게 잘 대처하는지 곁에서 지켜보면서 어느 정도 감을 잡았다. 진단이 내려지자, 애비게일은 나름 계획을 세울 수 있게 되었다. 그녀는 직장에서 아이들을 쫓아다니기가 점점 힘들어지고 있으며, 언젠가는 더 이상 할 수 없거나 할 마음이 없어지리라는 것을 안다. 그녀는 몸에 부담을 덜 주면서 오래 할 수 있을 만한 직업을 알아보는 중이다.

진단이 내려지자 그녀는 장애인 주차증 등 실질적인 지원을 받을 수 있었다. 자기 몸으로는 힘들 수도 있는 현장이나 행사에 돌보미를 동반할 수 있다. 대출을 받고자 할 때도 공식 진단서는 절차를 간소화해준다. 이제 그녀는 자기 집안에 유전 질환이 대물림된다는 것을 안다. 원한다면 현재의 의학 기술을 이용해서 유전병이 없는 아이를 가질 수도 있을 것이다.

진단이 내려졌기 때문에, 제한적이기는 하지만 선택권을 얻었다.

그러나 상황이 정반대의 방향으로 펼쳐질 수도 있었다. 경직 불완전 마비가 있다는 말을 들었을 때, 애비게일의 신경은 온종일 자신의 다리로 향할 수도 있었다. 팀 스포츠에 참가하지만 자신이 가장 뛰어난 선수는 결코 되지 못하리라는 사실을 받아들이는 대신에, 잘 못할 것이라고 지레짐작되는 일들을 아예 회피할 수도 있었다. 아이 돌보미가 되는 대신에 처음 선택한 이 직업을 아예 포기하고 몸에 부담을 덜 주는 다른 일을 택했을 수도 있었다. 새 고용주가 그녀의 병명을 알게 되는 바람에 건강상의 이유로 채용이 거부되었을 수도 있다. 진행성 질환이 있다는 이유로 보험 가입이 거부되었을 수도 있다.

애비게일은 엄마처럼 회복력이 강하고 현실적이기 때문에, 그 병을 마음 뒤편으로 밀어놓고 삶을 살아갈 수 있었다. 그러나 다른 신경과 의사에게 보낼 당시에 나는 그녀가 어떤 사람인지 몰랐다. 다른 사람이었다면 그 진단이 자기 정체성의 일부가 되는 바람에 삶이 영구히 바뀌었을 수도 있다. 환자의 영어 단어인 페이션트patient는 라틴어 동사 파티pati에서 유래했다. 앓는다는 뜻이다. 애비게일을 환자로 만들었을 때, 나는 그녀를 더욱 앓게 만들 수도 있었다. 그렇게 되지 않은 것은 그저 운이 좋았기 때문이다.

서론

스테퍼니의 이야기를 이 책에 싣고자 허락을 구한 뒤로, 그녀는 내게 짬짬이 그린 그림들을 찍은 사진을 보내오고는 한다. 꽃과 새를 묘사한 기분 좋은 수채화이다. 이메일로 주기적으로 보내는데, 볼 때마다 절로 웃음이 피어난다. 내가 그녀의 발작을 완전히 없애지 못한 것이 분명함에도, 진단을 받았다는 점 자체 또는 우리가 함께했던 여정의 무엇인가가 스테퍼니의 기분을 나아지게 한 모양이다. 그렇기는 해도 나는 여전히 그녀에게 내린 진단의 가치를 생각할 때면 심경이 복잡해진다. 아니, 치료제가 없거나, 적어도 증상을 완화할 정도의 효과적인 치료법조차 없는 모든 진단에 그렇게 느끼는지도 모르겠다. 질환을 설명할 수 있게 되었다고 안도하는 순간이 지나고 나면, 그 진단명은 어떤 의미로 와닿을까?

   내가 의사로 일한 지는 30년이 넘었고, 그중 25년은 신경과 의사로 일했다. 그리고 책을 쓸 때면 나는 늘 내 환자들을 염두에 둔다. 최근 들어 특히 더 걱정되는 현상이 하나 있는데, 만성질환을 서너 가지, 더 나아가 다섯 가지나 지녔다고 이미 진단을 받은 상태에서 나를 만나러 오는 젊은이들의 수가 늘고 있다는 사실이다. 자폐증, 투렛 증후군, ADHD, 편두통, 섬유근육통, 다낭난소 증후군, 우울증, 섭식장애, 불안 증후군 등등. 그런 질환들 중에는 완치가 안 되는 것도 많다. 또 내가 의대생일 때는 존재하지도 않았지만 지금은 흔해진 새로운 진단명들도 너무나 많다. 과가동 엘러스–단로스 증후군, 자세기립 빠른맥 증후군을 비롯한 많은 새로운 유전 질환이 그렇다. 그런 병명들은 어디에서 나왔고, 전혀 없다가 어떻게 그렇게 빨리 100여 가지로 늘어난 것일까? 나는 그토록 많은 20-30대가 어떻게 그렇게 젊은 나이에 그토록 많은 질병에 걸릴 수 있는지를 생각할 때마다 계속 충격을 받는다. 더 나이든 이들도 마찬가지이다. 고혈압, 고콜레스테롤혈증, 허리 통증 등등. 이런저런 병이 있다는 진단을 받은 적이 없는 환자를 만나는 일이 점점 드물어지고 있다. 의사는 환자가 새로운 증상을 보였기 때문에 내게 환자를 보내며, 그 증상을 설명할 또다른 진단명을 내가 내놓을 수 있기를 기대한다. 의학에는 맹점이 많다. 처음에 해결하겠다고 약속한 문제를 해결하지 못하고 있다는 사실을 아무도 눈치채지 못한 채 그냥 습관적으로 하는 치료 행위가 된 것들이다. 내가 보고 있는 이 기나긴 진단 목록들도 이 현상의 일부가 아닐까 하는 생각이 종종 든다.

굳이 의료인이 아니더라도 특정한 병명이 갑자기 흔해졌다는 사실을 알아차리기는 어렵지 않다. 행동과 학습에 어려움을 겪는 정신건강 장애라고 진단을 받은 이들이 놀라울 만치 증가하는 바람에, 이제는 언론 기사와 우리가 나누는 대화에 으레 등장할 지경이 되었다. "ADHD, 최근에 진단이 폭발적으로 증가한 배경은?", 「뉴사이언티스트*New Scientist*」

2023. 5.[1] "자폐증 환자가 다시 증가한다는 연구 결과가 나오다", 「뉴욕 타임스New York Times」 2023. 3.[2] 정신건강 장애의 다른 여러 범주들에서도 동일한 이야기가 펼쳐진다. "대학생들의 PTSD(외상 후 스트레스 장애) 발병 사례가 급증하다", 「뉴욕 타임스」 2024. 5.[3] "우울증 환자가 기록적인 수준으로 증가하다, 미국의 성인 6명 중 1명 이상이 우울증을 앓고 있다", 「CNN」, 2023. 5.[4] "작년에 우울증과 불안 증후군 환자가 25% 증가하다", 「포브스Forbes」, 2023. 2.[5]

그러나 정신건강 장애 및 관련 질환들만 증가하고 있는 것은 아니다. 지난 25년 동안 미국에서 천식 진단을 받은 사람은 48퍼센트나 증가했다.[6] 미국의 암 환자수는 2024년에 처음으로 200만 명을 넘어섰다고 추정되며,[7] 영국의 치매 환자수도 기록을 갱신했다.[8] 세계의 당뇨병 환자수는 5억3,700만 명이며, 2045년까지 7억8,300만 명으로 늘어날 것으로 예상된다.[9] 지난 20년 동안 환자가 급증한 신체건강 질환들을 나열하면 이렇다. 암, 유전병, 치매, 고혈압, 고콜레스테롤혈증, 당뇨병, 골다공증, 콩팥병, 다낭난소 증후군, 자궁내막증, 폐색전증, 대동맥류, 만성 라임병. 그밖에도 아주 많다.

이런 놀라운 통계는 우리의 건강 상태에 관해서 무엇을 이야기하고 있을까? 언뜻 보면, 우리가 예전보다 정신적으로도 육체적으로도 건강이 상당히 나빠진 듯하다. 그러나 다른 해석도 가능하다. 그냥 건강 문제를 인지하고 치료가 필요한 사람들을 식별하는 우리의 능력이 훨씬 나아졌다는 사실을 반영하는 것일 수도 있지 않을까? 자폐증 같은 장애는 사람들이 마침내 올바른 진단을 받고 지원을 받고 있기 때문에 증가하는 것일 수도 있다. 의사들이 고혈압과 당뇨병을 더 적극적으로 검사하기 때문에, 자신이 그런 병에 걸렸음을 아는 사람들이 더 늘어나는 것이 아닐까? 정말로 그렇다면, 진단을 받은 사람이 늘어남에 따라, 우리는 더 건강해지는 것일 수도 있다.

그러나 세 번째 가능성이 있다. 이 모든 새로운 진단들이 겉보기와는 다를 수도 있다는 것이다. 딱히 질병이라고 해야 할지, 말아야 할지 경계선에 놓이는 증상을 질병이라고 확고히 진단을 내리고, 정상적인 범위에 놓인 차이를 병리화하는 것일 수도 있다. 이런 통계는 평범한 인생 경험, 신체적 결함, 슬픔과 사회적 불안을 장애라는 범주에 집어넣고 있음을 시사하는 것일 수도 있다. 다시 말하면 우리는 점점 더 병들고 있는 것이 아니라, 점점 더 많은 것을 병이라고 치부하고 있을 뿐이다.

이중 어떤 설명이 맞을 가능성이 가장 높을까? 의견 일치가 이루어지기는 쉽지 않을 것이다. 이는 의료계와 대중 양쪽에서 격렬한 논쟁이 벌어지는 주제이다. 그러나 이 질문의 답을 찾으려는 노력은 매우 중요하다. 건강에 문제가 있음을 더 일찍, 더 경미한 상태일 때 찾아내는 일이 늘 옳다는 가정하에 그 방면으로 노력을 기울이는 것이 현재의 추세이며, 이 추세는 꾸준히 더 확대되고 있기 때문이다. 이 책에서 나는 세 번째 가능성을 지지하는 논지를 펼칠 예정이다. 우리가 과잉 의학의 희생자가 되고 있으며, 이제 상황을 되돌릴 때가 되었다고 말이다. 우리는 정신 질환과 신체 질환 양쪽으로 진단의 시대를 살고 있다.

의학의 발전과 사회적 변화는 과잉진단overdiagnosis과 과잉의료화overmedicalisation라는 두 가지 현상을 급증시키고 있다. 이것들에 대해서는 뒤에서 상세히 살펴볼 것이다. 오진이 단순히 진단이 잘못되었음을 뜻하는 반면, 과잉진단은 전혀 다르다. 진단이 옳기는 하지만, 환자에게 유익하지 않으며 더 나아가 해로울 수도 있다는 뜻이다. 과잉진단은 의학적 치료가 사실상 필요하지 않은 단계에서 의학적 문제가 있음이 검출될 때 생긴다. 열다섯 살의 애비게일이 스스로 뭔가 문제가 있음을 미처 알아차리기도 전에, 치료 불가능한 유전적 경직 불완전마비라는 병에 걸렸다는 진단을 받은 것처럼 말이다. 무증상인 사람들을 대상으로 그렇게 과도하게 건강 검진을 한다고 해서 그들이 더 건강하게 또는 더 오래 살게 된다는 증거는 전혀 없다. 조기에 과도하게 공격적으로 치료하는 행위, 건강 추적 관찰을 불필요하게 너무 많이 하는 것도 그렇다.

과잉의료화는 과잉진단과 관련이 있지만, 미묘하게 다르다. 사람들의 평범한 차이, 행동, 삶의 단계들에 의학적 꼬리표를 붙일 때, 그것들은 의사의 업무로 바뀌는 듯하다. 미성숙하거나 사회적으로 불안한 아이들에게 신경발달 뇌 장애가 있다고 말하는 식이다. 또는 의학이 치료해야 할 문제라고 예상하면서 질병이 아닌 것을 질병으로 만드는 식이다. 우리는 노화, 수면 장애, 성욕 감퇴, 완경, 슬픔을 그런 식으로 바라보고 있다.

과잉진단과 과잉의료화가 출현하는 두 가지 주요 메커니즘이 있다. 첫 번째는 과잉검출인데, 이는 새로운 기술과 더 민감하고 집중적인 선별 검사를 통해서 더 일찍 더 약한 형태의 질병까지 검출할 때 일어난다. 두 번째는 질병 정의의 확대이다. 이는 정상과 비정상을 나누는 선이 서서히 이동함으로써, 예전에는 건강하다고 간주되던 사람들이 시간이 흐르면서 질병군에 속하게 될 때 일어난다. 이를 "진단 침입diagnosis creep"이라고도 한다.

과잉진단과 과잉의료화는 대개 의도는 좋지만, 검증을 거치지 않은 채 옳다고 추정하는 진리에서 나온다. 조기 진단이 언제나 최선이라는 가정 같은 것 말이다. 진단을 받는 쪽이 아예 진단 없이 사는 것보다 낫다, 사람들은 설령 바꿀 수 없다고 해도 자신의 의학적 미래를 알고 싶어 한다, 의학은 더 많을수록 더 좋다, 현대 의학은 예전 의학보다 더 낫다, 첨단 기술은 구식 기술보다 더 낫다 등등. 그러나 의학적 변화는 가정이 아니라 증거에 토대를 두어야 한다.

과소진단은 누구나 우려하며, 그 우려는 정당하다. 자신의 병을 의사가 알아차리지 못하고 지나친 일을 적어도 한 번 이상 겪은 사람도 많다. 그러나 과잉진단은 알아차리기가 훨씬 더 어려우며, 따라서 언급되는 일도 훨씬 적다. 의사에게 자신이 어떤 병이 있거나 병에 걸릴 위험이 있다는 말을 들었을 때, 그 결론을 수긍하지 않거나 아예 거부하는 태도를 보이는 사람은 거의 없다. 불필요한 치료를 받았는지 여부를 개인이 판단하기란 무척 어렵다. 이는 과잉진단을 받았다고 불평하는 소리를 거의 듣지 못한다는 의미이다. 또 적절한 의학적 치료가 남용이 되고, 진단이 과잉진단이 되는 지점이 어디인지를 파악하는 것도 무척 어렵다. 여기에다가 혹시 진단을 빠뜨리면 어쩌나 하는 두려움까지 겹치는 바람에, 너무나 많은 진단을 너무나 쉽게 내리는 방향으로 치우치는 일이 너무나 쉽게 벌어지고는 한다.

과잉진단이 과소진단보다 더 많이 이루어질 수도 있고, 나름의 피해를 입히고 있다는 증거도 점점 늘고 있다. 다음 시나리오들을 생각해보라. 영국 국가보건 서비스(영국의 공공 의료 제도로서 1차 진료 의사인 주치의와 2차 진료 기관인 병원으로 구성된다. 개인은 지역별로 주치의를 정하고, 일반의사인 주치의가 그 개인의 일반적인 검사와 진료를 맡는다/역주)는 건강 검진 사업을 통해서 암을 발견해 치료한 덕분에 연간 1만 명이 목숨을 구한다고 추정한다.[10] 그러나 **만약** 건강 검진에서 발견된 아주 초기의 암세포가 그냥 두어도 결코 심각한 병을 일으키지 않았다면? 초기 암세포가 모두 암으로 발달하는 것은 아니다. 아마 목숨을 구했다는 그 1만 명 중에는 불필요한 암 치료를 받은 이들도 있을 것이다. 이는 사실 과잉검출에 따른 과잉진단의 지극히 흔한 사례이다. 2023년에 미국에서 수행된 한 연구는 70세 이상 여성에게 진단된 유방암 중 31퍼센트가 과잉진단이라고 추정했다.[11] 프랑스에서는 4년 동안 갑상샘암의 과잉진단으로 낭비된 돈이 1억 유로가 넘는다고 추정한 연구 결과도 나왔다.[12] 많은 전립샘암 검진 사업은 **단 한 명**의 목숨도 구하지 않지만, 검사를 받은 1,000명당 많으면 20명까지 암이라는 진단을 받고서 그냥 두어도 아무런 문제를 일으키지 않을 암을 치료하느라 고생한다.[13] 이런 이야기들은 전 세계에서, 건강 검진 대상인 모든 암에서 되풀이된다. 암 검진 사업은 목숨을 구하지만, 그런 한편으로 사람들을 불필요한 침습적 치료와 암 진단에 따른 심리적 고통에 노출시킬 위험도 있다.

    질병 정의의 확장, 즉 더 많은 사람이 병이 있다고 여겨지는 집단에 포함되도록 기준점을 옮기는 추세는 많은 의학적 문제의 진단율에 극적인 효과를 일으켜왔다. 당뇨병 전 단계를 생각해보자. 혈당 수치가 지극히 정상인 상태와 실제 당뇨병 상태 사이에 놓인 단계이다. 2003년 미국 당뇨병협회는 당뇨병 전 단계의 기준이 되는 공복 혈당 정상 수치를 리터당 6.1밀리몰에서 5.6밀리몰로 낮춤으로써, 전 단계의 정의를 조정했다.[14] 이 사소해 보이는 조정으로 당뇨병 전 단계에 속한 사람의 수는 하룻밤 사이에 적어도 2-3배가 증가했다. 이 당뇨병 전 단계의 기준 변동과 다른 포도당 불내성 검사법들을 조합해서 세계적으로 적용한다면, 중국 성인의 절반 및 미국과 영국 성인의 3분의 1이 당뇨병 전 단계에 속할 수도 있다. 즉 그들은 당뇨병으로 진행될 위험이 높다고 여겨지는 집단에 속하게 되며, 꾸준히 건강 상태를 살피고 계속 건강을 염려하며 살아가게 될 수도 있다.

이런 갑작스러운 질병의 진단 기준 수정은 그저 한 위원회가 정상 혈당의 범위를 재정의하자고 결정을 내리는 바람에 뜬금없이 이루어졌다. 아직 진단이 내려지지 않은 이 모든 사람들이 치료나 진료를 받는다면 당뇨병으로 진행되는 것을 막는 데에 도움이 될 것이고 장기적으로 더 건강하게 살아갈 수 있으리라는 생각에서였다. 그러나 이런 기준 변화가 전망한 것처럼 당뇨병 발생률을 과연 실제로 낮추었는지는 불분명하다. 이런 수단들이 지난 20년 동안 반복해서 쓰였음에도 불구하고, 세계의 제2형 당뇨병 환자수는 해마다 늘어났다. 당뇨병 전 단계라는 진단을 받음으로써 당뇨병의 발생 시기가 늦춰져서 혜택을 보는 이들도 있다. 그러나 많은 이들은 그런 진단을 받지 않아도 결코 당뇨병에 걸리지 않을 것이다. 아니, 더 나아가 대다수가 거기에 속한다고 말할 이들도 있다. 그런 집단은 혈당을 정기적으로 검사할 필요 자체가 없을 수도 있다. 더 가벼운 사례들까지 포함되도록 더 포괄적으로 진단한 것이 더 많은 생명을 구했을까, 아니면 거의 아무런 혜택도 주지 못하면서 치료를 했을 뿐일까?

이제 최근에 자신이 자폐와 ADHD를 앓고 있음을 알게 된 이 모든 새로운 사람들을 생각해보자. 이런 문제에 시달리는 아동과 성인을 식별하고 진단을 통해서 그들이 겪는 증상들을 설명한다면, 그들은 더 행복하고 더 성공적인 삶을 살아갈 수 있지 않을까? 우리는 이런 장애가 있는 아이나 상태가 더 심각한 사람에게 즉시 의학적 조치를 취한다면, 평생에 걸친 양상을 완화하는 데 도움이 된다는 것을 안다. 그러나 최근에 이런 질환들의 정의를 수정한 결과, "증상"이 훨씬 더 가벼운 이들과 노년층에서 진단을 받은 환자가 늘어났다. 그런데 이들에게 사회적 또는 의학적 개입이 효과가 있다는 증거는 훨씬 적다. 이런 진단을 받는 사람이 모두 정말로 혜택을 볼까? 과잉진단은 그 진단이 **잘못되었다**고 말하는 것이 아니라, 손해가 혜택을 초과할 가능성이 있음을 지적하는 것이다. 치료할 수 없는 뇌 질환에 걸렸다고 사람들에게 알릴 때 뜻하지 않게 어떤 피해가 발생할 수도 있지 않을까? 자신의 증상을 마침내 설명할 수 있게 되었다고 잠시 안도한 다음에는 어떤 일이 벌어질까? 진단은 심리적 평안과 사회적 위치에 이루 헤아릴 수 없이 부정적인 영향을 미칠 수도 있다.

과잉진단의 가장 큰 특징을 꼽는다면, 질병의 검출률은 상당히 더 높아졌지만, 장기적으로 건강의 실질적인 개선은 전혀 이루어지지 않는다는 것이다. 더 나은, 더 이른, 더 발전된, 더 포괄적인 진단이 최선이라는 가정은 너무나 강력한 나머지, 제대로 검증된 적조차 없을 때가 너무나 많다. 나는 의학계가 새로운 진단 능력을 최대한 활용하고 가장 가벼우면서 가장 초기 형태의 의학 문제들까지 찾아내고자 열망하는 바람에—거기에 설명을 원하는 인간의 자연적인 갈망까지 작용하여—충분한 시간을 두고 혜택과 피해를 따져보지 못하고 있지는 않는지 걱정된다.

중요한 점은 의료계가 잘 모르는 대중에게 하는 일이 과잉의료화와 과잉진단만이 아니라는 것이다. 스트레스의 병리화, 삶의 복잡한 진실을 생물학을 통해서 위생 처리하는 것은 과학적 추세이자 사회적 추세이다. 지금 우리가 정말로 과잉진단 위기에 처해 있다면, 성공과 완벽함을 원하는 사회의 기대는 거기에 어떤 영향을 미치고 있을까? 우리는 원하는 것은 뭐든지 가능하다고 믿도록 부추기는 사회에 살고 있지만, 실제로 언제나 가능할 리는 없다. 나는 의학적 진단이 해결 불가능함을 우리 스스로 인지하고 있는 질병을 재해석하는 데에 쓰이고 있는 것이 아닐까 우려된다. 달성할 수 없는 수준까지 몸과 마음을 완벽하게 관리할 수 있으리라는 비현실적인 기대 때문에 우리를 환자로 만들고 스스로의 운명을 통제할 권한을 빼앗기고 있는 것은 아닐까?

신경과 의사로서의 나는 뇌전증 같은 뇌 질환에 걸린 사람들을 진료하면서 많은 시간을 보낸다. 그런 한편으로 이 책의 주제에 딱 들어맞는 경험을 하는 또다른 집단에 속한 이들도 진료한다. 정신신체 장애 psychosomatic disorder가 있는 사람들이다. 정신적인 이유 때문에 몸에 **뚜렷한 증상이 나타난다는 뜻이다**. 누구나 과잉진단을 받을 가능성이 있지만, 이 집단은 유달리 더 그렇다. 사람의 모든 경험을 진단으로 설명하려는 듯한 분위기에서, 사람들은 자연히 일상적인 신체 변화를 주시하고 걱정하는 성향을 띠며, 안도감을 얻고자 진단을 받는 일에 점점 더 의존하게 된다. 거의 모든 유형의 신체 변화와 모든 수준의 심리적 고통에 장애라는 꼬리표를 붙이고 있기 때문에, 정서적 스트레스를 신체 증상으로 드러내는 사람들에게도 질병이라는 딱지가 너무나 쉽사리 붙을 수 있으므로 나는 걱정이 앞선다.

정신신체 장애는 우리가 자신의 건강이 어떻다고 스스로에게 되뇌는 말에서 비롯될 때가 많다. 누군가에게 당신이 아프다고 말하면, 즉 발달 문제나 화학적 불균형이 있으며 곧 병이 생길 것이라고 말하면, 자신이 몸을 지각하고 사용하는 방식에 변화가 생긴다. 애비게일은 아이가 넘어졌을 때 피가 보이는지 여부에 따라서 아이의 반응이 극적으로 달라진다는 말로 그 점을 탁월하게 설명했다. 질병 꼬리표도 동일한 효과를 일으킬 때가 많다. 당신의 몸을 가리키면서 피가 난다고 알려주는 것과 같다. 그러면 자신의 몸을 경험하는 방식 자체가 달라질 수 있다. 꼬리표는 "노세보nocebo" 효과라는 것을 통해서 실제로 우리를 병들게 할 힘을 가진다. 이 효과는 잠시 뒤에 살펴볼 것이다. 몸이 좋지 않다고 느낄 때, 이유를 알고자 하는 것은 당연하다. 의사와 환자는 힘을 합쳐서 그 진단 꼬리표를 찾으려고 애쓴다. 그래야 양쪽 다 흡족해지기 때문이다. 그러나 받은 진단명이 오히려 자신이 그 질병을 지니고 있을 것이라는 기대감을 조성함으로써 그 병이 거의 또는 전혀 없음에도 실제로 증상을 일으킬 수 있다는 점을 이해한다면, 사람들은 그 꼬리표를 받으려는 노력을 덜하지 않을까?

과잉진단으로 정신적 피해를 입을 가능성은 정신신체 장애를 앓기 쉬운 성향의 사람들에게만 해당하지 않는다. 미국에서 70세를 넘는 여성 중 31퍼센트가 유방암 검진에서 과잉진단을 받을 수 있다는 점을 생각해보라. 말년을 그 불필요한 진단의 그늘 아래에서 살아간다면 어떤 기분이겠는가? 그 전까지 건강했던 모든 이들이 당뇨병 전 단계라는 말을 듣고서 이제 여생 동안 혈액 검사를 하고 진료 예약을 하면서 지내야 한다고 생각해보라.

게다가 과잉진단의 피해는 당사자뿐 아니라 그 진단과 관련된 더 폭넓은 공동체에도 미친다. 우울증이나 자폐증에 따른 변화를 가리키는 개념에 훨씬 가벼운 증상을 보이는 사람들까지 포함시킬 때, 이런 증상들을 가장 심각한 형태로 앓는 이들에게는 어떤 영향이 미칠까? 고혈압이나 당뇨병 전 단계라는 진단을 받은 사람의 수가 늘어날수록, 완경이나 수면 부족의 부정적인 영향을 듣는 사람이 늘어날수록, 이런 문제들을 가장 심하게 겪는 이들은 이 변화에 어떤 영향을 받을까? 어떤 진단을 받는 사람이 늘어날 때, 대중은 그 질환을 더 잘 알고 동정하게 되고, 환자는 지원도 더 받을 수 있다. 그런 한편으로 어떤 질환을 가장 가벼운 형태로 앓는 이들이 늘어날수록, 가장 심하게 앓는 이들의 장애를 별것 아닌 양 치부하고 가장 필요한 이들에게 가야 할 의료 자원이 분산될 위험도 있다.

많은 의료 분야에서 우리의 진단 능력이 치유 능력을 초월한다는 점도 문제이다. 즉 사람들은 더 오래 살겠다고 진단을 받지만, 진단을 받는다고 해서 반드시 더 오래 산다고 볼 수 없다는 뜻이다. 치매 조기 진단은 영국에서 기록적인 비율을 달성하고 있을지는 모르지만, 이 질병의 진행을 막을 치료법은 여전히 전무하다. 치매 조기 진단을 받아도 운명은 바꿀 수 없다. 아무튼 아직까지는 그렇다. 새로 파악된 유전 장애 중 상당수도 그렇다. 질병을 일으킨다고 알려진 유전자 변이체가 처음 발견된 것은 1993년이었고, 지금은 수백만 가지가 알려져 있다. 유전자 변이체는 스테퍼니와 애비게일이 그랬듯이, 계속 새로운 사람들에게 새로운 진단을 제공한다. 전통적으로 진단은 치료로 이어지게 마련이었고 어떤 예후를 보일지 알려주었다. 그러나 이런 새로운 유전적 진단에는 그런 것들이 거의 뒤따르지 않는다. 현재 얼마나 많은 의학적 꼬리표와 조기 진단이 나와 있는지를 떠올릴 때, 우리에게 붙는 꼬리표가 우리를 변화시킨다는 사실 자체가 커다란 문제로 대두된다. 이 책에서는 현대 의학이 병과 건강 사이의 경계를 어떻게 재설정하고 있고, 그 결과 우리 삶에 어떤 영향을 미치고 있는지를 살펴볼 것이다. 나는 점점 더 많은 건강한 사람들을 환자로 만들고 있는 지금의 추세가 혜택은 미미한 반면 피해는 헤아릴 수 없이 많다는 생각에 더욱더 우려가 깊어진다. 진단은 우리가 그토록 갈망하던 문을 열, 즉 설명과 회복과 지원과 동병상련을 제공할 열쇠로 여겨지지만, 그 문 뒤에는 우리가 미처 고려하지 않은 더 암울한 것들도 놓여 있다.

✷ ✷ ✷

이 책에서 나는 널리 받아들여지는 많은 가정들에 의문을 제기할 것이다. 진단이 없는 것보다 어떤 진단이라도 있는 편이 낫다, 검사가 의사보다 더 정확하다. 검사 결과는 불변의 객관적인 진리이다. 조기 개입이 언제나 최선이다. 한 환자군에 잘 듣는 치료는 다른 환자들에게도 똑같이 잘 들을 것이다. 진단은 확고하고 명확한 것이다. 조기 검사가 장기 건강으로 나아가는 확실한 방안이다. 지식은 언제나 더 많을수록 낫다는 가정들이다.

또한 진단이라는 개념이 어떻게 더 나아지고 또 더 나빠지는 방향을 오락가락하고 있는지도 살펴볼 것이다. 자가 진단을 점점 더 받아들이는 추세도 과학적 발견과 별개로 의학적 문제를 낳음으로써 일부 환자들에게 지대한 영향을 미치고 있다. 자폐증과 ADHD의 자가 진단 설문지는 현재 인터넷에 널리 떠돌고 있으며, 자가 진단을 내린 사람들도 정식 진단을 받은 이들과 똑같이 이런저런 연구에 피실험자로 참여하고 있다. 새로운 진단 개념의 개발은 예전에는 의사의 영역이었지만, 지금은 더 이상 그렇지 않다. 환자 주도의 연구와 사회적 압력은 진단의 경관을 어떻게 바꾸고 있을까? 만성 코로나 증후군(롱 코비드)은 환자가 만든 질병이다. 트위터에서 죽 이어지던 대화에서 비롯된 첫 번째 질병이다. 나는 앞으로도 비슷한 일이 계속될 것이라고 확신한다.

이 책에는 그토록 많은 다양한 유형의 진단을 부추기는 것이 무엇인지를 이해하려는 시도도 담겨 있다. 새로 개발된 기술들을 마음껏 활용하려는 열의에 차 있는 의사와 과학자도 거기에 기여하는 것이 확실하다. 그러나 모든 책임을 그들에게 돌릴 수는 없다. 많은 이들은 온갖 종류의 신체적 고통과 개인적인 질환에 대한 설명을 찾고자 한다. 우리는 답을 요구하며, 달리 의지할 곳이 없을 때 의료 기관에 도움을 요청한다.

이 책에서는 장별로 진단의 유형을 하나씩 살펴보면서 현대 진단 의학이 제공해야 할 이 모든 혜택을 받은 실제 사람들의 이야기를 들려줄 것이다. 나는 이 책에서 온갖 유형의 정신적 및 신체적 진단을 다루고 싶었기 때문에, 진단 분야에서 출현하고 있는 다양한 주제들을 대변하고 더 폭넓게 배울 점들이 있어 보이는 유형들을 택했다. 먼저 헌팅턴병을 살펴볼 것이다. 우리 대다수는 결코 이 병과 마주칠 일이 없지만, 이 병은 모든 사람이 머지않아 실감하게 될 대단히 중요한 이야기를 들려준다. 헌팅턴병의 조기 진단 검사법은 이미 수십 년 전부터 나와 있었다. 즉 먼 미래에 그 병에 걸릴지 여부를 일찍이 알 수 있다. 마찬가지로 각종 검사가 더 민감해지고 유전적 진단이 더 활용됨에 따라서, 곧 다른 질병들에서 같은 상황에 놓일 사람들이 훨씬 더 많아질 것이다. 자신이 10년 안에 치매에 걸리고 치료가 불가능한 상태로 살아갈 운명이라면, 당신은 과연 그 운명을 알고 싶을까? 이 장에서는 그런 지식을 안고 살아간다는 것이 어떤 기분일지 살펴보고, 아는 것이 모르는 것보다 언제나 더 낫다고 생각하는 많은 이들의 가정에 도전할 것이다.

다음 장에서는 라임병과 만성 코로나 증후군을 살펴볼 것이다. 많은 이들의 삶과 밀접한 관련이 있는 질병이다. 둘은 공통점이 아주 많다. 환자 주도의 운동이라는 매우 비전통적인 방식으로 출현했고, 극심한 논쟁을 불러일으켰기 때문이다. 그러나 이 질병들이 가르치는 교훈은 모든 진단에 적용이 가능하다. 각종 검사는 우리의 생각만큼 정확한 것이 아니다. 정확성을 제공하는 척하지만, 사실은 오류를 더 일으킬 수도 있다. 한편 진단은 주관적인, 진정한 기예이며, 실수, 사리사욕, 사회적 압력에 휘둘리기 쉽다.

자폐증을 다룬 장에서는 만성적인 과소진단 상태에 놓여 있던 것이 어떻게 그렇게 흔해지게 되었는지를 살펴보고, 현재 자폐증을 앓는 이들이 1940년대의 원래 자폐아들과 왜 그렇게 달라 보이는지를 물을 것이다. 동시에 진단이 과학 발전이 아니라, 사회적 합의를 토대로 시간이 흐르면서 어떻게 자연히 진화하고 성장하는지를 보여줄 것이다. 또 그 장애를 이렇게 더 포괄적으로 수정함으로써, 개인과 집단 수준에서 자폐증 공동체가 과연 혜택을 보고 있는지 여부도 물을 것이다.

암은 증가하는 추세이다. 암 선별 검사와 암 위험에 놓인 이들을 찾아내는 사업은 생명을 구한다. 이 장에서는 자신에게 암 유전자가 있음을 알게 된 여성들의 이야기를 중심으로, 암의 첨단 및 조기 진단이 정말로 얼마나 신뢰할 수 있는 것인지 묻고자 한다. 새로운 기술적 능력과 질병을 조기에 뿌리 뽑겠다는 열정에 너무나 푹 빠진 나머지, 우리는 사람들을 사실상 불필요한 치료를 받으라고 내모는 것이 아닐까? 이 장에서는 민간 기업이 상품으로 내놓은, 의사의 처방 없이도 이용할 수 있는 유전자 검사의 대규모 증가가 낳은 더 골치 아픈 문제들도 몇 가지 살펴볼 것이다.

우리가 과연 정상을 병리화하고 있는지 여부는 요즘 대화에 으레 등장하는 주제이다. 많은 이들은 예전이라면 정상이라고 했을 법한 정신적 문제를 치료해야 할 대상으로 재편성하고 생물학적 용어로 기술하고 있다고 우려한다. 슬픔에 잠겨 있다고 말하는 대신에, 세로토닌 수치가 낮다고 말한다. 잘 까먹는다거나 가만히 있지 못한다거나 변덕스럽다고 말하는 대신에, 뇌 회로 배선이 잘못되어 있다고 말한다. 신경다양성을 다루는 장에서는 모든 정신건강 진단이 의학적 문제인지를 살펴보고, 그런 진단에 뒤따르는 정서적 보상이 회복으로 이어질 수 있는지 물을 것이다. 질병이 자기 정체성에 통합된다면 어떤 일이 일어날까?

 이 책에 실린 사람들과 이야기를 나눌 때, 나는 자기 자신에게 완벽함을 요구하는 이들이 너무나 많다는 느낌을 받았다. 게다가 어떤 이들은 자녀뿐 아니라 아직 태어나지 않은 아기에게까지 그런 것을 요구한다. "이름 없는 증후군"이라는 장에서는 아동, 유아, 태아에게 첨단 진단을 하는 행위의 윤리적 및 현실적 쟁점들을 살펴볼 것이다. 유년기는 어떤 미래도 가능하다고 믿을 수 있도록 허용해야 하는 시기이다. 아동의 미래가 어찌될지 예측하는 진단을 하고 유전적으로 "완벽한" 아기를 고르는 것이 정말로 다음 세대가 더 건강하고 더 행복해질 수 있는 최선의 방법일까?

 결론에서는 나 자신의 환자들에게로 돌아가서 이 책을 쓰고자 한 이유를 밝힐 예정이다. 지난 30년 동안 우리는 과가동 엘러스-단로스 증후군, 자세기립 빠른맥 증후군 같은 새로운 진단명들이 추가되는 것을 보았다. 설령 아직 들어본 적이 없다고 해도, 곧 듣게 될 것이다. 그런 진단명들은 어디에서 와서 자라는 몸의 평범한 변화를 병리화하는 데에 쓰이고 있을까? 우리는 모든 신체적 불완전함과 신체적 차이에 붙일 꼬리표를 체계적으로 개발하고 있다. 어느 나이의 누구든 간에 자신이 완벽하게 건강하다고 생각하기가 점점 힘들어지고 있다.

 이 책에서 다루는 것은 영국이든 미국이든 간에 어느 특정한 나라의 보건의료 체계가 아니다. 과잉진단은 세계적인 문제이다. 이 책은 나 자신의 진료 활동뿐 아니라, 환자 수십 명, 전 세계의 의사 및 연구자와 나눈 이야기를 토대로 한다. 나는 새로운 진단들이 어떻게 출현하는지 밝혀내기 위해서 의학 문헌들을 뒤졌다. 또 진료실에서 삶을 바꿀 극적인 조치를 취하지 않는다면 미래의 어느 시점에 암으로 죽을 수도 있다는 말을 들은 건강한 사람들의 심란한 이야기도 들었다. 그들은 너무나도 힘든 선택을 했지만, 그럼으로써 자기 목숨을 구했다. 나는 자녀가 아주 희귀한 유전병 때문에 치료 불가능한 퇴행성 질환에 걸려 수명이 짧아질 것이라는 말을 들은 부모와도 이야기를 나눴다. 그들은 삶의 가치가 얼마나 오래 사는지나 건강하게 사는지 여부가 아니라 인간관계, 사소한 즐거움, 지극히 개인적인 성취에 달려 있음을 내게 알려주었다. 나는 사람의 감정, 행동, 생활방식에 의학적 비정상이라는 꼬리표가 붙을 때 얻는 것과 잃는 것이 무엇인지를 더 잘 이해하고자 자폐증과 ADHD를 앓는 사람들, 신경다양성 아동의 부모 및 교사와 이야기를 나눴다. 또 라임병과 만성 코로나 증후군 같은 질병의 진행 양상을 처음부터 추적하면서, 새로운 진단명이 어떻게 형성되는지 파악하고 대중의 행동주의와 소셜 미디어가 미래에 진단을 어떻게 바꿀 수 있을지를 이해하고자 애썼다. 내가 이야기를 나눈 대다수 사람들은 받은 진단을 중시했고, 그 진단에 고무된 한편으로, 이런저런 것을 바꿔야 한다고도 강하게 느꼈다.

　이 책은 보건의료 서비스에 쓸 돈을 아끼자고 설파하는 것이 아니다. 당신은 더 나은 진단 예측 도구, 정신건강 문제의 선제적인 진단과 인식 제고가 인구를 더 건강하게 만드는 비용-효과적인 방식이라고 생각할지도 모르겠다. 그것이 목적 중 하나라는 점은 명백하다. 그러나 더 이른 단계에 진단을 받는 사람이 늘어날수록 비용도 엄청나게 증가할 수 있다. 과잉진단은 가치가 낮은 의료이다. 그냥 두면 저절로 나을 정도로 증상이 사소한 사람을 정기적으로 검진하고, 결코 진행되지 않을 병을 치료하는 데 돈을 쓴다는 의미이다. 그렇다고 해서 이 책이 의료를 더 비용-효과적으로 만들자고 주장하는 것은 아니다. 우리의 진단 주도의 문화가 주는 혜택과 그에 수반되는 신체적 및 정신적 피해의 인식 사이에 더 균형을 잡자는 뜻이다. 더 나은 의료를 추구하자는 말이다.

역사적으로 볼 때 사회는 새로운 기술적 및 과학적 능력을 관리하는 데 젬병이었다. 항생제, 아편유사 진통제, 플라스틱, 화석 연료 등 사회가 혁신적인 무엇인가를 창안하거나 발굴할 때, 처음에는 찬미되고, 남용되고 오용되는 경향을 보인다. 그리고 그 능력을 심하게 남용한 뒤에야 비로소 실수였음을 알아차리는 일도 흔하다. 따라서 지금이 현대의 진단이라는 선물이자 부담에 의심스러운 눈길을 보내기에 딱 좋은 때인 듯하다. 우리가 올바로 균형 있는 태도를 취하고 있는지 확실히 할 필요가 있다. 우리가 새로 얻은 능력과 태도는 매우 매혹적이다. 자신이 왜 이런 상태인지를 똑 부러지게 말해줄 피부에 확 와닿는 의학적 설명이 있다면, 우리는 기꺼이 받아들인다. 과학자와 의사가 무엇인가 탁월한 일을 할 수 있을 때, 우리는 매번 자동적으로 그렇게 해야 한다고 느끼게 된다. 그러나 무엇인가를 할 수 있다고 해서, 반드시 그렇게 해야 한다는 뜻은 아니다.

1

헌팅턴병

"만약 내일 버스에 치여 죽을 운명이라면, 알고 싶지 않겠죠?" 발렌티나가 물었다.

"나는 알고 싶을 **거예요**. 알고 나면 사람들과 이야기하면서 많은 시간을 보내고 리츠 호텔 식당에 가서 모든 음식을 다 먹어볼 거예요!" 나는 그렇게 호언장담했다.

우리는 깔깔 웃었지만, 발렌티나가 자신의 운명을 더 잘 알고 있다는 사실 역시 의식하고 있었다. 발렌티나의 엄마는 유전적으로 결정되는 신경 장애인 헌팅턴병을 앓고 있으며, 발렌티나가 그 장애를 물려받았을 가능성은 50퍼센트였다. 그녀는 검사를 받을지 말지를 고민하면서 여러 해를 보냈다. 자신에게 매우 중요하게 와닿을 의학적 미래를 미리 아는 것의 장단점을 저울질하면서 말이다. 예측 유전 검사를 받으면 어느 정도 확실하다는 느낌을 받을 수 있을 것이다. 그러나 모든 예측 진단 검사가 그렇듯이, 이 검사도 미처 예상하지 못한 일련의 결과들을 빚어낼 수 있다.

예측 의학은 질병이 발생할 기미를 채 보이기도 전에, 건강한 사람을 진단한다. 유전적 예측 진단은 건강 문제가 생기기 수십 년 전부터 사람들에게 조언을 제공하는 데에 이용될 수 있다. 첫 증상이 나타날 때까지 여러 해 동안 기다리면서 지켜본다는 의미이다.

✶ ✶ ✶

헌팅턴병은 진행형 신체적 및 인지적 장애를 일으키는 불치병이다. 기분의 극심한 변화, 인간관계 단절, 충동 자제력 상실, 정리정돈 하지 않기 등의 미묘한 행동 변화가 이 장애의 초기 신호일 때가 많다. 정신 질환적 특징도 두드러진다. 우울증, 조증, 강박 행동, 죽음과 자살에 대한 생각이 그렇다. 신체 움직임과 관련된 증상은 일찍 나타날 수도 있지만, 늦게 발현될 때가 더 많은데, 행동이 굼뜨고 균형 감각을 잃고 말이 어눌해지고 삼키는 것도 어려워진다. 무도병이라는 근육이 제멋대로 씰룩거리면서 갑자기 팔다리가 홱 움직이는 행동 양상을 보이는 것이 이 병의 특징이다. 병이 더 진행되면, 걷지도 못하고 먹거나 말하는 것도 힘들어진다. 심각한 장애로 치닫는 이 병의 진행 양상은 그 무엇으로도 멈출 수 없다. 증상은 대개 30-50세에 시작되며, 약 10-25년 뒤에 사망에 이른다. 헌팅턴병 유전자는 최초로 발견된 질병 유전자이기도 하다. 헌팅턴병 공동체는 예측 유전 검사를 받겠다는 결정의 무게를 어느 누구보다도 잘 이해한다.

사람의 DNA는 23쌍의 염색체에 들어 있다. 성염색체인 X와 Y가 1쌍 있고, 나머지 22쌍은 상염색체로서, 각각 번호가 붙어 있다. 염색체를 이루는 DNA의 긴 가닥에는 군데군데 유전의 기본 단위인 유전자가 들어 있다. 유전자는 사람의 발달에 필요한 모든 명령문을 담고 있다. 유전자는 단백질을 만들고, 단백질은 세포를 만든다. 그리고 우리는 세포로 이루어진다. 유전자 암호에 어떤 오류가 들어 있다면, 유전병이 발생할 수 있다. 유전자에 생긴 오류를 돌연변이라고 하는데, 그 결과로 유전자 변이체가 생긴다.

DNA의 정상 구조가 밝혀지자마자, 곧 연구자들은 질병을 일으키는 유전자 변이체를 찾는 일을 시작할 수 있었다. 헌팅턴병을 일으키는 유전자 변이체는 1993년에 밝혀졌다. 헌팅턴병은 단일 유전자 장애이다. 즉 유전자 하나에 일어난 오류로 생긴다는 뜻이다. 반면에 다유전자 장애는 여러 유전자의 합작품이다. 헌팅턴병 유전자는 4번 염색체에 있는데, 쌍을 이룬 두 유전자 중 한쪽만 변이체여도 헌팅턴병에 걸린다. 이런 양상을 상염색체 우성autosomal dominant이라고 한다. 헌팅턴병 같은 단일 유전자 우성 장애는 유전 양상을 예측할 수 있다. 즉 자녀는 부모로부터 그 유전자 변이체를 물려받거나 물려받지 않거나 둘 중 하나이다. 확률은 50 대 50이다. 헌팅턴병 유전자 변이체는 누군가가 그 병에 걸릴 **가능성이 있음**을 시사하는 위험 인자가 아니라, 걸린다고 확인해주는 인자이다. 증상이 언제 시작되고 얼마나 빨리 진행될지만 모를 뿐이다.

헌팅턴병 변이체가 발견되자, 헌팅턴병 검사는 통상적인 진료 활동의 일부로 편입되었다. 즉 집안에 헌팅턴병에 걸린 사람이 있다면, 그 병에 걸릴 운명인지 여부를 알아보는 검사를 할 수 있게 되었다. 그러면서 임상 의학은 건강한 사람들에게 불치병에 걸린다는 진단을 내리는 것에 함축된 모든 의미들을 붙들고 씨름할 기회를 처음으로 얻게 되었다.

★ ★ ★

발렌티나는 스물여덟 살에 첫 아이를 임신한 상태에서 엄마가 헌팅턴병 검사를 받는다는 사실을 알게 되었다. 식구들에게는 청천벽력 같은 소식이었다. 발렌티나의 엄마 비비언은 입양아였다. 생물학적 부모에게 어떤 암담한 의학적 비밀이 있다는 말을 들은 적이 없었으므로, 50대가 된 그녀가 물건을 자주 떨어뜨리고 틱 장애 같은 근육 씰룩거림을 보이고 몸의 균형을 잃기 시작했을 때, 그 누구도 헌팅턴병이 발병했음을 알아차리지 못했다. 훨씬 뒤에 발렌티나는 엄마의 증상들이 사실은 훨씬 이전부터 시작된 것이 아닐까 하는 생각이 들었다. 발렌티나는 엄마가 오래 전부터 때때로 울적해지고는 했다는 기억을 떠올렸다. 쉽게 당황하고 나쁜 결정을 내렸다. 신경퇴행 질환이 암암리에 시작되었음을 알리는 일종의 일반적인 증후군이다. 비비언에게 그런 증상들이 나타났을 때, 식구들은 더 일반적인 정신건강 문제 탓으로 돌렸다.

그런데 비비언의 뇌 영상을 본 신경과 의사가 헌팅턴병일 가능성을 처음으로 알아차렸고, 그녀에게 유전자 검사를 받아보라고 했다. 비비언은 그 제안을 그다지 심각하게 받아들이지 않았다. 친부모가 헌팅턴병을 앓고 있었다면 입양 기관의 누군가가 알려주었을 텐데, 그렇지 않았으므로 자신에게 헌팅턴병이라는 진단이 나올 리가 없다고 확신했다. 비비언의 친부가 정신병원에 다년간 입원했었다는 사실을 식구들은 나중에야 알았다. 헌팅턴병이 제대로 이해되지 않았거나 진단이 쉽지 않았던 시절에는 진단 없이 정신병원에 입원시키기도 했다.

비비언은 자신에게 그런 위험성이 있음을 몰랐으므로, 헌팅턴병 검사에서 음성이 나올 것이라고 확신했다. 엄마가 그 검사를 왜 하는지 모르겠다고 너무나 단호한 태도를 보였기 때문에 발렌티나도 딱히 걱정하지 않았고, 결과가 어떻게 나왔는지 물어볼 생각도 하지 않았다.

비비언이 헌팅턴병에 걸렸음이 드러난 날, 발렌티나와 아직 태어나지 않은 아기의 미래는 극적으로 달라졌다. 발렌티나의 모든 형제자매, 조카의 삶도 바뀌었다. 비비언의 네 자녀는 모두 완벽하게 건강한 젊은이였다가 갑자기 불치성 신경퇴행 질환에 걸릴 가능성이 50퍼센트인 이들이 되었다. 그 즉시 비비언의 손주들도 그 병에 걸릴 확률이 25퍼센트가 되었다. 발렌티나의 오빠 루카의 아내도 둘째를 임신 중이었다. 발렌티나의 여동생 커밀라도 곧 결혼해서 가정을 꾸릴 예정이었다. 장녀인 이벤절린은 이미 딸 셋에 아들 하나였다. 비비언은 발렌티나의 딸 엘라가 태어날 때까지 기다렸다가, 헌팅턴병 유전 검사에서 양성이 나왔다고 알렸다. 식구들은 충격에 휩싸였다.

발렌티나는 당시를 떠올리면서 이렇게 말했다. "그 진단 결과를 들었을 때 무슨 뜻인지 정확히 알았어요. 나는 보건의료 분야와 의학책을 좋아해요. 헌팅턴병이 무엇인지 들었고 안 좋다는 것도 알고 있었어요." 비비언의 증상들은 아마 40대 초반에 시작되었을 것이다. 발렌티나가 헌팅턴병을 일으키는 유전자 변이체를 물려받았다면, 엄마와 거의 같은 나이에 그 병의 징후를 보일 가능성이 매우 높다. 그 말은 건강하게 지낼 시간이 15년밖에 남지 않았을 수 있다는 뜻이다.

비비언의 진단은 발렌티나에게 곧바로 영향을 미쳤다. 그녀는 늘 쾌활하고 긍정적인 성격이었는데, 그 뒤로는 완전히 달라졌다. 공황 발작을 일으키기 시작했고, 머지않아 기분을 조절하기 위해서 항우울제가 필요해졌다. 그 뒤로 그녀는 계속 약을 복용해왔다.

발렌티나는 내게 말했다. "집안에 그런 일이 일어나면, 아이들은 어릴 때부터 준비를 해야 해요. 우리는 전혀 준비되지 않은 상태에서 그 일을 접했고, 모두가 아주 많은 결정을 그것도 단시일 내에 내려야 했지요."

발렌티나와 형제자매들은 저마다 가정을 꾸리거나 식구를 늘리려던 참이었다. 경력을 쌓고, 집을 구입하고 있었다. 기존 인생 계획을 계속 유지해야 할까, 아니면 새로운 가능성을 감안해서 바꿔야 할까? 형제자매 네 명 중 적어도 한 명, 또는 아마도 두 명은 엄마의 장애를 물려받았을 것이다.

"그 즉시 검사를 받을 생각은 안 했어요?" 그렇게 묻자, 그녀는 답했다. "생각은 했는데, 그럴 겨를이 없었어요. 아기를 키우느라 정신이 없었거든요. 오빠도 당장 검사를 받고 싶다고 말하긴 했지만, 결국 안 했어요. 지금까지도요."

발렌티나와 내가 이야기를 나눈 시점은 그녀의 엄마가 진단을 받은 지 22년 뒤였다. 발렌티나는 20년을 기다린 뒤에야 자신이 엄마와 같은 운명을 맞이할지 알아보기로 했다.

"검사를 그토록 오래 안 한 이유가 있나요?" 이 책을 쓰려고 예측 유전자 진단 검사를 조사하기 시작했을 때, 나는 나라면 그 검사를 받을 기회가 생기자마자 즉시 받지 않았을까 하고 생각했다. 앞에서 말했듯이, 내 운명을 좌우할 버스가 곧 나를 칠지 알고 싶을 것이라고 확신했듯이 말이다. 그런데 발렌티나와 가족들은 즉시 검사를 받자는 생각을 했지만, 결국 모두 미뤘다. 나는 왜 생각을 바꿨는지 궁금했다.

"희망 때문이지요. 검사를 받지 않으면, 그 변이체가 없다는 희망을 품고 계속 살아갈 수 있어요. 얽매이지 않고 살아가고 싶기 때문에 모르고 싶은 거죠. 희망을 품으면 먼 길을 갈 수 있거든요."

그렇기는 해도 엄마의 진단은 발렌티나의 삶을 산산조각냈다. 그녀는 심리치료사를 찾아갔지만, 아무 소용이 없었다. 발렌티나의 걱정은 매우 구체적이었지만, 그 방면의 전문가가 아닌 심리치료사는 그녀가 어떤 결정을 내려야 하는 상황에 처했는지 제대로 이해하지 못했다. 발렌티나는 유전상담사를 만나고 나서야 조금은 마음의 평화를 얻을 수 있었다. 유전상담사는 심리치료사가 아니다. 유전적 위험을 계산하고, 유전 양상을 설명하고, 유전병 위험을 예측하고, 유전자 검사 여부를 조언하고, 더욱 중요한 점은 불확실성을 이해하고 그 불확실성을 안고 살아가도록 돕는 일을 하는 유전체 의학 분야의 전문가이다. 발렌티나가 직면한 결정이 얼마나 복잡한 문제인지를 제대로 이해한 사람은 그 유전상담사가 처음이었다. 그들은 검사를 받으려는 그녀의 충동을 심도 있게 논의했고, 그 결과 그녀는 자신이 아직 준비가 되지 않았다는 사실을 깨달았다. 그녀는 젊은 엄마였다. 미래가 어떻게 펼쳐질지 모른 채 자신의 삶을 꾸려나가는 쪽을 선택하는 것은 당연했다. 발렌티나는 남편의 도움을 받아서 최악의 공황 발작 상황을 헤쳐나갈 방안을 찾아냈다. 물론 가장 행복한 날에도, 마음 한편에는 언제나 불안이 도사리고 있었다. 내려야 할 중대한 결정들도 있었다. 발렌티나와 남편인 조너선은 늘 자녀를 적어도 두 명 이상 낳자고 생각했다. 오빠인 루카도 아이를 더 낳고 싶어했다. 막내인 커밀라는 아직 가정을 꾸리지 않은 상태였지만, 자연 임신을 통해 아기를 낳기로 한다면, 아이가 불치병에 걸릴 확률이 25퍼센트나 되기 때문에 결정을 내리기가 쉽지 않았다.

예측 유전자 진단이 당사자에게 확실하게 혜택을 제공할 수 있는 방법이 하나 있다. 단일 유전자 질환을 지닌 집안에 그 질환이 대물림될 확률을 대폭 낮출 수 있는 수단을 제공하는 것이다. 바로 착상전 유전 검사(PGT)가 그런 수단이다. 이 검사법은 배아의 유전자에 문제가 없는지를 알아내는 것으로, 인공 수정으로 아기를 가질 때 쓰는데, 4번 염색체가 정상이라고 판명된 배아만 착상시키면 헌팅턴병 대물림을 피할 수 있다. 발렌티나 부부가 둘째를 가질 생각을 할 무렵에, PGT는 비용이 3만 파운드였다. 현재 영국에서는 단일 유전자 장애 가족력이 있는 사람이라면 정부 지원을 받아서 무료로 할 수 있다. 인공 수정과 마찬가지로 PGT도 자연 임신보다 임신 성공률이 훨씬 낮다. 또 예비 엄마에게 무척 고생스러운 과정이 될 수도 있다.

발렌티나 부부는 어떻게 할지 몹시 고민했다. 그들은 PGT의 장단점에 관해서 자문을 받았고, 이윽고 자연 임신 쪽을 택했다. 발렌티나는 내게 말했다. "돈 때문이 아니었어요. 아니 돈 때문만은 아니라고 해야겠네요. 먼 훗날 아이들을 앞혀놓고 너희는 괜찮아, 선별해서 낳았으니까라고 말한다고 해봐요. 그런 뒤 엘라에게는 너는 헌팅턴병에 걸릴 확률이 절반이야라고 말해야 하죠. 정말 상상조차 하기 싫은 상황이에요. 아이들을 그런 상황에 놓이게 하고 싶지가 않았어요. 도저히 할 수 없는 대화라는 걸 깨달았죠."

발렌티나는 훗날 헌팅턴병에 걸릴 수도 있는 아기를 낳겠다는 결정을 내릴 때 심한 죄책감을 느꼈다. 그러나 실제로 그런 입장에 처한 이들이 그런 결정을 내리는 일은 흔하다. 오빠 루카도 같은 결정을 내렸다. 그들은 자녀들이 모두 똑같이 느끼기를 바랐다. 반면에 아직 아이가 없는 상태에서 엄마의 진단 결과를 들은 커밀라는 PGT를 택했다.

발렌티나는 엘라를 낳은 지 5년 뒤에 둘째 제이크를 출산했다. 당시 서른세 살이었고 여전히 검사를 받지 않은 상태였다. 이 모든 힘든 결정을 내리는 동안, 형제들은 점점 증세가 악화되는 엄마의 모습을 지켜보았다. 차마 보기가 힘들었다. 비비언은 종종 공격적인 태도로 말싸움을 벌이고, 폭발하듯이 감정을 쏟아냈다. 남편에게 욕설을 퍼붓다가 이윽고 때리기까지 했다. 가까이에 살던 발렌티나는 엄마를 좀 말려보라고 불려오고는 했다. 싸움이 너무 격렬해져서 경찰이 출동할 때도 있었다. 비비언은 전혀 모르는 사람들에게도 욕을 해댔다. 살집이 조금 있는 사람과 마주치면 "똥돼지"라고 소리를 질렀고, 예전에는 한 번도 입에 올린 적이 없던 인종차별적인 말도 쏟아냈다. 기분도 몹시 침울해졌다. 한번은 위층 창밖으로 뛰어내리려고도 했다. 모두 헌팅턴병이 심해진 사람에게 아주 흔히 나타나는 행동들이다.

시간이 흐르면서 비비언의 신체 장애도 점점 쌓여갔다. 끊임없이 예측 불가능하게 몸이 제멋대로 움직이는 무도병도 나타났다. 몸의 균형을 유지하기가 점점 힘들어졌고, 말도 점점 어눌해졌다. 결국 가족은 그녀를 전문 요양원으로 보내는 수밖에 없었다.

발렌티나가 내게 말했다. "엄마를 보러 가기가 겁나기 시작했어요. 나와 내 아이들의 미래를 보게 되니까요. 엄마를 사랑하니까 더 그랬어요. 우린 무척 가까웠어요. 점점 악화되는 모습을 보는 것도 힘들었지만, 엄마가 내 앞에 어떤 미래가 놓여 있는지를 끊임없이 상기시켰으니까요."

발렌티나는 악화되는 엄마의 모습을 지켜보면서 더욱더 불안해졌다. 자신에게서도 증상이 보이기 시작하자 더욱더 그랬다. 네 살 더 많은 언니 이벤절린도 더 앞서 같은 증상이 나타났음을 알아차렸다. 몸이 굼떠지고 실수를 저지르기 시작했다. 물건을 떨어뜨렸고, 기분이 오락가락했다. 자매는 전화기를 붙들고 몇 시간 동안 증상들을 논의하고는 했다. 그러면서 서로를 안심시키려고 애썼다. 발렌티나는 언니가 월경전 증후군을 헌팅턴병으로 착각하는 것이라고 우겼다. 한번은 이렇게 대화를 하던 중에 언니가 발렌티나에게 짜증을 냈고, 둘은 언쟁을 벌였다. 이벤절린은 자신이 병에 걸린 것을 아니까, 가짜로 안심시키려 하지 말라고 쏘아붙였다. 그냥 안다고 했다.

곧 이벤절린이 옳았음이 드러났다. 6년 전 그녀는 헌팅턴병 유전자 검사에서 양성이라는 결과를 받았다. 그때쯤 그녀의 네 자녀는 10대 후반과 20대 초반이었다. 이벤절린이 양성으로 드러나면서, 그녀의 자녀들도 헌팅턴병에 걸릴 확률이 25퍼센트에서 50퍼센트로 뛰었다.

발렌티나는 늘 가까이 지내던 사랑하는 언니까지 그렇게 되자 황망했다. 언니와 엄마가 겪은 모든 증상들을 자신도 보이고 있다는 사실 때문에 더더욱 그랬다. 그녀는 한꺼번에 두 가지 일을 해야 할 때면, 혼란에 빠졌다. 걸을 때면 한쪽으로 방향이 틀어져서 벽을 들이받고는 했다. 엄마처럼 기분이 오락가락했다. 때로는 너무 졸리고 균형을 잡지 못해서 외출을 꺼리기도 했고, 사람들이 알아차릴까 봐 겁이 났다. 그녀는 출장을 많이 다녔는데, 그녀의 증상들은 공항에서 최악의 상황을 연출했다. 정확한 탑승 시각을 기억하고 서류를 챙기는 일이 너무 버거웠다. 탑승 수속을 밟을 때가 되면 혼란에 빠지면서, 제대로 해내지 못할 것이라는 느낌 때문에 상황은 더욱 악화되었다. 그녀는 해외 여행을 두려워하게 되었다. 증상들은 하나둘 늘어갔다. 그럼에도 여전히 발렌티나는 검사를 받을지 여부를 놓고 고심했다. 양성이라는 검사 결과를 받지 않았으므로 여전히 희망은 있었지만, 한없이 미룰 수 없으리라는 사실을 알고 있었다.

유전자 검사는 대개 가벼운 마음으로 하지 않는다. 개인과 가족에게 너무나 많은 의미를 함축하고 있기 때문이다. 영국에서는 불치병의 예측 유전 검사를 받으려면 적어도 세 차례 유전 상담을 받아야 한다. 발렌티나는 불안이 극에 달하거나 새로운 증상이 나타날 때면, 유전상담사와 상담 예약을 했다. 상담 약속을 잡을 때면 검사를 받자는 생각을 품지만, 상담사가 하는 말을 듣고 있으면 자신이 아직 준비가 되지 않았음을 깨달았다. 발렌티나는 때로 불안에 시달렸지만, 아이들과 함께할 때면 대개 그럭저럭 예전의 쾌활하고 행복한 모습을 보여주었다. 그녀는 즐거운 유년 시절을 보냈기에, 아이들에게도 그런 유년기를 선물하고 싶었다. 그녀는 자신이 헌팅턴병임이 확인되면, 그런 태도를 유지할 수 없으리라고 생각했다. 모르니까 계속 행복한 척할 수 있었다. 아이들이 행복한 엄마를 가지기를 바랐다.

"검사에서 양성이라고 나온다면, 아이들, 내 사랑스러운 아이들을 볼 때마다 그들의 미래에 헌팅턴병만 보일까 봐 두려웠어요."

상담사는 발렌티나에게 모든 기분 변화와 모든 새로운 어지럼증이 반드시 헌팅턴병 때문은 아니라고 계속 상기시켰다. 공항을 싫어하거나 여행할 때 불안을 느끼는 사람은 발렌티나만이 아니었다. 그녀의 증상들이 딱히 다른 설명을 필요로 할 만치 특이한 것도 아니었다. 그러나 검사에서 헌팅턴병 양성이라고 나온다면, 그녀는 다른 설명을 찾는 일을 그만두고 바로잡을 수도 있는 것들을 바로잡고자 애쓰는 일도 포기할 가능성이 있었다.

발렌티나는 엄마가 진단을 받은 지 수십 년 뒤에야 마침내 검사를 받았다. 증상이 너무 심해져서 삶이 망가지고 있었기 때문이다. 두려워하던 확인을 받는 일을 더는 피할 수 없었다. 엘라는 열아홉이었고, 제이크는 열네 살이었다. 처음에 발렌티나와 형제들은 엄마가 헌팅턴병 진단을 받은 사실을 자녀와 친지들에게 숨겼다. 그들의 가장 큰 걱정거리는 아이들이 우연히 그 사실을 알고 두려워하며 자라면 어쩌나 하는 것이었다. 그러나 유전상담사와 이야기를 나눈 끝에, 발렌티나는 어릴 때부터 가정에서 그 병을 평범하게 이야기하고 아이들이 거기에 익숙해지도록 하는 것이야말로 그녀가 겪었던 충격을 아이들이 직면하는 일이 없게 하는 방법임을 깨달았다. 그래서 그녀는 여러 해에 걸쳐서 엘라와 제이크에게 조금씩 헌팅턴병 이야기를 했다. 얼마 동안은 할머니가 신경퇴행 질환을 앓고 있다는 말만 하고, 병명은 말하지 않았다. 대신 집안에 헌팅턴병 소책자를 아무데나 놓아두었다. 아이들이 충분히 자라자, 그녀는 아이들을 앉혀놓고 할머니가 헌팅턴병을 앓으며 엄마도 앓을지 모른다고 설명했다. 발렌티나는 엘라가 이미 알고 있다고 하자 깜짝 놀랐다. 헌팅턴병은 학교에서 유전을 공부할 때 종종 나오며, 그 내용을 배웠을 때 할머니가 걸린 질환이 그 병일지도 모른다고 추측했다는 것이다.

발렌티나는 말했다. "그 이야기를 들으니 화가 났어요. 다 알고 있으면서 나한테 아무 말도 하지 않았다는 사실에요."

그러나 엘라는 그저 걱정을 하지 않아서 엄마한테 말하지 않았을 뿐이다. 엄마와 아빠가 할머니의 병이 유전성이라는 말을 늘 했고 모든 긍정적인 연구를 강조했기 때문이다. 엘라에게는 그 정도로 충분했다. 동생인 제이크는 헌팅턴병이라는 말을 들어본 적이 없었지만, 그 소식을 무덤덤하게 받아들였다.

남편과 격렬한 언쟁을 벌인 일이 계기가 되어 발렌티나는 마침내 검사를 받기로 했다. 자신이 성격에 걸맞지 않는 수준으로 격렬하게 분노를 쏟아냈기 때문이다. 그녀는 화를 내면서 침실로 들어가 문을 잠갔다. 그 언쟁의 어조에는 매우 친숙하면서 우려되는 무엇인가가 있었다. 엄마의 발병 초기에 부모님이 비슷하게 말다툼을 하는 모습을 자주 보았기 때문이다. 발렌티나는 아이들에게 마침내 검사를 받겠다고 알렸다.

엘라가 엄마를 위로했다. "나도 엄마가 검사를 받으면 좋겠어. 알면 기분이 더 좋아질 거야."

검사를 받기까지는 몇 달이 걸렸다. 발렌티나는 여러 해 동안 부정기적으로 상담을 받기는 했지만, 검사를 받으려면 다시 정식으로 적어도 세 번의 회기에 걸쳐 상담을 받아야 했다. 또 다음 회기 상담을 받으려면 얼마간 시간을 두어야 했기 때문에, 생각할 시간도 있었다.

결과를 받던 날은 그녀의 인생에서 가장 초현실적인 하루였다. 대기실에서 남편은 발렌티나에게 결과를 꼭 들을 필요는 없다고 상기시켰다. 그냥 모른 채로 계속 살 수도 있다는 것이다. 그러나 그때쯤 발렌티나는 너무나 많은 증상에 시달리고 있었기 때문에, 더 이상은 미룰 수 없다고 느꼈다. 그녀는 일찍 와서 유전상담사가 복도를 걸어와 상담실로 들어가는 모습을 지켜보았다. 상담사는 마스크를 쓰고 있었고, 부부가 있는 쪽을 쳐다보지 않았다. 발렌티나는 상담사의 표정을 살펴보려고 했지만 보이지 않았다.

상담실에서 상담사는 부부에게 마스크를 벗어도 된다고 했다. 그리고 상담사는 마스크를 내리면서 빙긋 웃었다.

"그 웃음을 보는 순간 알아차렸어요. 내가 그 병에 걸리지 않았다는 걸요."

음성이었다. 그녀는 헌팅턴병이 아니었다.

"가장 놀라운 순간이었죠. 그런 기분은 내 평생 처음 느꼈어요."

그녀가 그동안 앓았고 오랜 세월에 걸쳐 쌓인 증상들은 모두 다른 문제들 때문이었다. 그녀는 월경전 증후군에 속한 것도 있다고 생각했지만, 불안과 증상이 있는지 끊임없이 자기 자신을 살펴보는 행동 때문에 나타난 것이 많았다. 음성 진단을 받자 사라진 증상들도 있지만, 약화된 형태로 계속 남아 있는 것도 있었다.

그녀는 내게 말했다. "공항에 가면 지금도 당황해요. 지금도 다중 작업은 못 하고요. 그래도 예전처럼 어쩔 줄 몰라하면서 점점 엉망진창으로 빠져들지는 않아요. 헌팅턴병에 걸렸다고 생각했을 때는 공항에 들어갈 때면 불안감이 치솟았어요. 이어서 어지럼증이 찾아오고 공황 상태에 빠져요. 아무 생각도 안 나고 한 걸음도 뗄 수 없게 되죠. 지금은 그런 상황이 닥쳐도 별 걱정은 안 해요. 그러면 증상이 그냥 사라져요."

음성이라는 결과는 놀라운 한편으로 심란한 여파를 미쳤다. 먼저 발렌티나는 아이들에게 안심해도 된다고 알리는 짜릿한 순간을 경험했다. 그날 저녁 가족은 함께 기뻐하면서 축하를 했다. 그러나 헌팅턴병은 가족병이므로, 한 명이 음성이라는 소식은 기쁘면서도 한편으로는 가슴 아프게 와닿을 수밖에 없다. 발렌티나는 그 유전자 변이체가 없지만, 이벤절린은 있었다. 루카와 커밀라에게도 있을 수 있었다. 이벤절린에게 어떻게 말해야 할까? 자매는 서로의 증상들을 비교하면서 의지했다. 나중에 요양원의 2인용 침대를 함께 쓰면서 서로 마음껏 욕하자고 농담도 했다. 발렌티나는 자신은 탈출했지만, 언니는 아니라는 사실에 죄책감을 느꼈다.

음성이라는 결과를 받은 다음날 아침 발렌티나는 언니의 집으로 향했다. 힘들게 말을 하자, 언니는 다행이라고 너무나 기뻐했다. 루카와 커밀라에게 이야기하는 것은 그보다 쉬웠다. 그들도 무척 기뻐했다. 발렌티나의 음성 소식은 그들에게 희망만 준 것이 아니었다. 그들도 기분이 안 좋거나 넘어지거나 하면 으레 헌팅턴병 탓을 했다. 발렌티나가 양성으로 나왔다면, 그들도 그럴 수 있었다.

아빠인 필립도 당연히 딸의 소식을 듣고 기뻐하면서 안도했다. 아마 음성이라는 결과가 낳은 가장 예기치 않은 결과는 아빠와의 관계 개선일 것이다. 부녀 사이는 더욱 돈독해졌다. 수십 년 동안 가족 중에서 헌팅턴병 유전자를 지니지 않은 것이 확실한 사람은 그 혼자였다. 그가 홀로 가족의 버팀목 역할을 했다. 그는 아내가 돌이킬 수 없이 변하는 모습을 지켜보아야 했고, 자녀와 손주 모두 헌팅턴병에 걸릴 가능성이 있음을 알고 있었다. 필립과 자녀들의 배우자는 그 부담을 안고 살아야 했다. 게다가 그들은 전문 상담도, 지원도 전혀 받지 못한다. 발렌티나의 검사 결과는 아빠가 갑자기 동맹군을 얻었음을 의미했다.

"이제는 아빠를 빼놓을 수가 없지요." 발렌티나가 웃음을 터뜨렸다.

발렌티나는 엄마에게는 검사 결과를 알리지 않았다. 엄마는 이벤절린이 양성이라는 소식을 들었을 때 몹시 상심했고, 자신의 검사 결과를 듣고 엄마가 언니 생각에 더욱 마음 아파할지도 모른다는 걱정이 들어서였다. "엄마가 검사 결과를 물어본 적은 없어요? 다른 식구들이 검사를 받았는지는요?" 내가 묻자 발렌티나는 답했다.

"아니요. 엄마는 그냥 우리 모두 멀쩡하다고 여기시는 것 같아요."

✶ ✶ ✶

헌팅턴병 유전자가 알려지고 검사가 가능해지기 전인 1980년대에 헌팅턴병 가족력이 있는 집안 사람들에게 설문 조사를 했을 때에는 예측 진단 검사가 가능해지면 검사를 받겠다고 답하는 비율이 압도적으로 높았다.[1,2] 위험에 처한 이들의 대다수는 검사법이 나오면 그 즉시 검사를 받을 것이라고 말했다. 1983년 헌팅턴병 유전자가 4번 염색체에 있을 가능성이 높다는 연구 결과가 나오자마자, 미국 헌팅턴병협회는 검사법이 곧 나올 것이라고 예상하고서 검사 지침을 마련하기 시작했다. 그 뒤로 40년이 흘렀으므로 헌팅턴병 공동체는 이 불치병의 예측 진단이 어떤 가치를 지녔을지를 충분히 고려할 수 있었다. 그리고 처음에는 열의를 보일지라도, 그들 중 약 90퍼센트는 막상 검사라는 현실과 대면했을 때, 즉 유전학 병동에 가서 검사 동의서가 눈앞에 놓였을 때 결국 검사를 받지 않는 쪽을 택한다.[3,4] 위험에 놓인 사람들 중 검사를 받기로 결심하는 비율은 프랑스가 5퍼센트, 그리스 9퍼센트, 오스트레일리아 15퍼센트, 캐나다 18퍼센트 정도로 낮은 것으로 추정된다.[5]

설령 치료가 불가능할지라도, 자신이 훗날 헌팅턴병 같은 질병을 앓게 될지 여부를 미리 검사하는 것이 바람직하다고 말하는 지극히 타당한 이유들도 많이 있다. 아이를 가지려는 부부는 검사에서 음성이라고 나오면 크게 안심하고, 양성으로 나오면 PGT를 선택할 수 있다. 또 나중에 어떤 병에 걸릴지를 알면, 증상이 시작되자마자 적절한 지원과 치료를 받을 수 있고, 비비언의 사례에서처럼 초기 징후를 다른 질병으로 착각할 위험을 피할 수 있다. 헌팅턴병 같은 신경퇴행 질환은 결국 올바로 의사 결정을 내릴 능력까지 앗아간다. 사전 진단을 받으면, 헌팅턴병에 걸릴 사람은 증세가 너무 심해져서 스스로 판단을 내릴 능력을 잃기 전에 어떤 돌봄을 받을지 정하고, 자신의 재산 관리와 가족의 미래를 계획할 기회를 가지게 된다.

그런데 검사를 받을 타당한 이유가 이렇게 많음에도 불구하고, 대다수는 여전히 검사를 받지 않는다. 이유가 무엇일까? 이 점을 더 잘 이해하고자, 나는 헌팅턴병 위험을 안고 있는 이들을 많이 만나는 임상유전학자 셰린 타드로스와 이야기를 나누었다. "검사를 받지 **않아도** 된다고 사람들에게 알려주는 게 내가 하는 유일한 일일 때가 많아요. 의무적으로 받아야 한다고 생각하고 병원에 오곤 하니까요. 꼭 받을 필요는 없다고 알려줘서 마음의 평화를 제공하는 거죠."

타드로스는 부모가 헌팅턴병에 걸렸음을 최근에 알고서 병원을 찾은 사람들 중 80퍼센트 이상은 당장 검사를 받는 것이 옳다고 굳게 믿는다고 추정한다. 처음 상담을 받고 나면, 실제로 검사를 받는 사람의 비율은 10퍼센트로 낮아진다. 이 비율은 전 세계 대다수의 유전학 진료실에서 동일하게 나타난다.

검사를 받지 않는 쪽을 택하는 한 가지 공통된 이유는 학습한 지식을 되돌릴 수 없음을 깨닫기 때문이다. 양성이라는 결과를 일단 받으면, 되돌릴 수 없다. 이 질환은 불치성이며, 결과가 양성으로 나오면 더 평범한 설명을 염두에 두고 찾는 대신에 모든 증상을 헌팅턴병 탓으로 돌릴 위험이 있다.

"그냥 신체 검사를 해서 자신이 여전히 건강하다는 사실을 재확인하는 것만으로도 충분할 때가 많아요."

사람들은 검사를 받을 생각에 유전학 병동을 찾지만, 그들이 정말로 원하는 것은 이전처럼 살아가도 좋다는 재확인과 승낙인 듯하다.

유전상담사는 유전자 검사의 문지기가 아니다. 지식을 제공하고 검사의 근거를 설명하는 것이 맡은 일이다. 누군가가 검사에서 양성 판정을 받고 암울한 시간을 보낼 때, 회상하면서 자신이 왜 검사를 받고 싶어했고 검사 결과로부터 어떤 혜택을 받기를 바랐는지 정확히 떠올릴 수 있도록 한다.

유전병 위험이 높은 사람들은 자기 자신과 자녀 걱정에 늘 심란해한다. 이럴 때 확실하게 아는 것이 힘이 된다고 여기는 이들도 있다. 그러나 유전자 검사에서 양성이라는 판정을 받은 뒤 실제 발병하기까지 수십년이 걸릴 수도 있다. 이론상 그 불안을 안고 수십 년을 살기도 하는데, 양성 진단이 그들의 자아에 미치는 영향은 과소평가된다. 생각, 개념, 감정은 몸을 통해서 작용하므로, 진단 꼬리표는 병이 없는 사람의 몸에 병을 일으킬 힘을 지니고 있다. 사람이 감정을 느낄 때, 그 감정은 영혼의 영묘한 감각이 아니다. 몸에서 느껴지는 것이다. 소름처럼. 아랫배의 싸한 느낌처럼 말이다. 자신감, 행복함, 분노, 소심함, 불안, 혼란 등은 그런 감정을 겪는 사람이라면 뚜렷이 느낄 수 있다. 우리 내면의 그 경험을 몸이 드러내기 때문이다. 그러나 몸과 마음 사이의 상호작용은 완벽하지 않다. 병에 걸릴 것이라는 사전 경고와 그 경고가 일으키는 두려움은 뇌가 지닌 몸의 이미지 자체가 퇴화하는 양상과 결합되어, 퇴행 과정이 시작되기도 전에 신체 증상들을 빚어낼 수 있다.

예측 코딩predictive coding이라는 과정을 이해하면 질병의 두려움이 어떻게 실제 신체 증상으로 전환될 수 있는지를 설명하는 데에 도움이 될 것이다. 우리 뇌는 이 과정을 통해서 우리를 효율적이고 안전하게 만들지만, 때로는 정신신체 증상들을 일으키기도 한다. 우리 뇌는 주변 환경을 수동적으로 기록하고 입력 신호를 스펀지처럼 흡수하는 것이 아니라, 과거의 경험을 이용해서 특정한 상황에서 몸이 어떻게 행동할지 예측하고, 감각 신호를 해석한다. 우리가 보고 듣고 맡고 느끼는 모든 것들은 기존의 학습된 경험을 통해서 뇌에 구축된 정신적 모형이나 주형과 빠르게 비교된다. 이 비교 덕분에 우리는 매일 세상의 법칙들을 새로 배울 필요 없이 그 의미를 예측할 수 있다.

혼잡한 도로를 건넌다고 하자. 자신을 향해 빠르게 다가오는 차의 시각 정보는 시각 경로를 통해서 뇌로 들어오며, 그와 동시에 더 고차원적인 처리 과정은 그 이미지를 빠르게 조작하면서 차의 종류와 크기, 속도와 거리를 평가한다. 이 예측 코딩 덕분에 우리는 앞서 학습된 경험에 의존하여 안전하게 도로를 건널 수 있다. 대부분의 성인은 차의 예상 속도와 자신의 걷는 속도에 관한 지식을 토대로 언제가 안전한지를 꽤 잘 추정할 수 있어서 충분히 도로를 건널 것이다. 물론 길을 건널 때 언제나 판단을 잘하는 것은 아니다. 뇌의 추론이 완벽하지는 않기 때문이다. 예측 코딩은 최상의 추측을 하는 체계이다. 두 이미지를 비교하는 착시 그림이 사람들마다 다르게 보이는 이유가 이 때문이다. 수수께끼를 접할 때, 각자의 뇌는 자신이 아는 세계 지식을 토대로 가장 가능성이 높은 해답을 보여준다. 이 해답은 사람마다 다를 것이다.

가장 지적인 사람의 가장 건강한 뇌조차도 으레 실수를 저지르며, 그런 뇌에서도 정신신체 증상이 출현할 수 있다. 뇌의 예측이 언제나 옳은 것은 아니며, 잘못된 예측이 충분히 강하게 유지되면 몸이 느끼는 방식에 영향을 미칠 수 있다. 어떤 사람이 주삿바늘 공포증이 있다고 하자.

피 검사를 하려는데, 몹시 아플 것이라고 진정으로 확신한다. 그래서 주삿바늘이 피부를 찌르기 전에 통증을 느낄 수 있다. 강한 기대가 신경계를 압도하여 고통스러운 자극이 일어나기도 전에 통증을 일으킨 것이다.

뇌는 예측과 예상을 토대로 무엇에 주의를 기울일지도 선택한다. 어떤 감각 경험은 고조되는 반면, 중요하지 않다고 치부되어 걸러지는 것도 있다. 우리가 주목하지 않는 한 피부에 닿는 옷의 감촉을 느끼지 못하고 단조로운 배경 소음을 듣지 못하는 이유가 바로 이 걸러내기filtering 과정 덕분이다.

중요한 점은 예측 코딩과 걸러내기가 외부에서 오는 신호를 경험하는 방식을 형성하는 것도, 내면의 감각 경험을 바꾸는 것도 아니라는 점이다. 우리 몸은 늘 백색 소음에 휩싸여 있다. 우리는 심장이 뛰고 허파가 부풀고 위장이 수축하고 피부가 간질거리는 것을 모두 느낄 수 있지만, 대개 별 주의를 기울이지 않는다. 익숙해져 있으므로 걸러낸다. 그러나 건강을 걱정할 이유가 있는 사람은 이런 내면 현상 중 어느 하나를 주시하고 걱정하기 시작할 수도 있다. 예상과 주의는 여기에서 근본적인 역할을 한다. 집안에 중증 심장병 환자가 있음을 방금 알아차린 사람을 상상해보자. 누구나 계단을 올라갈 때면 심박수가 올라가지만, 이 섬뜩한 가족력을 새로 알게 된 사람은 자신의 심장에 평소보다 더 주의를 기울이게 될 수도 있다. 그래서 계단을 오를 때 심박수가 올라가고 있음을 알아차리고 그것이 비정상이라고 착각할 수도 있다. 몸에 주의가 쏠리면 정상적인 걸러내기 과정이 교란됨으로써 원래 건강했던 몸에 증상을 일으킨다.

예측 코딩과 걸러내기는 노세보 효과라는 것이 어떻게 질병이 없음에도 몸이 아프다고 느끼게 할 수 있는지를 설명하는 데에 도움이 된다.[6] 플라세보 효과placebo effect(속임약 효과)라는 말은 누구나 들어보았을 것이다. 강력한 믿음이 증세를 약화시키는 힘을 지닌다는 뜻이다. 플라세보 효과는 혈압과 심박수 저하 같은 측정 가능한 생리적 변화를 일으킨다는 것이 밝혀졌다. 노세보 효과는 정반대 현상이다. 어떤 치료가 해를 끼칠 것이라고 믿으면, 노세보 효과가 작용해서 그런 예상으로부터 실제 신체 증상이 일어날 수 있다. 음식을 먹었는데, 그 음식이 어떤 식으로든 오염되었다는 것을 알게 된다면? 그 순간 욕지기가 일어나면서 그 오염이 실제로 몸에 영향을 미치기도 전에 먹은 음식물을 토할 수도 있다.

이것이 바로 자신에게 헌팅턴병 유전자가 있다고 강하게 믿는 사람이 그 믿음만으로 헌팅턴병의 전형적인 증상들을 겪을 수 있는 생물학적 이유이다. 발렌티나는 이 경험을 매우 생생하게 묘사했다. 그녀는 엄마의 병세가 서서히 진행되어 장애 수준에 이르는 양상을 계속 지켜봄으로써 헌팅턴병이 어떤 병인지를 실감했다. 어떤 증상들이 나타나는지 지켜보았기 때문에, 나타날 증상들을 예상할 수 있었다. 우리 대다수가 별것 아니라고 치부할 경험들을 그냥 지나치지 못하고, 일상적인 신체 변화들에 지나치게 주의를 기울였다. 누구나 때때로 가구에 부딪치지만, 발렌티나는 그렇게 부딪칠 때마다 병의 징후라고 받아들였다. 헌팅턴병은 드러나지 않게 시작되며, 초기 증상들 중 상당수는 누구나 평소에 겪는 것들이기도 하다. 불안, 기분 저하, 짜증 같은 것처럼 말이다. 이런 평범한 감정들이 발렌티나에게는 금세 아주 섬뜩한 것이 되었다.

발렌티나는 신경을 쓸수록 더 주의가 쏠리는 악순환에 사로잡혔다. 자동적으로 이루어지는 움직임도 너무 자세히 지켜보면 어색해진다. 운동을 할 때 관중이 있으면 실수를 할 가능성이 높은 이유도 그 때문이다. 발렌티나의 몸은 주의를 기울일수록 덜 효율적으로 움직였다. 엄마가 항공 여행을 할 때면 필요한 수속을 제대로 밟기 힘들어했기 때문에, 발렌티나도 공항에 들어가자마자 아프기 시작했다. 불안으로 스트레스 경로가 활성을 띠는 바람에 몸을 파악하기가 더욱 어려워졌다. 아드레날린 분출로 가슴이 두근거리고 몸이 떨리고 식은땀이 배어나올 때마다 불치병이 임박했다는 지식의 신빙성은 더욱 커져갔다.

발렌티나는 헌팅턴병 검사에서 음성으로 나옴으로써 이 함정에서 벗어났다. 자기 몸에 관한 기대를 바꾸고 지각된 증상들로부터 주의를 딴 데로 돌리는 데에는 그것만으로 충분했기 때문에, 그녀의 증상들은 즉시 완화되었다. 그녀는 여전히 공항이 보이기만 해도 가슴이 두근거리지만, 헌팅턴병 유전자가 없음을 알기에 통제 불능 상황에 빠지지 않았다. 그러나 검사에서 양성이라고 나왔다면? 모든 증상이 헌팅턴병 때문이라고 가정하는 데까지 나아갈 가능성이 높을 것이다. 증상이 약해지는 대신에 더 심해질 수도 있다. 헌팅턴병 공포는 실제 그 신경퇴행 질환이 자리를 잡기 여러 해 전에 확실히 그녀의 삶을 파괴할 것이다.

타드로스는 내게 이렇게 상기시켰다. "마음의 전면과 이면은 크게 달라요. 검사에서 양성이라고 나오면, 그 뒤로 컵을 떨어드리거나 아이들에게 짜증을 내거나 뭔가를 까먹거나 이중으로 예약을 할 때마다, **이제 시작된 건가?**에서 **시작되었네**라고 생각이 바뀌어요. 양성이라는 말을 들고 나면, 아직 시작되지 않았음에도 벌써 시작되었다고 확신하는 바람에 건강하고 재미있게 살아갈 수 있는 시간들을 잃을 위험에 처하죠. 사람들에게는 희망의 빛이 필요해요. 그게 계속 나아가게 하니까요."

✶ ✶ ✶

에밀리는 겨우 스물여섯 살에 헌팅턴병 유전자 검사에서 양성 판정을 받았다. 그녀는 검사를 받고자 한 이유를 명확히 알고 있었고, 자신의 결정을 후회하지 않는다. 쉬웠다고 말하는 것이 아니다. 발렌티나가 그랬듯이, 에밀리의 가족도 집안에 헌팅턴병 환자가 있다는 사실을 알고 경악했다. 그녀의 증조할머니는 치매와 파킨슨병을 앓았다고 여겨졌다. 그런데 누군가가 그 진단이 맞았는지 의심했던 모양이다. 2002년 사후 부검이 이루어졌고, 헌팅턴병이 진짜 병명임이 드러났다. 그 사실이 드러났을 때 에밀리는 다섯 살, 여동생은 두 살이었다. 엄마는 30대, 할머니는 50대였다. 그때까지 3대에 걸쳐서 식구들은 헌팅턴병 위험이 있음을 전혀 모른 채 살았다.

에밀리는 엄마가 양성 진단을 받았을 때 할머니도 이미 증상을 보이고 있었을 것이라고 믿는다. 할머니는 이상한 행동을 보였다. 특정한 것들에 집착해서 매일 같은 외투를 입었다. 땀을 비오듯 흘리면서도 벗으려고 하지 않았다. 하지만 할머니는 말하기와 걸음에 문제가 생기고, 무도병 특유의 획획거리는 움직임이 나타난 뒤에야 정식 진단을 받았다.

에밀리의 엄마는 다른 양상으로 병세가 진행되었다. 그녀는 40대 초반부터 증상을 보이기 시작했고, 성격 변화, 정신적 및 인지적 증후군이라는 형태로 나타났다. 엄마는 딸들에게 험한 말을 퍼붓고 공격적으로 행동했다. 거리에서 충동적으로 행동했다. 운동 쪽 증후군은 더 뒤에 나타났다. 요즘에는 음식을 삼키거나 말하는 데에도 어려움이 있다. 걷기도 힘들고, 가족의 보살핌을 받고 있다.

에밀리는 어릴 때부터 부모에게 헌팅턴병 이야기를 듣기 시작했다. 그녀는 그 사실을 무척 고맙게 여긴다. 영국에서는 무증상인 사람이 헌팅턴병 예측 유전자 검사를 받을 수 있는 최소 연령을 18세로 정하고 있다. 에밀리는 그 나이가 되자마자, 유전상담사와 약속을 잡았다. 상담 끝에 그녀는 아직 검사를 받을 준비가 되지 않았다고 판단했다. 지금 에밀리는 그렇게 결정한 것이 다행이라고 여긴다. 할머니와 엄마의 병이 악화되는 모습을 지켜보는 것도 10대 청소년에게는 벅찬 일인데, 거기에 양성이라는 검사 결과를 받았다면, 마음에 상처까지 더해졌을 것이다.

에밀리는 검사를 미루기는 했지만, 그 뒤로 몇 년 동안 이따금 상담사를 만나서 검사를 받아도 좋을지 여부를 상담했다. 이윽고 그녀는 할머니가 돌아가신 뒤에 검사를 받자고 마음 먹었다. 할머니가 세상을 떠나자 에밀리는 슬픔을 추스를 시간을 가진 뒤, 유전상담사를 만나 일정을 정했고, 일 년 남짓 지난 다음 검사를 받았다.

에밀리는 희망을 버팀목으로 삼을 수 없었던 사람에 속한다. 그녀는 헌팅턴병 생각을 도저히 떨칠 수가 없었다. 자신이 아프다는 생각이 늘 따라다녔다. 그 유전자가 있다고 절대적으로 확신했다. 그녀는 준비하고 싶었고, 그러려면 검사를 받아야 했다. 그러나 검사를 받고자 한 가장 큰 이유는 자신과 동생이 집안에서 이 난제에 직면한 마지막 사람임을 확실히 하기 위해서였다.

에밀리는 내게 말했다. "늘 엄마한테 말했죠. 이 병을 내 대에서 끝낼 수 있다면, 끝낼 거라고요."

에밀리는 양성이라는 검사 결과를 받았을 때 울지 않았지만, 나중에 엄마한테 그 이야기를 어떻게 전해야 할지 생각하면서 울음을 터뜨렸다. 예상했던 바이기는 했지만, 좋지 않은 소식이었다. 엄마는 그 질병 유전자를 딸에게 물려주었다는 사실을 알자 울부짖다가 거의 실신할 지경에 이르렀다. 에밀리도 예상했던 것보다 받아들이기가 더 힘들었다. 그녀는 일을 계속할 생각이었지만, 너무나 심란해서 휴가를 냈다. 감정적으로 어떻게 받아들여야 할지 갈피를 잡지 못했다. 너무나 혼란스러웠다. 주변 사람들의 반응을 접할 때면, 마치 자신이 죽은 사람인 양 느껴졌다. 추모 기간인 양 꽃을 보내는 사람도, 몇 주일 내내 동정을 표하는 사람도 있었다. 그리고 난 뒤 그들은 다 잊었다.

가족만이 버팀목이 되었다.

"아빠는 대단한 분이에요. 검사 결과를 말했을 때 의연하게 받아들였어요. 엄마와 내가 의지할 수 있도록요."

에밀리의 아빠는 간호사로 일했고, 아내의 병세가 심해진 지금은 아내를 보살피고 있다. 집안은 돈독하다. 에밀리와 아빠는 헌팅턴병을 알리는 일을 하는데, 한 자선 행사에서 헌팅턴병 위험을 안고 있는 젊은이들에게 자신들의 경험담을 이야기하기도 했다. 그런데 아빠는 아내의 병 이야기는 길게 하면서도, 딸 이야기는 한마디도 하지 않았다. 그래서 에밀리는 화가 났지만, 나중에 엄마가 하는 말을 듣고 먹먹해졌다. 집에 돌아온 아빠가 방에 틀어박혀 딸 생각에 하염없이 울었다는 것이다.

"그 유전자를 가졌다는 걸 알게 된 뒤로 삶이 어떻게 달라졌나요?" 내 물음에 그녀는 이렇게 답했다.

"오락가락해요. 때로는 그냥 운명이라고 받아들이자고 생각하면 의욕이 생기기도 해요. 사소한 문제들이 하찮게 여겨지고, 현재의 삶에 충실할 수 있도록 돕지요. 그런 한편으로 침대에 누워 있을 때면, 언젠가는 일어나지도 못하겠지 하고 현실을 깨닫기도 해요. 남에게 의지해서 지낼 날이 올 거라고요."

에밀리는 결혼을 앞두고 있다. 검사를 받기 전인 스무 살에 만난 사람이다. 그녀는 사귀기 시작한 지 3주째에 가족력을 털어놓았는데, 그는 전혀 개의치 않았다. 같은 헌팅턴병 단체에 속한 그녀의 친구들 중 상당수는 상대방에게 털어놓았을 때 어떤 반응이 나올지 너무 두려워서 아예 연애를 멀리한다. 에밀리는 솔직히 말하고 받아들이자는 쪽이며, 그녀에게는 그 방식이 좋은 결과를 낳았다.

에밀리와 약혼자는 한두 해 뒤에 PGT를 통해서 아이를 가질 계획이다. 그녀는 이따금 아이를 낳겠다는 결정이 과연 윤리적으로 타당한지 의구심을 드러낸다. 소셜 미디어에서 그녀의 헌팅턴병 글에 익명으로 댓글을 다는 이들은 아이를 낳겠다는 그녀의 계획을 비판한다. 그녀는 자신이 엄마의 병세가 악화되는 모습을 지켜본 것과 같은 식으로 자신의 고통스러운 모습을 지켜보아야 할 자식을 가지는 것이 과연 옳은지 고심한다. 그러다가 자신의 삶을 떠올린다.

"엄마가 그렇게 생각했다면, 나는 태어나지도 못하고 인생이라는 멋

진 경험도 못 했겠죠. 많은 좋은 경험을 했어요. 내 삶은 살 가치가 있었어요."

팬데믹 당시 에밀리의 할머니는 요양원에 갇혀 지냈다. 거리두기 때문에 식구들은 울타리 밖에서 할머니에게 손을 흔들어 안부 인사만 전해야 했다. 에밀리는 참을 수가 없어서, 주말에 그 요양원에서 부업을 하기로 했다. 일은 힘들었고, 대부분의 시간을 할머니가 아니라 다른 입주자들을 돌보면서 보내야 했다. 그래도 할 가치가 있었다. 점심 시간에 할머니와 함께할 수 있었으니까. 에밀리는 헌팅턴병이 초래할 최악의 상황들도 지켜보았다. 할머니가 온종일 침대에 누워 있는 모습도 보았다. 엄마의 성격이 변하고 신체 능력이 퇴행하는 모습도 보았다. 그러나 그 병이 모든 일에 그늘을 드리우도록 두지 않았다.

"헌팅턴병 양성이라는 판정을 받는다고 해서 삶이 끝나는 건 아니고, 삶이 헌팅턴병과 함께 끝나는 것도 아니에요. 오랜 세월을 천장을 바라보면서 지내야 한다면, 떠올릴 정말로 좋은 기억을 가지고 싶어요."

에밀리는 의학적 돌파구를 기대하며, 발병하려면 많은 시간이 남아 있다. 그러나 만일을 대비해서 가능한 한 풍성한 기억을 쌓을 생각이다. 양성이라는 결과가 나오자, 그녀는 킬리만자로 산을 올랐다.

✷ ✷ ✷

예측 진단은 실질적으로는 진단이 아니다. 미래에 그 진단이 나올 것임을 알리는 예고이지만, 그 질병 자체가 미칠 모든 영향을 미칠 수 있다. 사람들에게 계획을 세울 기회를 제공하고 불확실성을 제거할 힘을 지닌다. 그런 한편으로 어떤 질병이 함축한 것들을 길면 수십 년 더 일찍 대면하도록 만든다는 의미이기도 하다. 사전 경고는 미리 대비할 수 있게도 해주지만, 부담을 안길 수도 있다.

헌팅턴병 검사는 예측 진단의 전형적인 양상을 잘 보여주는 사례이다. 전 세계에서 헌팅턴병 가족을 지원하는 단체들은 위험에 놓인 이들이 쉽게 검사를 받을 수 있도록 해야 한다고 이구동성으로 말하지만, 세심한 관리가 이루어져야 한다는 점도 명백하다.[7] 검사는 결코 서둘러서는 안 된다. 유전상담사는 시간이나 지원을 더 필요로 하는 취약한 이들을 알아볼 수 있다. 준비가 되지 않은 양 보이는 사람들이라면 더 시간을 두고 일정을 진행할 수 있다.

양성이라는 결과는 많은 이들이 예상하는 것보다 더 심각하면서도 더 폭넓은 파급 효과를 미친다. 이 점을 이해시키는 것이 상담 과정의 근본적인 부분이다. 심리적 영향이 뚜렷한 사람도 있다. 그들은 병에 걸릴 것임을 알면, 마치 그 병이 이미 시작된 양 여생을 살아갈지도 모른다. 우울증과 자살 충동은 양성이라는 판정을 받은 이들뿐 아니라, 검사를 앞둔 사람들에게서도 드물지 않다.[8] 발렌티나는 검사에서 양성 판정을 받았다면, 사람들의 임종을 돕는 기관에 연락할 생각이었다고 내게 말했다. 나는 그녀가 그렇게까지 하지는 않았을 것이라고 믿지만, 그런 반응은 드물지 않다. 예측 진단에서 양성이라고 나오면, 그 뒤로 접하는 모든 경험을 불치성 퇴행 질환의 피치 못할 일부로 착각할 위험도 생긴다. 흔한 경험까지도 말이다.

정신적인 측면에만 이런 여파가 미치는 것이 아니다. 운전, 보험, 직장도 다 영향을 받을 수 있다. 대다수 국가는 정기적으로 운전 적성 검사를 받도록 하며, 증상이 충분히 심각하다고 판명되면 운전을 금지한다. 영국에서 고액 보험에 가입하려는 사람은 검사에서 양성이 나왔는지 알려야 한다. 미국에서는 검사를 받으려는 사람은 먼저 생명 보험, 장애 보험, 장기 요양 보험에 가입하라고 권고한다. 양성이라고 나오면 나중에 그런 보험 가입에 지장을 받을 것이기 때문이다. 한편 고용주에게 헌팅턴병 검사에서 양성 판정을 받았음을 알릴 의무는 없지만, 유전상담사는 개인이 직장에서 맡은 업무를 고려해야 한다. 의사나 위험한 기계를 다루는 사람 등 업무의 위험도가 높은 사람은 특히 더 그렇다. 내담자가 헌팅턴병 증후군 때문에 남들에게 위험하다고 느낀다면, 유전상담사는 비밀 유지 서약을 깨고 검사 결과를 제3자에게 알릴 수 있다. 비밀 유지는 유전자 검사에도 적용되지만, 의무 규정은 아니다.

    2019년 한 여성이 아버지의 헌팅턴병 진단 결과를 자신에게 알리지 않았다고 국가보건 서비스를 고소했다. 의료진은 부친에게 진단 결과를 딸에게 알리는 데 동의해달라고 요청했지만, 당시 딸이 임신 중이었기 때문에 부친은 거부했다. 나중에 자신에게도 헌팅턴병 유전자가 있다는 사실을 알게 된 딸은 자신이 알 권리가 있었으며 그런 위험이 있는 줄 알았다면 임신 중절을 했을 것이라고 주장했다.[9] 그녀는 재판에서 졌다. 의사의 의무는 환자의 가족이 아니라 환자를 진료하는 것이다. 그러나 판사는 유전상담사가 상충되는 진료 의무들을 헤아려서 균형을 잡아야 할 필요가 있다고 덧붙였다. 즉 대부분의 결과는 비밀로 유지되지만, 환자의 병이 다른 사람이나 대중에게 해를 끼칠 위험이 있다면 보건의료 전문가는 환자의 비밀 유지 권리를 깨고 검사 결과를 유출하겠다고 강력한 주장을 펼칠 수도 있다는 뜻이다. 다시 말해서 개인은 자신의 유전자 검사 결과의 발표를 거부할 절대적인 권리가 없다.

따라서 유전자 검사 결과는 보건의료 전문가를 도덕적으로 힘든 상황에 놓이게 할 수 있다. 비밀로 유지해야 한다고 법에 정해져 있다고 해도, 남들에게 도움이 될 수 있는 지식을 가지고 있는 의사는 폭로하려는 마음이 들 수 있다. 또다른 이익 집단이 유전자 검사 결과에 접근할 권리를 얻으려고 애쓸지 모른다는 점도 문제이다. 미국에서는 이미 법 집행 기관이 유전자 검사 결과를 요구한 사례들이 있다.[10] 또 나라마다 법규가 다르므로, 자기 지역의 법규도 알 필요가 있다. 뉴질랜드의 보험사들은 유전자 검사 결과를 이용해서 가입자들을 합법적으로 차별한다.[11]

임상유전학자와 헌팅턴병 공동체는 자신들이 대변하는 이들이 받을 예측 유전자 검사의 개발과 관리에 극도로 신경을 써왔다. 그들은 다른 공동체들을 위한 모범 사례가 될 높은 기준을 요구한다. 그렇게 해서 마련된 체계는 세심하고 신중하고 사려 깊다. 그러나 훨씬 더 많은 질병을 대상으로 엄청나게 많은 검사가 이루어지게 된다면, 그런 높은 수준의 보호가 유지될 가능성은 낮아질 것이다. 헌팅턴병은 예측 가능한 질병이며, 보건의료 서비스에 주는 부담이라는 측면에서 보면 인구 중 발병률은 낮다. 오스트레일리아, 북아메리카, 유럽에서 헌팅턴병 환자는 10만 명에 8명 미만이다. 아시아와 아프리카에서는 훨씬 더 낮아서 10만 명에 1명도 되지 않는다.

그러나 훨씬 더 많은 사람들에게 그리고 훨씬 더 예측할 수 없는 질병에 적용될 때, 예측 진단의 관리라는 섬세한 작업은 어떻게 될까? 알츠하이머 치매처럼 현재 유전자 검사가 가능해진 더 흔한 장애는 어떨까? APOE e4 유전자를 지닌 사람은 알츠하이머병에 걸릴 위험이 상당히 높다. 중요한 점은 알츠하이머병은 치료제가 전혀 없고 현재의 치료법들이 이 병의 진행 양상에 거의 아무런 차이도 가져오지 못한다는 사실이다. 헌팅턴병 유전자의 사례에서처럼, 자신이 APOE e4 보인자保因者임을 알게 된 이들은 미래의 어느 시점에 불치성 신경퇴행 질환에 걸릴 수 있다는 현실과 맞닥뜨린다. 그러나 한 가지 중요한 차이가 있다. 헌팅턴병 유전자를 지닌 사람은 충분히 오래 산다면 모두 헌팅턴병에 걸리지만, APOE e4는 알츠하이머병의 위험 요인들 중 하나일 뿐이다. 이 유전자를 가졌다고 해서 모두 그 병에 걸리는 것은 아니다. 이 치매 유전자 검사에서 양성 판정을 받고 치매에 걸릴 것이라는 생각에 사로잡혀서 우울하게 살아간다면? 어떤 이들은 전혀 불필요한 일을 겪는 셈이다. 이 모든 불확실성 때문에, 대다수의 공중 보건의료 기관은 무증상자들의 APOE e4를 검사하지 않는다. 그러나 이미 이 검사를 제공하는 기업들이 있으며, 전문가와의 상담이나 의사의 처방 없이도 받을 수 있다.

    유전자 검사 결과는 개인에게 속할 수도 있지만, 그 영향은 가족 전체에 미친다. 검사에 동의하지 않은 사람들과 굳이 알고 싶지 않을 수도 있는 식구들까지도 영향을 받는다. 누군가가 양성 판정을 받으면, 그 즉시 자녀들도 검사에서 양성이 나올 가능성이 높은 집단으로 옮겨지며, 자녀들을 그 지식으로부터 보호할 방법도 없다. 또한 검사를 받지 않는 쪽을 선택한 식구들에게서 희망을 상당 부분 앗아간다. 성인이 된 자녀가 검사를 받겠다는 데 부모가 받지 않았다면, 상황은 더욱 복잡해진다. 양성이라고 나온다면, 부모도 양성임이 분명해질 것이다. 그리고 가족 구성원이 자신의 진단 결과를 밝히는 것을 막는 사생활 보호법 같은 것은 없으므로, 밝히는 순간 온 가족이 영향을 받는다.

그리고 예측 검사가 어떤 의미를 함축하고 있는지 아직 철저히 연구된 바가 없기 때문에, 양성 판정이 어떤 결과를 낳을지 예상하기가 힘들다. 사귀고 있는 장래의 배우자나 짝이 될 만한 사람에게 어느 단계에서 유전적 위험이 있음을 알리는 것이 좋을까? 그들의 아이도 그 병에 걸릴지도 모르므로, 상대방이 이해 관계자임은 확실하다. 배우자가 모르는 상태에서 그 유전자를 지닌 아이를 낳았다면, 부부 싸움이 벌어지고 심지어 법적 분쟁까지 이어질 수도 있지 않을까? 배우자에게 미리 알렸다면, 이혼하게 될 경우 그 정보가 자녀의 양육권을 가지는 일에 이용될 수도 있지 않을까? 유전자 검사 결과에 이해 관계가 있는 이들은 많다. 가족, 배우자, 미래의 배우자, 자녀, 미래의 자녀, 고용주, 보험사, 은행, 세입자, 등록금 대출 기관 등등. 적어도 현재로서는 환자의 사생활 보호권이 중시되고 있기 때문에 그들의 이해 관계는 뒤로 밀려나 있다. 이런 상태가 계속 유지될까?

양성 판정을 받은 사람이 드러나지 않게 차별을 받을 가능성도 있다. 예측 검사가 매우 새로운 것이므로, 의사조차도 양성 판정에 어떻게 반응할지 잘 모른다. 헌팅턴병 검사는 수십 년째 논쟁의 대상이었을지는 모르지만, 이 병은 드물다. 스테퍼니의 KCNA1 변이체처럼 아주 다양한 질환들을 대상으로 유전자 검사를 훨씬 더 폭넓게 이용할 수 있게 된 지금에야 비로소 예측 검사가 모든 의사의 업무 중 일부가 되었다.

에밀리는 내게 말했다. "그 유전자가 있다는 게 의료 기록에 찍힌 벌점처럼 느껴져요." 에밀리는 헌팅턴병 유전자를 지닌다는 사실을 안 뒤로, 일상적인 진료조차 받기 힘들어졌다. 의사들이 그녀를 치료하는 일 자체를 겁내는 듯해서이다. 보건의료 종사자라고 해서 반드시 어떤 질병의 예측 검사에서 양성이라고 나온 것과 실제로 그 병을 앓는 것의 차이를 제대로 이해하고 있다고는 할 수 없다. 에밀리는 양성 판정을 받았다는 이유로 ADHD 치료를 거부당했다. 그녀가 받은 예측 진단 자체가 더 잘 알아야 하는 사람들에게까지 위협으로 느껴지는 듯하다. 양성이라는 예측 진단에 의료진까지 부당하게 영향을 받고 겁을 먹는다면, 일반 대중은 어떻게 받아들일까? 이 사례는 씁쓸한 예고편이다.

물론 헌팅턴병, 치매 같은 불치성 유전 장애의 예측 진단은 당사자가 자신의 미래를 계획할 수 있도록 허용하는 한 가치가 있다. 그러나 그렇게 했을 때의 부정적인 결과를 과소평가하지 말아야 한다. 자신이 어떤 병에 걸릴 위험이 높다는 것을 알면, 자신의 몸을 쓰는 방식과 몸을 신뢰하는 정도가 달라질 수 있다. 우려와 불확실성은 모든 정상적인 병과 신체 변화를 잘못 해석할 비옥한 토대를 조성한다. 의학적 꼬리표는 불활성 상태가 아니다. 몸이 건강할 때에도 아프게 만들 힘을 지닌다.

병, 고통, 죽음은 누구에게나 필연적으로 찾아오지만, 우리는 그런 생각을 늘 하면서 살아가지는 않는다. 그런 생각에 늘 사로잡혀 있다면, 아마 꼼짝도 못하게 될 것이다. 그리고 기술 발전으로 가능해지는 예측 검사가 더 많아질수록, 우리는 질병이 임박했음을 알게 됨으로써 조성된 두려움이 의욕을 빼앗아 개인의 삶의 궤도를 바꿔버릴 수도 있음을 명심해야 한다. 발렌티나가 음성 판정을 받아서 풀려날 때까지 그랬듯이, 병이 있다는 진단을 받을지도 모른다는 두려움은 근심 걱정 없이 살아갈 수도 있었을 모든 날에 그늘을 드리울 위험이 있다. 의학의 기본 교리는 결코 해를 끼치지 말라는 것이다. 예측 진단에 수반되는 정신적 및 실질적 결과가 반드시 그 기본 교리에 딱 들어맞는 것은 아니다.

지식이 더 많이 쌓이고 더 좋은 지원 체계가 마련될 때까지 예측 유전 검사를 보류하거나 제한해야 한다는 주장은 온정주의라는 비판과 맞닥뜨릴 수 있다. 아는 것이 가능하다면, 자신의 장래 건강에 관해서 더 많은 것을 알 권리가 있다는 논리이다. 그러나 사람들이 이런 새로운 과학적 능력들을 최대한 활용하고 어떤 선택이든 할 수 있도록 하는 데 열광하는 모습을 볼 때면, 나는 그들이 헌팅턴병 이야기의 큰 부분을 아예 듣지 않고 있는 것은 아닐까 하는 생각을 하게 된다. 타드로스가 자신이 할 일은 그저 사람들에게 검사를 받지 않아도 된다고 허락하는 것뿐이라고 말했을 때, 나는 깊은 감명을 받았다. 처음에 많은 이들은 지식이 곧 힘이고 검사를 꼭 받아야 한다고 본능적으로 으레 가정하지만, 유전 상담사와 솔직하게 대화를 나누고 나면 양성 판정이 삶에 그늘을 드리울 위험을 원치 않는 사람이 높은 비율을 차지한다는 사실이 드러난다. 그들은 희망을 택한다. 훨씬 더 많은 이들이 훨씬 더 많은 질병들을 검사할 수 있게 되기 전에, 자율성을 보호하고 알지 않을 권리를 보호하는 것 사이에서 더 나은 균형을 찾는 것이 시급하다.

진단을 받지 않은 증상들을 지닌 채 살아가는 일이 힘겹다는 말이 많이 나오는 것도 당연하다. 증상들을 설명하는 진단은 대개 안도감을 준다. 그러나 예측 진단이 하는 일은 그런 것이 아니라, 앞으로 어떤 증상들을 겪을지 예고하는 것이다. 증상이 언제 어떻게 시작될지는 알려주지 않으며, 그저 아마 나타날 것이라고만 말할 뿐이다. 일단 그런 증상들이 생길 것임을 알고 나면, 모르던 상태로 돌아갈 수 없다. 진단을 확인하기 전에는 여전히 어떤 미래도 가능하지만, 확인하고 나면, 미래는 한정된다. 확실히 아는 것이 불확실한 것보다 더 고통스러울 수도 있다.

2

라임병과 만성 코로나 증후군

미국 코네티컷 주 라임은 바다를 접한 녹음이 우거진 아름다운 시골 마을이다. 화가인 폴리 머리는 20대일 때인 1950년대 말 남편 질과 함께 그곳으로 이사했다. 사방 수 킬로미터에 걸쳐 숲으로 둘러싸인 커다란 하얀 집에서 부부는 네 아이를 키웠다. 가족은 그 집과 숲을 사랑했다. 야외 활동을 즐겼고, 아이들은 잔디밭에 만든 어린이 수영장에서 놀았다. 언덕에서는 택배 상자로 썰매를 탔고, 더 자란 뒤에는 숲에 요새를 짓고, 가족 모두 나무와 긴 풀 사이를 걸으면서 마음에 드는 장소가 나오면 "사슴 터", "인디언 전망대" 같은 이름을 붙였다. 겨울에는 근처 호수에서 스케이트를 탔고, 여름이면 해변으로 소풍을 가고 롱아일랜드 해협에서 헤엄을 쳤다.

    라임에서의 생활은 여러 면에서 머리 가족에게 목가적이었지만, 안타깝게도 그것이 끝이 아니었다. 폴리는 코네티컷으로 이사하자마자 앓기 시작했다. 수수께끼 같은 질환들에 시달렸다. 독감 비슷한 증상도 나타났고, 발진도 생겼으며, 여기저기 쑤시고 아팠다. 아이들의 건강도 그리 좋지 않았다. 두통, 열, 관절 통증, 인후통, 결막염, 부어오른 분비샘, 위창자염, 부어오른 손가락, 졸음증, 근육통을 달고 살았다. 한 증상이 사라지자마자 곧 다른 증상이 나타났고, 식구 중 한 명이 회복되자마자 다른 사람이 앓기 시작했다.

당연히 폴리는 아플 때마다 지역 의사들을 찾아다니면서 진료를 받았지만, 딱히 나아지는 것은 없었다. 다양한 진단이 나왔고, 이따금 페니실린 처방도 받았지만, 사실상 아무 소용이 없었다. 해가 바뀌고 또 바뀌어도 식구들은 여전히 질병에 시달렸다. 폴리는 진료실을 찾을 때마다 의사가 한숨을 쉬는 것을 눈치채기 시작했다. 폴리는 가족의 증상들을 모두 연결하는 단일한 병명이 있다고 확신했지만, 자기 가족이 왜 그토록 불운을 겪어야 하는지에 관심을 가진 사람은 아무도 없는 듯했다. 남편도 별 도움이 되지 않았다. 남편은 이런 성가신 문제들을 그냥 그러려니 하고 넘기는 태도를 보였다.

폴리는 홀로 진단을 찾아나섰지만, 맨손으로 나선 것은 아니었다. 매우 지적이면서 과학을 꽤 이해하고 있던 그녀는 좌절감을 연구의 원동력으로 삼아 가능한 진단명의 목록을 작성했다. 그녀는 뉴헤이븐 전역의 의사들을 찾아다녔고, 이어서 보스턴까지 범위를 넓혔다. 그녀는 루푸스일 수도 있다고 생각했다. 아니면 바이러스 때문일까? 사슬알균 감염은? 뉴헤이븐의 한 의사는 자가면역 질환인 루푸스라는 그녀의 제안에 동의하는 듯했지만, 그 가능성이 배제되자 그녀의 다른 이론들에 대한 관심을 끊었다. 또다른 의사는 비타민 C 결핍증일 수 있다고 하면서 보충제를 꾸준히 먹으라고 했지만 효과는 없었다.

폴리의 이론 중에는 진드기가 옮기는 병인 로키산열과 비슷한 질병일 수 있다는 것도 있었다. 증상이 아주 비슷한 듯했고, 라임 지역에는 진드기가 우글거렸다. 진드기는 사슴에 달라붙어 있었는데, 사슴은 그 지역의 숲에 많았다. 그녀는 아이들의 피부에서 주기적으로 진드기를 파냈다. 반려동물의 털에서 잔뜩 부푼 진드기가 떨어지기도 했다. 그러나 이 비교 사례에 의사들은 관심을 보이지 않았다.

가족은 무려 30여 년간 철저히 검진을 받았지만, 검사에서는 늘 아무것도 나오지 않았다. 아이들의 관절은 부어올랐다. 때로는 걸을 때 목발이 필요할 정도였다. 식구들 모두 피부, 눈, 목에 감염을 달고 살았다. 수수께끼의 병을 앓기 시작한 지 17년째인 1971년에만 폴리는 세 차례 입원했다. 한번은 병상에 있던 그녀에게 한 의사가 왜 늘 그렇게 심각한 표정을 짓고 있는지 물었다. 폴리는 만성 질환에 시달리고 있어서 웃고 싶은 마음이 들지 않는다고 대꾸했다.

폴리는 스스로 조사에 나섰을 때 의사들이 좋아하지 않는다는 것을 알았다. 한 의사는 그녀를 의사 따라쟁이라고 불렀다. 또 한 의사는 이렇게 말했다. "어떤 새 질병이라고 생각하나 봐요. 참나, 사람들이 머리병이라고 부를지도 모르겠네요!"[1] 폴리는 말문이 막혔고, 나중에 혼자가 되자 울음을 터뜨렸다.

보스턴의 한 의사는 폴리에게 정신신체 질환이라는 생각은 해본 적이 없냐고 물었다.

"머리 부인, 사람들은 때때로 잠재의식적으로 아프고 싶어해요."[2]

폴리는 분명히 그쪽은 아니라고 여겼지만, 의사가 정신과 의사를 만나보라고 제안했을 때 고개를 끄덕였다. 그녀는 의사가 요청하면 늘 따랐다. 자기 직관에 반하는 말을 할 때조차도. 그녀는 자신의 문제가 **무엇인지**에는 신경 쓰지 않았다. 그저 "세상에 알려진 병명"이 필요할 뿐이었다. 그래야 무엇과 맞서고 있는지 감을 잡을 테니까. 그녀는 3주 동안 입원해서 심리치료를 받기로 했다. 사실 완전히 시간 낭비는 아니었다. 그녀는 통찰력 있는 정신과 의사 한 명과 상담을 하면서 어느 정도 안정을 찾았다. 신체 증상이 더 완화되었기 때문이 아니었다. 대신 그녀는 자신의 의학적 조사를 비밀리에 해야 한다는 것을 알아차렸다. 퇴원한 뒤, 그녀는 예일 의학 도서관으로 가서 직원인 척하면서 문헌을 뒤적거렸다.

그곳에서 폴리가 조사한 것은 자기 가족의 질병들만이 아니었다. 시간이 흐르면서 그녀는 그 지역에서 마찬가지로 설명할 수 없는 질병들에 시달리는 사람이 수십 명에 달한다는 것을 알게 되었다. 한 이웃은 설명할 수 없는 증후군 때문에 여러 차례 입원을 거듭했다. 또 한 사람은 여러 해 동안 피부 발진에 시달렸다. 관절이 부어오른 아이들도 많았다. 그 지역의 반려동물들도 앓고 있었다. 폴리는 이 모든 증상들을 꼼꼼히 기록했다. 그녀는 조용한 여성이었지만, 끈기 있고 세심하기도 했다. 폴리는 라임 지역에 새로운 괴질이 돌고 있다고 확신했다.

폴리가 처음으로 앓기 시작한 것은 1954년이었다. 그로부터 21년 동안 비공식적으로 조사를 한 끝에야 비로소 그녀는 약간의 동맹군을 찾아냈다. 마침내 1975년 그녀는 코네티컷 주 보건부로부터 더 진지한 반응을 얻어냈다. 지역 사회의 다른 이들도 비슷한 의구심을 드러냈고, 의사인 앨런 스티어가 그 현상을 조사할 책임자로 임명되었다. 폴리가 본 것을 그가 알아차리는 데에는 오래 걸리지 않았다. 특히 그는 라임 지역에서 소아 관절염을 앓는 아동의 비율이 유달리 높다는 사실에 주목했다. 그는 코네티컷 시골에 새로운 질병이 돌고 있고, 감염병처럼 퍼진다는 데에 동의했다.

연구자들이 원인을 확인한 것은 그로부터 7년이 더 지나서였다. 1982년 원인 세균인 보렐리아 부르그도르페리*Borrelia burgdorferi*가 분리되었다. 처음 발견한 과학자 윌리 버그도퍼의 이름을 땄다. 버그도퍼는 사슴 진드기의 가운데 창자에서 이 세균을 발견했는데, 나중에 아픈 사람들의 혈액에서도 발견되었다. 보렐리아균이 일으키는 이 질병을 폴리의 공로를 인정하는 차원에서 "머리병"이라고 부를 법도 하지만, 실제로 그런 제안을 한 사람은 아무도 없었다. 그저 기존 전통에 따라서 처음 발견된 지역의 이름을 땄다. 라임병이었다.

★ ★ ✹

라임병은 나선 모양인 스피로헤타류의 세균이 일으키는 감염병이다. 진드기에게, 특히 사슴에 붙어사는 검은다리진드기에 물릴 때 옮는다. 물린 자리에 며칠이나 몇 주일 뒤에 나타나는 독특한 과녁 모양의 발진이 전형적인 임상 증상이다. 진드기는 무릎 뒤쪽이나 사타구니, 겨드랑이, 유방 밑 같은 축축한 틈새를 좋아하므로, 발진은 그런 부위에 나타날 가능성이 가장 높다. 발진에 뒤이어 독감 유사 증상, 근육통, 오한,

두통, 피곤증이 생길 수 있다. 그 병만 앓는 이들도 있고, 그 병이 다단계 질환으로 확대되는 이들도 있다. 증세가 더 심한 이들은 관절이 붓고, 얼굴 신경 마비도 흔하다. 신경 뿌리도 손상되어 좌골 신경통과 비슷한 통증이 생길 수 있다. 뇌와 척수의 염증은 생명을 위협할 수도 있고 장기 장애로 이어지기도 한다. 감염이 심장까지 확산되면, 두근거림, 졸음, 가쁜 호흡 같은 증상이 나타날 수 있다. 영국에서는 라임병이 신고 의무가 없는 질병이기 때문에 실제 발병률이 얼마나 되는지 알지 못한다. 즉 의사나 검사 기관이 관할 당국에 몇 건이 새로 진단되었는지를 보고할 필요가 없다는 뜻이다. 그러나 진단 검사 데이터는 정기적으로 취합되므로, 그 자료를 토대로 할 때 해마다 약 2,000–3,000명이 새로 걸린다고 추정된다.[3] 라임병은 미국에서는 신고 의무가 있으며, 실험실에서 검사를 통해 확인되는 발병 사례가 한 해에 약 6만 건에 이른다.[4] 감염병이므로 라임병이 진단이 꽤 쉬울 것이라고 예상할지도 모르겠다. 세균 감염이라는 점은 확실하지 않나? 그 세균에 감염되었음이 드러난 사람은 라임병이라는 진단을 내리고 그 세균이 검출되지 않는 사람은 라임병이 아니라고 가정하는 것이 합리적이 아닐까? 그러나 사실 누가 라임병에 걸리고, 걸리지 않았는가 하는 문제는 큰 논쟁거리가 되어왔다.

2007년에도 「영국 의학회지 British Medical Journal」에 라임병 진단을 둘러싼 논쟁을 "라임 전쟁"이라고 부른 기사가 실릴 정도였다.[5] 기사는 의료계가 둘로 나뉘어 신랄하게 대치하고 있는 상황을 묘사했다. 한쪽 집단은 라임병이 비참한 수준으로 과소진단되고 있다고 주장하고, 반대쪽 집단은 과잉진단되고 있다고 말한다. 이 기사가 나온 지 거의 20년이 지났지만, 논쟁은 여전히 격렬하다. 진단을 받고자 한 폴리 머리의 투쟁은 라임병을 둘러싼 전투의 서막에 불과했다.

라임 전쟁을 이해하는 열쇠는 거의 모든 진단이 적어도 어느 정도는 주관적임을 인식하는 것이다. 진단은 주관적이므로 불확실성, 실수, 남용의 가능성이 열려 있다. 아무리 많은 정교한 검사가 이루어진다고 해도, 진단은 환자의 이야기와 검사에 대한 의사의 해석에 깊이 의존하는 본질적으로 직관적인 임상 기예clinical art로 남아 있다. 우리는 신기술의 시대를 살고 있으며, 새로운 검사법이 진단에 정확성을 부여할 것이라고 여기지만, 실제로는 정반대의 상황이 벌어질 수도 있다. 검사는 확실한 양 보이지만 실제로는 오류에 **기여할** 수도 있다. 라임병은 객관적으로 보이는 진단이 어떻게 서로 상반되는 견해를 불러일으킬 수 있는지를 보여주는 사례들 중 하나일 뿐이다. 진단의 주관성과 검사 결과의 신뢰성에 대한 의구심 때문이다.

라임병은 40여 년 전에 알려졌기 때문에, 진단 검사를 완벽하게 다듬을 시간이 충분했다. 보렐리아균은 다른 세균들과 달리 혈액 배지에서 잘 자라지 않으며, 라임병 환자의 몸에 아주 미량으로 존재해서 찾기 힘들 때도 많다. 그 때문에 검사의 초점은 세균 자체가 아니라, 면역계가 그 세균에 맞서고 있음을 시사하는 특정한 항체를 찾는 데에 맞추어져 있다.

미국 질병통제예방센터(CDC)와 영국 국립보건임상평가원(NICE)은 최적 검사 지침을 갖추고 있으며, 그 지침에는 검사를 두 단계로 시행하라고 나온다.[6,7] 이는 라임병 가능성을 조사할 혈액 시료 하나로 두 가지 다른 검사를 할 수 있다는 뜻이다. 하나는 효소면역 측정법(ELISA)이고 다른 하나는 웨스턴 블롯Western blot이다. 둘 다 보렐리아균의 표면 단백질(항원)에 결합하는 항체를 찾는다. ELISA는 다양한 여러 항원들에 결합할 가능성이 있는 아주 다양한 항체들을 찾는다. ELISA에서 음성이라고 나오면 라임병에 걸렸을 가능성이 아주 낮다는 의미로 해석되므로, 더 이상의 검사는 불필요하다(여기에는 다양한 단서들이 따라붙는데, 저마다 논쟁거리가 될 수 있다). 그러나 검사에서 양성으로 나온다고 해서 자동적으로 라임병에 걸렸다는 뜻은 아니다. 여기서 검출되는 항체들은 다른 감염과 면역 장애로 생길 수도 있으므로, ELISA 양성은 라임병이 아닌 다른 이유로도 나타날 수 있다. 거짓 양성 사례이다.

웨스턴 블롯 검사는 보렐리아균 감염에 훨씬 더 특화된 훨씬 더 좁은 범위의 항체들을 찾는 데 쓰인다. 이 검사는 ELISA에서 양성일 때에만 필요하다. ELISA에서 찾아낸 거짓 양성을 걸러내기 위한 목적이다. 보렐리아균 검사에서 양성이 나왔을 때 라임병에 걸렸다고 볼 수 있으려면, ELISA가 양성이고 웨스턴 블롯도 양성이어야 한다.

그런데 오랜 세월에 걸쳐 다듬어지고 CDC와 NICE가 승인한 이 2단계 검사법이 있는데, 왜 진단을 놓고 그렇게 격렬한 논쟁이 벌어질까? 검사가 늘 맞는다고 기대하기는 어렵다고 해도, 적어도 대개는 정확하다고 믿을 수 있지 않나? 문제의 핵심은 ELISA와 웨스턴 블롯이 진단 검사처럼 보일지라도, 실제로는 **진단** 검사가 아니라는 것이다. 그저 진단 조각 그림 퍼즐의 한 조각에 불과하며, 퍼즐의 훨씬 더 큰 부분이 채워지지 않는 한 무의미하다. 바로 임상 이야기 말이다. 이 말은 라임병만이 아니라 대부분의 진단에 들어맞는다.

아무리 정교해도 검사 자체는 대개 진단을 내리기 위해서보다는 임상 이론을 뒷받침할 증거를 제공하기 위해서 쓰인다. 검사 결과는 당사자가 검사 전에 그 병에 걸려 있을 확률에 따라서 다르게 해석된다. 검사 전 확률은 이 책의 뒤에서 다룰 다른 진단들에도 마찬가지로 중요하며, 기본적으로 특정한 증상과 주변 상황을 토대로 판단했을 때, 당사자가 그 병에 걸렸을 가능성을 가리킨다. 라임병이 풍토병인 지역에 오래 살고 있으면서 전형적인 증상들을 보인다면, 라임병에 걸렸을 검사 전 확률이 높다. 증상이 모호하고 라임병에 노출되었다는 명확한 증거가 전혀 없다면, 검사 전 확률이 낮다. 대개 양성 판정은 병력으로 판단할 때, 환자가 그 병에 걸렸을 검사 전 확률이 높을 때에만 진짜 양성으로 취급된다. CDC와 NICE는 진단을 확인하는 데에 도움을 받으려면 어떤 검사를 해야 하는지뿐 아니라, 그 결과를 환자의 병력 전체라는 맥락에서 해석해야 한다고도 말한다.

의사가 환자의 이야기를 이해하고 해석하는 과정은 진단 과정에 주관성이 개입하는 첫 단계이다. 두 번째 단계는 실험실에서 검사를 한 다음 실험실 의사와 이어서 진단을 내리는 의사가 해석을 하는 것이다. 의학 검사가 진단을 증명하고 의사의 불확실성이나 편향을 극복하기 위해서 존재한다고 생각할지도 모르겠다. 그 말은 맞지만, 어느 정도까지만 그렇다. 객관성을 표방하는 양 보임에도, ELISA와 웨스턴 블롯을 포함한 의학 검사들은 여러분이 짐작하는 것과 달리, 해석하기도 쉽지 않고 표준화도 거의 이루어져 있지 않다.[8] 그리고 예/아니오라고 딱 부러지게 답을 내놓는 일도 거의 없다. 그보다는 어떤 진단이 맞을 가능성을 제시하며, 그것도 여러 단서를 붙여서 그렇게 한다. 많은 검사 결과들은 임상 평가 못지않게 모호하다.

의학 검사에 혼란을 일으키는 변수는 많다. 혈액 검사를 예로 들면, 인종, 식단, 운동, 음주, 수분 섭취량, 약물, 다른 질병 등이 검사 결과에 영향을 미칠 수 있다. 장비와 분석 과정도 실험실마다 다르며, 그래서 같은 환자에게 동일한 검사를 했을 때 서로 다른 결과가 나오기도 한다. 결과는 대개 정상 범위라는 값들의 집합과 비교하는 형태로 제시된다. 즉 두 사람의 측정값이 전혀 달라도, 둘 다 정상이라고 여겨질 수 있다. 의사는 자신이 의뢰한 검사에 혼란을 일으키는 모든 변수들을 알고 그것들을 염두에 두고 진단을 내려야 하므로, 결국 진단은 의사의 임상 경험과 뛰어난 판단력에 달려 있다. 가장 신뢰할 수 있는 결과가 나오도록 검사 방법을 최적화하는 일은 실험실에 달려 있다.

라임병 검사는 이 난제를 잘 보여준다. 지침을 잘 지킨다고 해도 검사에서 오도하는 결과가 나오는 방식은 많다. 실험실이 아주 많은 일반적인, 즉 비특이적 항원의 항체를 찾는 검사를 한다면? 그런 항원들 중 상당수는 다른 미생물에도 있으며, 그 결과 매우 민감한 검사라면 양성이라는 결과가 많이 나올 것이고, 그중 상당수는 거짓 양성일 것이다. 검사 당사자가 다른 감염이나 자가면역 질환으로 심하게 앓고 있어서 몸속을 돌아다니는 항체가 아주 많다면, 검사에서 교차 반응이 쉽게 일어나서 거짓 양성이 나올 수 있다. 반면에 극소수의 항원에 결합하는 항체만을 찾는 쪽으로 검사를 조정하면, 거짓 음성이 나올 수 있다. B. 부르그도르페리는 지역에 따라 균주가 다르므로, 다른 균주에 초점을 맞추어 검사를 하는 실험실은 그 세균을 검출하지 못할 수 있다. 또 검사를 너무 일찍 하면, 면역 반응이 아직 일어나지 않아서 거짓 음성이 나올 수도 있다. 가장 최신 검사 기법들은 여기서 말한 교란 변수들의 효과를 일부 줄이기는 했지만, 완전히 없애지는 못했다.

또 한 가지 요점은 보렐리아균의 혈액 검사가 라임병 검사가 **아니라는** 것이다. 양성은 당사자가 생애의 어느 시점에 그 세균에 노출되었음을 시사할 뿐이다. 실제 그 병에 걸린 적이 아예 없었을 수도 있다. 영국 뉴포리스트에는 보렐리아균을 지닌 사슴진드기가 아주 많다. 뉴포리스트의 임업 노동자들을 조사했더니, 25퍼센트가 2단계 검사에서 양성 판정을 받았지만 대부분 라임병 증상을 겪은 적이 전혀 없다고 답했다.[9] 그들은 보렐리아균이 많은 지역에서 다년간 일하면서 그 세균에 반복적으로 노출되어 병에 걸리지 않은 채 면역력을 획득한 것이다. 예전에 감염되었거나 단순히 노출됨으로써 생긴 항체는 사라지지 않을 수도 있다. 그럴 때 면역력을 간직한다. 백신 접종이 효과가 있는 이유도 바로 이 때문이다. 사실상 항체가 말하는 것은 그저 과거에 감염원에 노출된 적이 있다는 것뿐이며, 노출이 되었다고 해서 반드시 병에 걸렸다는 의미는 아니다.

따라서 면역 반응을 검출하는 검사에서 양성이 나왔다고 해서 반드시 그 병에 걸렸다는 진단이 내려지는 것은 아니며, 음성이 나왔다고 해서 반드시 그 병에 걸렸을 가능성이 완전히 배제되는 것은 아니다. 우리의 의학 검사와 기술 능력이 인상적으로 비칠지도 모르지만, 진단은 임상적인 판단일 때가 너무나 많다. 병에 걸렸다는 진단에 진드기에게 물렸음이 증명되어야 하는 것도, 양성 판정이 나와야 하는 것도 아니다. 반면에 전형적인 증상과 노출 이력은 꼭 필요하다.

✶ ✶ ✸

시안은 웨일스의 렉섬에 산다. 그녀는 만성 라임병(CLD)이라는 것에 몇 년째 극도로 시달려왔다. 이 병은 장기적인 증후군을 일으키고 회복이 쉽지 않은 라임병의 한 형태라고 여겨진다(그런데 잠시 뒤에 말하겠지만, 이 정의를 두고 논란이 있다).

그녀는 내게 말했다. "나보다 먼저 렉섬에서 라임병 진단을 받은 사람은 아무도 없었을 거예요. 그래서 의사도 그 생각을 못 했겠죠."

예전에 시안은 평균 이상으로 건강했다. 군대에서 체력 단련 강사로 일했고, 남는 시간에 트라이애슬론 경기에 출전했다. 그래서 2014년 건강에 갑자기 문제가 생겼을 때 뜻밖이라고 생각했다. 남편과 함께 여행을 하던 이튿날 아침에 일어난 시안은 열, 오한과 떨림 등 독감 비슷한 증상을 겪었다. 너무 아파서 휴가를 떠난 일주일 내내 누워 있어야 했다. 집으로 돌아온 뒤 시안은 주치의를 찾아갔는데, 의사는 독감이라고 진단하고 푹 쉬라고 했다. 그녀는 그 말대로 푹 쉬었지만 나아지기는커녕 상태가 더 나빠졌다.

머리도 멍해졌다. 자기 생각을 말하거나 정리할 수도 없었고, 아예 생각조차 하기 어려웠다. 심장도 마구 두근거리기 시작했다. 근력은 약해졌고, 온몸이 따끔거렸다. 병세는 빠르게 진행되었다. 증상들이 온몸으로 퍼지고 급증했다.

"공황 발작을 겪고 있다는 말도 들었어요. 증상들을 세어보니 약 90가지에서 100가지나 되더군요. 개미가 다리를 타고 오르내리는 것처럼 느껴졌어요. 말도 제대로 안 나왔고요. 중독된 것 같았죠. 학교까지 아이들을 태워주기도 힘들었고, 개를 산책시킬 수도 없었어요."

증상이 계속 늘어났기 때문에, 시안은 정기적으로 의사를 찾아갔다. 다양한 진단이 나왔다가 제외되고는 했다. 그런데 검사를 하면 결과는 늘 지극히 정상이었던 탓에 시안은 좌절했다. "이렇게 아픈데 어떻게 아무것도 안 나올 수 있는 건가요?" 의사는 그녀가 우울증에 걸린 것이 아닐까 하는 생각도 했다. 가족들도 잠깐 그런 의구심을 품었다.

"우울증과 연관 지을 만한 증상들이 있었나요?" 내가 물었다. 신경과 의사로서 나는 전적으로 정신적 원인 때문에 신체 증상들이 빠르게 악화되는 사람들을 아주 많이 만났기 때문에, 시안이 하는 말이 꽤 친숙하게 들렸다. 그녀는 머뭇거리면서 대답했다. "아니요.……예전에 우울증을 앓은 적이 있긴 했어요. 아주 오래 전에요. 집에 불이 났을 때였어요. 모든 것을 잃었죠. 남편은 해외에 있었고, 집에는 나와 아이들, 반려견만 있었어요. 다행히 우리는 빠져나왔어요. 모두 무사했죠. 아무튼 그 뒤에 PTSD에 시달렸어요. 도저히 잠을 잘 수 없었죠. 하지만 심리상담사에게 상담을 받은 뒤 해결되었어요."

화재가 일어난 것은 시안의 병이 시작되기 2년 전이었다. "2014년의 병은 PTSD와 느낌상 달랐나요?" 내 물음에 그녀는 이렇게 답했다. "전혀 달랐죠. 우울하지 않았어요. **스트레스도 없었고요.** 뭔가 문제가 있는

데, 의사들은 원인을 찾을 수 없었죠."

한번은 만성 피로 증후군이라는 진단을 받았고, 더 이상 검사를 하는 것은 시간 낭비라는 말도 들었다. 그러자 그녀는 민간 부문에서 도움을 찾기로 했다. 갑상샘 전문가, 호르몬 전문가, 감염병 전문가도 만나보았다. 보험이 적용되지 않아서 모두 자비로 해결해야 했다. 그녀는 수천 파운드를 들여 이런저런 검사를 계속 받았지만, 모두 아무 문제없다고 나왔다. 답을 얻지 못했지만, 진단을 찾아다니는 활동은 약간의 안도감을 주었다. 집중할 수 있고 희망을 가질 수 있었기 때문이다. 그때쯤 시안은 집에 틀어박혀 지냈다. 군인인 남편은 해외에 파견을 나가 있었기 때문에, 세 아이를 돌보려면 집안의 도움을 받아야 했다. 아이들은 당시 모두 열 살도 되지 않았다.

라임병일 가능성을 떠올린 것은 앓기 시작한 지 2년 뒤였다. 그녀는 라임병이 풍토병이 아닌 지역에서 살았고 특유의 과녁 모양 발진도 없었다. 라임병이 뭔지 듣기는 했지만, 공식적으로 라임병의 증상으로 기재된 것은 몇 가지에 불과한 반면, 자신은 수백 가지 증상을 앓고 있기 때문에 배제했었다. 그런데 가족 중 한 명이 그 장애를 다룬 텔레비전 프로그램을 가리키면서 보라고 했다. 시안은 자신의 병이 방영되는 것을 보았다. 진드기 사진도 나왔다. 그제야 비로소 시안은 휴가를 떠나기 이틀 전 샤워를 할 때 작은 검은 곤충을 본 것을 떠올렸다. 그녀는 그 곤충이 진드기임을 즉시 알아차렸고 자신을 문 것이 틀림없었다.

"그 프로그램을 보고 내가 라임병이라고 100퍼센트 확신했어요."

그녀는 다음날 국가보건 서비스 소속 의사를 찾아가서 자신의 이론을 이야기했다. 의사는 가능성이 있다고 고개를 끄덕였다. 의사는 2주일 분량의 항생제를 처방했다. 그러나 소용이 없었다. 의사는 라임병이 아니라는 뜻이라고 했지만, 시안은 동의하지 않았다. 그녀는 자료를 찾아보았고 그저 항생제를 적게 썼을 뿐이라고 판단했다. 그녀의 요청에 의사는 다시 항생제를 처방했지만, 이번에도 별 효과가 없었다. 그래도 시안은 자신이 옳다고 확신했고, 라임병 환자를 돕는 한 자선단체에 연락했다. 그들은 정맥 주사로 항생제를 투여해야 한다고 조언했다. 그녀는 다시 의사를 찾아갔다. 의사는 이번에는 보렐리아균 혈액 검사도 했다. 검사 결과는 음성이었다. 의사는 항생제 주사 처방을 거절했지만, 시안은 확신이 있었기 때문에 비용이 얼마가 들든 간에 자신이 라임병임을 증명하러 나섰다.

시안이 내게 이 모든 이야기를 들려준 것은 처음 앓기 시작한 뒤로 9년이 흘러서였다. 그녀는 여전히 집에 틀어박혀 지낸다. 멍하던 머리는 꽤 맑아져서 그녀는 자신의 병을 유창하게 설명할 수 있었다. 병세가 극심하던 때에는 아예 불가능했을 것이다. 나는 시안에게 물었다. 검사에서 음성이라고 나왔고, 진드기가 문 자국이나 발진도 없었고, 보렐리아균을 지닌 진드기가 산다고 알려진 지역에서 살지도 않았고, 라임병 치료도 도움이 되지 않았는데, 왜 여전히 라임병이라고 그렇게 확신하는지 말이다.

동네 주치의가 그 진단이 옳음을 입증하지 못했을 때, 시안은 라임병 환자 지원단체의 조언에 따라 친구의 도움으로 혈액을 채취하여 유럽 두 곳과 미국 한 곳의 실험실로 보냈다. 실험실마다 검사 비용이 3,000파운드 넘게 들었다. 세 곳 모두 보렐리아균 양성 판정을 내놓았다. 시안이 영국에서 받은 음성 판정보다 이 세 곳의 양성 판정을 받아들일 이유는 충분했다. 그녀는 검사 결과지를 들고 주치의를 찾아가서 항생제를 더 맞고 싶다고 했다. 그러나 이미 두 주기에 걸친 투여가 효과가 없었으므로, 의사는 세 번째 투여를 거부했다. 그래서 시안은 개인 의원을 찾아가서 항생제를 투여했다. 그 즉시 그녀는 호전되는 것을 느꼈고, 2년 만에 처음으로 개를 산책시킬 수 있었다.

그러나 48시간이 지나기도 전에, 시안은 전보다 더 악화되었다.

그녀는 내게 설명했다. "야리슈–헤르크스하이머 반응이었어요."

보렐리아균 같은 스피로헤타 감염을 항생제로 치료할 때면, 세균이 죽으면서 면역 반응을 촉발할 수 있는데, 이를 야리슈–헤르크스하이머 반응이라고 한다. 독감 비슷한 증상이 나타나는데, 이는 항생제가 효과가 있음을 시사하는 과학적으로 인정된 징후이다. 이 악화는 일시적이며, 약 24시간 동안 이어지다가 세균이 마침내 죽고 나면 상당히 개선된다. 그런데 시안은 회복되지 않았다. 갑작스러운 악화가 실제로 야리슈–헤르크스하이머 반응 때문이었다면 예상 밖의 결과였다. 그럼에도 그녀는 그것을 라임병에 걸렸다는 추가 증거로 받아들였고, 더 나아지고 있지 않았음에도 6개월을 더 항생제 칵테일을 투여했다. 피를 뽑아 미국으로 보내는 일도 계속했고, 시안에게는 비용이 큰 부담이었다. 여전히 보렐리아균이 있다는 양성 판정이 이어졌고, 다른 감염도 많다는 이유로 개인 의원들에서는 항생제를 더 투여하라고 권했다. 그녀의 건강은 좋아졌다 나빠졌다를 반복했다. 더 나아지는 날은 있었지만, 멀쩡해지는 날은 결코 찾아오지 않았다.

시안은 라임병에 걸렸다는 확신을 결코 잃지 않았다. 영국의 개인병원 의사가 더 이상 항생제를 줄 수 없다고 하자, 시안은 라임병이 훨씬 흔한 미국에서 도움을 받고자 했다. 그녀는 미국 수도 워싱턴으로 가서 의사 조지프 젬섹을 만났다. 젬섹 요법이라는 치료법을 개발했다는 라임병 전문가였다. 그는 시안의 사례를 검토한 뒤, 라임병이라고 동의했다. 당연히 그는 자신의 요법을 그녀에게 적용했다. 기본적으로 항생제를 일정 간격으로 투여하는 방식이다. 며칠 동안 항생제를 투여한 뒤, 이부프로펜이나 아스피린처럼 열을 낮추는 해열제를 며칠 동안 투여한다. 시안은 자신이 전에 투여했던 것과 동일한 항생제이기는 했지만, 일정 간격으로 투여하는 치료법이 숨어 있던 세균을 속여서 나오게 한다고 이해한다고 했다.

시안은 6년째 젬섹 요법을 받고 있었다. 기분도 그에 따라 달라진다고 했다. 항생제를 투여할 때는 기분이 지독히 나빠졌다가 끊으면 더 나아진다고 했다. 그러나 너무 오래 끊으면, 다시 기분이 안 좋아진다. 그녀는 항생제가 없으면 자신이 죽을 것이라고 믿는다.

"항생제를 끊으면 바로 그 효과가 느껴져요."

"기분이 얼마나 좋아지나요?"

"80퍼센트쯤요."

"그러면 집 밖으로 나갈 수 있나요?"

"아니요. 그래도 밖으로 나가지는 못해요."

시안은 영국의 라임병 검사와 치료를 불신한다. 실험실 검사의 정확성에 의구심을 가지고 있고, 의사가 규제에 너무 얽매여서 환자에게 필요한 항생제를 충분히 처방하지 못한다고 생각한다. 만성 라임병을 앓는 많은 환자들과 세계의 많은 라임병 환자 지원단체들도 동의한다. 영국의 감염병 전문의들은 시안이 라임병에 걸린 것이 아니라며, 그녀가 받고 있는 치료를 비판해왔다. 그러나 시안이 신뢰하는 사람은 미국의 전문가인 젬섹뿐이다.

조지프 젬섹은 논란이 많은 인물이다. 많은 라임병 환자들은 그를 좋아하지만, 그를 비난하는 환자들도 많다. 환자들의 항의가 빗발치는 바람에 의사 면허를 박탈당할 직전까지 몰리기도 했다. 2006년 노스캐롤라이나 주 의료위원회는 젬섹이 부적절하게 라임병 진단서를 남발하고 부적절하게 항생제를 장기 투여하는 위법 행위를 했다고 고발했다. 위원회는 그에게 의사 면허를 정지시킬 것이라고 위협하며 법규를 지키겠다고 약속하면 보류하겠다고 말했다.[10] 젬섹은 위원회의 결정을 따랐지만, 그 뒤 워싱턴으로 자리를 옮겼다.

시안은 팬데믹 기간에 몇 달마다 젬섹과 전화 통화를 하고 연간 한 차례 미국으로 가서 그를 만난다. 상담할 때마다 그는 그녀의 말을 주의 깊게 듣고 그녀에게 모든 증상을 빼놓지 말고 다 이야기하라고 북돋아 준다. 그녀는 그의 장점을 하나하나 다 말할 수 없는 것이 안타깝다는 표정을 지으면서도, 그의 위법 행위라는 문제도 자연스럽게 제기했다. 나는 그 문제를 어떻게 생각하는지 물었다.

"그가 라임병 환자들을 돕는다는 이유로 처벌한 거죠."

"하지만 누가 과연 환자를 돕는다고 처벌을 받나요?"

"사람들이 병이 없는데도 그가 치료를 한다고 생각하니까요."

시안의 말은 어느 면에서는 옳다. 주류 의사들은 대부분 "만성 라임병"이라는 라임병의 이 하위 범주가 보렐리아균 감염과 전혀 무관하다고 생각한다. 그러나 그녀는 젬섹이 면허 정지 위험에 처한 이유를 잘못 알고 있었다. 실제로는 그가 항생제를 제멋대로 처방하는 바람에 몇몇 환자들이 피해를 입었기 때문이다. 그는 허용 범위를 넘어서는 항생제를 썼다. 즉 임상시험을 통해서 효능이나 안전성이 검증되지 않아, 공식적으로 승인을 받지 못한 방식으로 환자들에게 투여했다는 의미이다. 당시 의료위원회 청문회에서 몇몇 환자들은 젬섹이 강한 항생제를 정맥주사로 공격적으로 장기간 투여하는 바람에 거의 목숨을 잃을 뻔했다고 증언했다. 한 남성은 아내의 사망이 젬섹의 주의 태만 때문이라고 주장했다. 한 서른 살 여성은 젬섹이 자신을 라임병이라고 오진하고서 집중치료실에서 4주 동안 항생제를 과잉 투여하는 바람에, 그 뒤에 다제내성균에 감염되어 고생했다고 했다.[11]

시안은 자신이 나아지고 있다고 확신한다. 그녀는 젬섹과 상담하고 그를 통해서 알게 된 환자 공동체로부터 도움을 받고 있다. 또한 정기적으로 미국의 민간 실험실로 혈액 시료를 보내어 라임병 상태를 계속 검사한다. 감염이 완전히 사라졌다는 결과를 아직 받지 못했지만, 상태가 나아진 듯한 기분이 들기에 곧 미국에 다시 혈액 시료를 보낼 생각이며, 이번에는 깨끗하다는 결과가 나오기를 기대한다.

"내가 바라는 건 그저 개와 함께 산책하는 거예요. 오래 기분 좋게 걸으면서요. 그리고 친구들과 전화로 수다를 떠는 대신에 함께 외출하고 싶어요." 시안은 내게 말했다. 그리 큰 바람은 아닌 듯했다.

★ ★ ★

라임병은 오진율이 85퍼센트라고 여겨진다. 2019년 존스홉킨스 의과대학에서 이루어진 관찰 연구에서는 라임병 진단을 받은 환자 1,261명 중 1,016명이 보렐리아균에 최근에 감염되었거나 현재 감염 중이라는 증거가 전혀 없다고 나왔다.[12] 미국과 유럽에서 이루어진 여러 건의 비슷한 연구들에서도 비슷한 결과가 나왔다. 다른 질병들의 평균 오진율은 11퍼센트이다.

CDC가 발표한 비율도 같은 양상을 드러낸다. 미국 보건부의 자료를 보면, 2022년 CDC에 보고된 라임병 환자는 6만3,000명이었다. 이 숫자는 라임병 지역에서 지냈고 그 병의 특징적인 증상들을 보였기 때문에 검사 전에 라임병에 걸렸을 확률이 높다고 여겨지면서 라임병 검사에서 양성으로 나온 이들을 가리킨다. 따라서 이들은 CDC 기준을 충족시키는 라임병 진단 환자들이다. 그러나 전자 건강 기록 등 다른 방법을 이용해서 2022년 라임병 진단을 받은 사람의 수를 추정하면, 47만6,000명에 달한다. 의사의 진료 기록을 토대로 할 때, 2022년에 공식적으로 승인된 기준에 따른 진단이 내려지지 않았으면서 라임병 치료를 받은 사람이 40만 명 이상 더 많았다는 뜻이다. 이는 보렐리아균 검사에서 음성으로 나왔거나 검사 전 라임병 확률이 낮음에도 불구하고 라임병이라는 진단을 받는 사람이 아주 많음을 시사한다. 진짜 라임병에 걸린 사람들에게서도 거짓 음성 반응이 나타나기도 하지만, 그 비율은 높지 않다.[13] CDC는 이 두 값의 불일치가 "임상적 추정을 토대로 라임병 치료를 받지만 실제로는 라임병이 아닌 환자"의 수를 나타낼 가능성이 높다고 본다.[14]

오스트레일리아의 라임병 환자수도 여기에 혼란을 더한다. 오스트레일리아는 진정한 라임병이 존재하지 않는다고 여겨지는 곳이다. 보렐리아균을 지닌다고 알려진 검은다리진드기는 오스트레일리아에서 발견된 적이 없다. 덥고 건조한 기후여서 그들이 살기에는 부적합하다. 그리고 거기에 사는 진드기에게서는 이 세균이 발견된 적이 없다. 그 결과 오스트레일리아 보건부는 자국에서 라임병에 걸리는 것이 불가능하다고 본다.[15] 그럼에도 라임병이 흔한 지역에 가본 적이 없는 많은 오스트레일리아인들이 라임병 진단을 받고 라임병 치료를 받는다. 오스트레일리아 라임병협회는 자국에서 라임병 진단을 받는 사람이 많으면 50만 명에 달할 것이라고 추정하는데, 과학자들은 불가능한 일이라고 주장한다.[16]

라임병 진단명은 세 종류가 있는데, 모두가 동일한 과소진단/오진 논란에 휩싸이는 것은 아니다. 급성 라임병(ALD)은 감염된 진드기에 물린 지 얼마 되지 않아 나타나는 갑작스러운 질환을 가리킨다. 대체로 진단과 치료가 수월한 질환이며, 대다수의 의사는 진단과 치료가 어떠해야 하는지 의견이 일치한다. 라임병 토착 지역에서 지냈다고 알려진 사람들에게서 나타나는 전형적인 증상들이 수반되는 단기 질환이다. 또 하나는 치료후 라임병 증후군(PTLDS)이라는 것인데, 급성 질환을 치료한 뒤에도 증상이 지속되는 형태로 나타난다. 진단이 아주 늦어졌거나 감염으로 신경계에 문제가 생겼다는 증거가 있다면, 나타날 가능성이 더 높다. PTLDS는 ALD보다 이해가 덜 되어 있다. 무엇이 지속되는 증상을 일으키는 것인지는 아무도 모르며, 그 점을 놓고도 논쟁이 벌어진다. 면역 반응일 수도 있고, 말단 기관의 손상이나 지속되는 감염 때문일 수도 있다. 더 장기적인 항생제 투여가 적절한지를 놓고는 의견이 갈리지만, ALD를 겪은 뒤 증상이 지속되는 환자도 일부 나올 수 있고, PTLDS가 보렐리아균 때문이라는 데에는 의견이 일치한다.

만성 라임병(CLD)은 위에서 말한 오진율의 주된 원인이며, 라임 전쟁의 핵심에 자리한다. 미국 국립 알레르기 감염병 연구소는 CLD를 "현재나 과거에 보렐리아균에 감염된 임상적 또는 진단적 증거가 전혀 **없는** 사람에게 나타나는 증후군을 가리키는 데 쓰는" 용어라고 정의한다.[17] 「뉴잉글랜드 의학회지New England Journal of Medicine」의 한 기사는 그것을 "보렐리아균과 관계가 있다는 재현 가능하거나 설득력 있는 과학적 증거가 전혀 없는 다양한 질환이나 증후군"이라고 적고 있다.[18] 다시 말해서 이 전문가들은 CLD가 오진이며 진정한 라임병이 아니라고 본다. CLD를 앓는 이들은 활성 보렐리아균에 감염되지 않았다고 여겨진다. 검사에서 음성이라고 나오기 때문이기도 하고, 전형적인 임상 증상도 보이지 않으며 라임병 토착 지역에서 지낸 적이 없을 때도 많기 때문이다. 대부분은 다양한 다른 질환 탓일 수 있는 비특이적 증상들을 보인다. 시안처럼 여러 해 동안 의학 검사를 받아도 해답을 전혀 얻지 못하는 이들이 많으며, 이들 중 상당수는 정신신체적 이유로 증상을 겪을 가능성이 높다.

그렇다면 진드기에 물린 적이 전혀 없고, 전형적인 발진도 전혀 없고 라임병 토착 지역에 간 적도 없는 사람이 어떻게 라임병 진단을 받을 수 있는 것일까? 오진율이 어떻게 그렇게 높을 수 있을까?

　진단에는 언제나 회색 지대가 있기 마련이다. 그런 상황에 놓이면 의사는 환자에게 최선이라고 느끼는 바에 따라서 과소진단이나 과잉진단 중 어느 한쪽을 택하는 판단을 내려야 한다. 예를 들면, 내 진료실에서 누군가가 뇌전증 때문일 수 있는 증상들을 보이지만, 이따금 철자를 까먹는 것처럼 증상이 사소하다면, 나는 논란의 여지가 없는 증거가 나오기 전까지는 확실한 진단을 내리기를 미루면서 과소진단 쪽으로 치우친 모습을 보일 것이다. 나는 뇌전증이라는 진단이 되돌리기가 어려우며, 개인의 삶에 심각한 파장을 미친다는 것을 알기에, 서둘러 진단을 내리려고 하지 않는다. 그러나 경련 등 위험한 증상들이 나타나고 개인의 안전이 우려된다면, 나는 진정으로 확신하기 이전에도 진단을 내리고 치료를 시작할 수 있다. 이때는 과잉진단 쪽으로 치우친다. 의사는 환자의 증상이 그다지 심각하지 않고 일시적일 수 있다고 생각한다면, 잠시 꼬리표를 붙이는 것을 피하면서 문제가 저절로 해결되는지 지켜볼 수도 있다. 그런 사례도 많다.

　진료에는 과소진단과 과잉진단의 여지가 있으며, 의사는 지침과 타당한 지식을 토대로 책임감 있게 이 여지를 활용해야 한다. 진단의 이 모호한 경계 덕분에 의사들은 반드시 잘못된 행동이나 과실이라고 비난받을 일을 하지 않고서도 서로 다르게 진료를 할 수 있는 폭넓은 재량권을 가진다. 지침이 요구하는 주의력의 수준은 다양하다. 임상 징후는 본래 주관적이다. 전형적인 라임병 발진을 구성하는 요소들도 의사마다 다르게 해석될 수 있다. 관절 통증과 피로는 사람들이 의학적 도움을 찾는 가장 흔한 이유 중 두 가지인데, 의사는 그것들을 라임병이라는 진단을 뒷받침하는 중요한 특징들로 삼을 수도 있고, 아니면 그다지 특이한 증상이 아니라고 그냥 넘길 수도 있다.

실험실 검사도 실험실마다 방식과 관행이 다르므로, 양성 판정의 비율이 서로 다르다. 세균 자체가 아니라 항체를 찾는 라임병 검사에서는, 만약 아주 다양한 비특이적 항체들을 검사한다면 양성률이 높게 나올 것이다. 이런 검사는 비난을 받으리라는 걱정은 거의 접어두고 할 수 있다. 진단은 결코 검사 결과만을 토대로 내리는 것이 아니기 때문이다. 진단은 임상적인 것이다. 실험실은 검사 결과가 진짜 양성인지 여부는 의사가 환자에 관해서 아는 지식을 토대로 판단하도록 맡긴다. 그러나 많은 의사는 자신이 의뢰한 검사를 제대로 이해하지 못한다. 풍부한 경험을 토대로 판단할 때, 나는 양성이라는 결과를 많이 받는 의사라면 대개 진단을 놓쳤다는 비난을 받을 위험을 무릅쓰기보다는 대부분이 진짜 양성이라고 가정하는 쪽으로 치우칠 것이라고 말할 수 있다. 그리고 환자도 진단을 절실히 원하므로, 단지 의사가 검사 결과를 신뢰하지 못하겠다고 의심한다는 이유로 양성 판정을 거부할 가능성은 낮을 것이다.

물론 모든 의사와 실험실은 규제와 감독을 받기 때문에, 진료가 차이를 보이는 정도에는 한계가 있다. 의사도, 검사 기관도 의료 당국의 감독을 완전히 벗어나서 행동할 수 없다. 대다수 의사는 선의를 가지고 과소 진단이나 과잉진단을 피하기 위해서 최선을 다한다. 그러나 제대로 알지 못하는 의사, 나쁜 의사, 파렴치한 의사가 사익을 위해 이용할 수 있는 주관적인 영역은 여전히 많다.

CLD의 과잉진단을 우려하는 이들은 절실하게 해답을 찾으려는 사람을 착취하고, 진단의 회색 지대가 어디인지를 알고서 부당 이득을 취하려는 전문가 집단이 문제의 상당 부분을 차지한다고 본다. 특히 미국과 독일에 한 곳씩 있는 검사 기관은 지역 검사 기관에서 반복해서 음성 판정을 받은 환자들에게 엄청나게 높은 비율로 보렐리아균 양성이라는 결과를 전달하고 있다. 나는 이 책을 쓰려고 영국의 CLD 환자 10여 명을 만났는데, 모두 영국에서 음성이라는 검사 결과를 받은 뒤, 미국의 동일한 민간 검사 기관에서 양성 판정을 받았다. 이와 비슷하게 대다수의 CLD 진단은 소수의 의사 및 민간 검사 기관을 중심으로 이루어지고 있다. 조지프 젬섹처럼 이 의사들과 기업들도 감독을 받으며, 환자에게 피해를 입혔음이 드러난다면 처벌을 받지만, 대개는 영업을 계속한다. 만성 라임병은 피곤, 수면 문제, 우울증, 멍함, 근육통, 두통 등 다양한 흔한 증상들의 형태로 나타나므로, 답을 원하는, 그냥 어떤 답이라도 달라고 하는 사람들에게 답을 주겠다고 약속하는 돈벌이에 혈안이 된 의사들이 쉽게 이용할 수 있는 만능 진단명이다.

✽ ✽ ✽

과잉진단과 오진뿐만 아니라 과소진단도 존재한다.

실비아의 남편 밥은 2008년 보렐리아균에 감염되었고, 그 결과 부부의 삶은 영구히 바뀌었다. 밥의 병은 무릎 뒤쪽에 뚜렷하게 혹이 생기면서 시작되었다. 과녁 모양이나 번지는 발진은 아니었다. 진드기에 물려서 나타나는 국부적인 피부 반응 같았다. 밥은 진드기를 직접 보지는 못했다. 의사는 항생제를 처방했지만, 라임병용 항생제가 아니었다. 부부는 그리스 여행을 떠날 예정이었고, 항생제는 해외에 있는 동안 연조직염이 생길 가능성을 막기 위해서 처방되었다. 그런데 2주일 뒤 물렸다고 생각한 바로 그 자리에서 특유의 과녁 모양 발진이 생겼다. 이어서 전신 질환으로 발전했고, 그 뒤로 밥은 온전히 회복되지 못했다.

실비아는 의사이며, 처음에 라임병일 가능성을 떠올리기는 했다. 밥은 집 정원에서 낙엽을 치우고 있었다. 그녀는 남편이 무릎 높이까지 올라온 축축한 낙엽 더미 한가운데 서 있었음을 떠올렸다. 혹은 무릎 뒤쪽에 있었는데, 진드기에게 흔히 물리는 곳이다. 그들의 집은 사우스다운즈 국립공원 옆이었는데, 사슴과 보렐리아균을 지닌 사슴진드기가 산다고 알려진 곳이었다. 밥은 의사에게 라임병 검사를 요청했는데, 결과는 음성이었다. 의사는 이 결과를 밥이 라임병에 걸리지 않았다는 의미로 받아들이고는, 발진을 버짐이라고 여기고 치료했다. 실비아는 딱히 반박하지 않았다.

"다리 뒤쪽에 국화꽃 같은 발진이 생겼는데, 의사가 라임병을 제외해서 나도 제외했죠." 실비아는 눈물을 글썽이면서 내게 말했다.

그 뒤에 밥의 건강은 악화되었다. 실비아는 남편의 발진이 떠올랐고, 라임병일 가능성을 다시 살펴보고 싶었지만, 보렐리아균 검사에서 음성이 나왔다는 점이 걸림돌이었다. 실비아는 존경받는 주류 라임병 전문가에게 전화해서 약속을 잡으려고 했지만 거절당했다. 그 전문의는 표준 검사에서 양성 판정을 받지 않은 환자는 만나려고 하지 않았다. 밥은 이도 저도 아닌 상황에 놓였다. 음성 판정이 나왔으므로 사람들은 밥이 라임병에 걸리지 않았다고 받아들였지만, 남편이 라임병일 수 있다는 실비아의 임상적 의구심은 점점 커져갔다.

"남편이 라임병이라는 진단을 받으려면, 살인 재판에서 요구하는 수준의 증거가 필요했어요. 임상적 확률에 걸맞은 진단을 내리려는 사람은 아무도 없었어요."

라임병 지역에 사는 사람에게는 전형적인 증상들을 토대로 내린 임상 진단이 CDC와 NICE 지침에 따른 진단으로 충분하다고 여겨지므로, 밥의 검사 결과가 음성으로 나온 뒤에 의사들이 그 진단을 내리기를 주저한 이유가 라임병을 둘러싼 논쟁 때문은 아니었을까? 실비아에게는 확실히 그렇게 느껴졌다. 그녀는 직접 조사할 수밖에 없었다. 실비아는 관련 논문을 모조리 찾아서 읽기 시작했다. 연구자들이 뭐라고 말하는지 듣기 위해서 학술 대회에도 참석했다. 한 대회에서 그녀는 네덜란드의 전문가를 만났고, 그 나라의 한 대학 부속병원에서 남편의 혈액 검사를 받기로 했다. 그들은 보렐리아 부르그도르페리의 다른 균주를 검사했는데, 양성이라고 나왔다. 밥이 지역 검사 기관에서 음성 판정을 받은 것은 그 검사가 세균의 다른 균주에 맞추어져 있었거나 그리스로 가기 직전에 그가 복용한 항생제가 일시적으로 면역 반응을 약화시켰기 때문일 수도 있었다.

이때까지 밥은 구강 항생제만 복용했다. 라임병 환자에게 항생제 정맥 주사는 특정한 상황에서만 쓰도록 권장되었다. 양성 판정을 받은 뒤 구강 항생제 치료에 실패하자, 실비아는 항생제 정맥 주사가 필요하다고 느꼈지만 처방을 받기가 쉽지 않았다. 지역 주치의는 항생제의 장기 투여로 나타날 위험성을 우려해 처방하려고 하지 않았다. 영국에서 이루어진 검사에서 음성 판정을 받은 점 때문에도 처방을 꺼렸을 수 있다. 밥의 증상이 여전히 심각했기 때문에, 실비아는 평소라면 결코 찾을 일이 없었을 의사들에게 어쩔 수 없이 도움을 청해야겠다고 느꼈다.

"라임병 세계는 무법천지 같아요. 누구를 믿을지 도무지 알 수가 없어요. 우리는 평소에 돌팔이라고 여겼을 이들을 만나러 갔어요."

밥은 많은 의사들이 위험하다고 여길, 관행에 몹시 어긋나고 승인 범위를 넘어서는 치료를 하기로 악명이 높은 영국의 한 개인병원에 예약을 했다.

"우리에게 필요한 것을 얻으려면 그들의 방식에 맞춰야 했지요. 내 생각이 뭐가 중요하겠어요." 실비아는 인정했다.

부부는 굳이 필요하다고 생각하지도 딱히 타당하다고 여기지도 않았지만, 그래도 권하는 대로 혈액 검사를 받았다. 혈액 시료는 해외로 보내졌는데, 검사 결과는 의사인 실비아가 볼 때 해석이 불가능했고 따라서 무의미했다. 또 부부는 실비아가 볼 때 꼭 필요한 기간보다 더 오래 항생제 정맥 주사를 놓겠다는 말에도 동의했다. 그런데 그 치료는 효과가 있었다. 증세가 약해졌다. 6주일 뒤 그는 해변을 산책할 수 있을 정도까지 나아졌다. 앓기 시작한 뒤로는 불가능했던 일이었다. 그는 완전히 회복되지는 않았지만, 병세가 극에 달했을 때보다는 상당히 더 나은 상태를 유지하고 있다. 항생제는 더 이상 필요하지 않다.

실비아는 라임병에 항생제를 지나치게 또는 장기적으로 투여하는 데에 동의하지 않는다. 혈액 시료를 검사 기준을 준수하지 않는 검사 기관으로 보내는 것도 옹호하지 않는다. 그녀는 현재 라임병 환자 지원단체와 함께 환자와 의사가 검사 기준을 지키는 검사 기관에서 받은 검사 결과를 더 잘 이해하도록 돕고 있다. 또 의학적 불확실성을 더 제대로 인식하자는 운동도 펼친다. 밥처럼 정황상 라임병에 걸렸을 가능성이 높은 이들이 오로지 혈액 검사에서 음성이 나왔다는 이유로 그 치료를 받지 못하는 일이 없도록 말이다.

우리는 진드기에 물려도 알아차리지 못할 때가 많다. 전형적인 발진은 오래 가지 않으며, 겨드랑이처럼 사람들이 딱히 매일 보거나 살피지 않는 부위에 생기므로, 모른 채 지나칠 수 있다. 라임병 진단을 돕고자 쓰이는 검사는 결코 완벽하지 않으며, 여전히 그렇다. 그런 한편으로 라임병은 과잉진단되고 있다고 악명이 높기 때문에 증상이 애매할 때 의사들이 과연 그 병이 맞는지 의심하는 것도 당연하다. 안타깝게도 이른바 "라임 전쟁"은 두 가지 이상의 방식으로 환자에게 피해를 끼치고 있다. 의사들이 모든 유형의 라임병 환자를 꺼리게 하는 분위기를 조성하는 한편으로, PTLDS의 연구 부족에도 기여한다. 논란이 많은 의학 분야는 연구와 치료 기관에서도 굳이 손대지 않을 때가 많다. 의사나 과학자가 논란이 많은 주제 대신에 택할 수 있는 논란이 적은 미해결된 의학적 문제들도 아주 많으니까.

또 실비아는 환자와 연구자의 관심사가 항상 일치하는 것은 아니어서 환자가 방치되는 사례도 있다고 우려한다. 폴리 머리가 우려한 점이기도 하다. 그녀가 모은 집안 병력 기록과 신문 기사들 중에는 1985년 「내과학 연보*Annals of Internal Medicine*」에 실린 "의학현상학 서문 : 나는 귀를 기울이고 있지만 들을 수 없다"라는 논문도 있었다. 의사 리처드 배런은 그 논문에서 병에 걸렸는지 여부를 판단할 때 어떻게 환자의 경험보다 병리학에 더 의존하게 되었는지 설명한다. 아마 라임병 진단을 돕기 위해서 검사법이 개발되자, 환자의 이야기는 뒷전으로 밀려난 듯하다.

따라서 라임병 과소진단도 존재하지만, 그래도 여전히 증거는 과잉진단이 훨씬 더 큰 문제임을 가리킨다. 오진이 만연하는 주된 이유는 소수의 부도덕한 의사와 기관이 라임병이 큰 돈벌이가 된다는 것을 알아차렸기 때문이다. 그런 한편으로 오진은 한 가지 중요한 사회적 목적에 봉사하기 때문에 늘어나기도 한다. 전 세계에는 설명하지 못하는 질병을 앓는 이들이 너무나 많다. 많은 이들은 주류 의학이 제대로 치료를 하지 못한다고 느끼며, 그 빈틈을 노려서 부당 이득을 취하는 이들이 있다. 라임병은 몸의 다양한 계통에 영향을 미치는 질환이기 때문에, 다양한 유형의 질환에 내놓기 좋은 설명이 될 수 있다. CLD는 아주 많은 사람들에게 적용할 수 있고, 치료를 제공하고, 동병상련 공동체도 소개하는 등 진단이 제공해야 할 모든 것을 제공하며, 더 나아가 희망까지 주므로 성공한 진단이다.

CLD를 앓으면서 의사와 민간 검사 기관에 몇 년 동안 많은 돈을 지불한 한 젊은 여성과 이야기를 나눌 때, 나는 그녀를 대신해서 내가 독자에게 전해주기를 바라는 말이 있는지 물었다. 얼마 동안 대화를 하고 있었는데, 그녀가 관행에 심하게 어긋나면서 위험할 수도 있는 치료를 받느라 수만 파운드를 썼다는 말을 듣고 나는 깜짝 놀랐다. 그녀가 감당하기 힘든 액수였다.

"다른 의사들이 내 주치의한테 배우면 좋겠어요." 그녀가 말했다.

나는 다시금 움찔했다. 내가 예상하거나 기대한 말이 아니었기 때문이다. 그러나 그 뒤로 그 말을 곱씹어보다가 그녀가 절대적으로 옳다는 것을 깨달았다. 이 젊은 여성은 논란이 많고 승인받지 않은 치료를 한다고 알려진 개인병원을 찾아갔을 때, 의사가 어느 누구도 한 적이 없는 여러 가지 검사를 했다고 내게 말했다. 그 즉시 그녀는 의사를 신뢰하게 되었다. 나는 꽤 시간이 흐른 뒤에야 비로소 그녀가 말한 "검사"가 혈액 검사도 영상 촬영도 아니라는 것을 깨달았다. 그녀는 의사가 아주 많은 시간을 들여서 꼼꼼하게 신체 검사를 했음을 말하고 있었다. 의사는 그녀의 말을 진심으로 귀담아 듣고, 그녀에게 주의를 기울이고, 그녀를 위로했다. 상담할 때마다 젬섹이 자신에게 모든 증상들을 말하라고 북돋아 주었다고 시안이 했던 말이 떠올랐다.

절실한 사람들과 의학의 허점을 이용해 부당한 이득을 취하는 의사들을 비판하기란 쉽다. 그러나 이런 태도는 사람들을 그런 의사에게로 보내는 주류 의학의 부족한 점을 외면한다. 주류 의학에는 하나의 진단 범주에 산뜻하게 들어맞지 않는 여러 계통에 걸친 질환을 앓고 있는 사람들을 위한 자리가 없다. 의학은 매우 전문화되어 있기 때문에 각 의사는 이런 환자가 자신의 진료 영역에 속하지 않는다고 선언하는 것만으로 의무를 다했다고 여기며, 그 결과 환자는 이 진료실, 저 진료실을 전전한다. 당국은 의심스러운 라임병 전문가의 돈벌이가 되는 진료 행위를 실질적으로 근절시키지 못하면서 찔끔찔끔 제한적인 조치만 내놓는다. 그러나 진단을 내리지 않은 채로 사람들을 장기간 더 잘 치료할 방안을 마련하는 편이 그런 돈벌이 여지를 없앨 가능성이 더 높다.

발작을 비롯한 다양한 신경 질환을 앓는 환자들이 찾아올 때면, 나는 일련의 아주 복잡한 검사를 받게 한다. 그러나 검사가 진단으로 나아가는 여정의 가장 중요한 부분이 아니라는 말을 환자들에게 늘 한다. 환자가 내게 들려주는 모든 이야기에 귀를 기울이고 제대로 이해하는 내 능력이 훨씬 더 중요하다. 내가 내릴 진단에 대한 환자의 신뢰도도 내 업무 중에서 경청을 얼마나 잘 하느냐에 달려 있을 것이다. 상담을 몇 차례 거쳐야 비로소 그 단계에 이를 수도 있다. 진단은 의사와 환자가 서로를 더 편히 대하고 온전한 이야기가 서서히 흘러나올 즈음에 나올 때도 많다.

라임병 진단은 의학 진단과 진단 검사의 유동적인 특성을 보여주는 하나의 사례일 뿐이다. 이는 임상이라는 맥락의 필요성을 잘 보여준다. 그러나 여기서 더 중요한 점은 만약 진단이 환자의 기분을 더 낫게 한다면, 진단 자체나 그 치료가 구체적으로 어떤 것인지가 아니라 듣는 사람에게 어떤 기분을 느끼게 하는지 때문이라는 사실을 라임병 진단 사례가 보여준다는 것일 듯하다. 그리고 타당함을 확인해주는 진단의 특성, 즉 믿음을 통해서 더 나아졌다고 느끼게 하는 능력이야말로 이런 많은 진단들을 증가시키는 주된 원동력이다.

★ ※ ✽

폴리와 코테티컷 주 보건부가 협력하여 라임병의 원인을 밝혀내기는 했지만, 폴리는 연구자들이 처음으로 기재한 그 병의 특징들에 동의하지 않았다. 지나치리만치 관절염에 초점이 맞춰져 있었기 때문이다. 그래서 처음에는 이 질환을 라임 관절염이라고 불렀다. 폴리가 겪은 다양한 증상들에 들어맞지 않았다. 그녀의 병은 다계통 질환이었다. 과학자들이 일을 넘겨받은 뒤로도 그녀는 그런 연구자들을 설득하기 위해서 오랫동안 자신과 이웃 사람들의 증상을 지속적으로 기록했다. 그리고 그녀가 옳았음이 입증되었다. 연구자들은 더 깊이 살펴볼수록, 다양한 기관에 문제가 생길 수 있음을 알아차렸고 라임 관절염은 라임병이 되었다.

예일 도서관에는 그녀가 조사한 자료들이 보관되어 있다. 나는 그녀의 공책, 편지, 사진, 스크랩한 신문 기사가 가득 담긴 상자들을 뒤적거리면서 시간을 보냈다. 발진, 허리 통증, 불면증, 인후통, 야간 식은땀, 기침, 설사, 발작, 말더듬, 딸꾹질, 떨림, 갑작스러운 고소공포증, 글씨체 변화, 입 벌릴 때 나는 딸깍 소리, 삼킬 때 목에 덩어리가 걸리는 느낌, 복시複視, 손톱 함몰, 호흡 곤란, 공격적 행동, 의사 결정 장애 등 온갖 증상이 적힌 자료가 가득했다. 자신이 겪은 온갖 설명되지 않은 증상들을 적다보니, 폴리가 라임병에 걸리지 않은 이들까지 라임병이라는 범주에 집어넣게 된 것은 필연적일 수 있다.

확고하게 정의하는 특징이나 신뢰할 만한 진단 검사가 없을 때, 그 질병의 기재 문구는 아주 빠르게 늘어날 수 있다. 새로운 진단명이 등장할 때, 그 진단명은 이전까지 진단되지 않은 질환을 앓는 이들에게 잠재적인 설명이 된다. 환자는 답을 원하고 의사는 환자에게 답을 주고 싶어하므로, 많은 흔한 증상들과 관련 있는 새로운 포괄적인 진단명은 언제나 환영을 받는다. 새로운 질병과 관련된 다양한 증상들은 아주 빨리 늘어날 수 있다. 새로 그 진단을 받은 사람들마다 자신이 겪고 있는 증상이 그 병의 특징이라고 가져다붙일 것이기 때문이다.

연구자들은 처음에 라임병이 관절염이라고 했고, 그러자 여태껏 설명할 수 없는 관절염을 앓던 사람들에게 그 진단이 내려졌다. 과녁 모양 발진이 진단 기재 항목에 추가되자, 관절염이 있든 없든 상관없이 그 발진을 보이는 사람들도 그 진단을 받았다. 시간이 흐르자 더 모호한 관절 문제와 더 애매한 발진이 난 사람들까지도 그 집단에 포함되었다. 새로 진단을 받는 이들이 늘어나면서 피로, 집중력과 기억력 저하 같은 덜 특징적인 증상들까지 이 진단명에 포함되었다. 이윽고 좀더 나중에 이 집단에 들어가게 된 이들은 애초에 이 병을 정의한 특징적인 두 증상인 관절염이나 과녁 모양의 발진조차 지니지 않았다. 설명할 수 없는 피로나 기억력 문제가 있다는 것만으로도 충분히 이 진단을 받을 수 있게 되었다. 증상들이 다소 모호하고, 진단을 한정지을 잘 정의된 임상적 표현이나 신뢰할 만한 검사법이 없을 때, 진단은 시간이 흐르면서 바로 이런 방식으로 진화할 수 있다. 새로운 진단명이 만들어지고 여러 해가 지나면, 그 진단을 받은 이들은 처음 그 병이 기재될 때의 고전적인 특징을 지닌 이들과 전혀 달라 보일 수도 있다. 이런 사례들은 뒤의 장들에서도 계속 접하게 될 것이다. 특히 자폐증과 ADHD 같은 정신건강 및 행동 장애를 다룬 장들에서 만나게 될 것이다.

그러나 새로운 환자들은 새로운 증상들을 도입함으로써 그 진단의 특징들만 바꾸는 것이 아니라, 꼬리표가 붙는 행위 자체로 그들 자신도 바뀐다. 발렌티나는 바로 그런 방식으로 자신이 헌팅턴병의 증상들을 지녔다고 확신했다. 자신이 헌팅턴병에 걸릴 위험이 있음을 알았기 때문이다. 마찬가지로 CLD 같은 진단을 받은 사람에게서는 CLD와 관련이 있다고 알려진 다양한 증상들이 나타날 수 있다. 공식적으로 진단을 받기 전에는 없었던 증상들이다.

따라서 누군가는 잠깐 나타났다가 사라지는 발진 같은 설명할 수 없는 한 가지 증상에서 출발할 수도 있다. CLD라는 새로운 진단명이 등장한다. 그 진단명은 의사가 진단하기 어려운 이상한 발진이 난 사람을 만날 때에 쓸 수 있는 진단 무기 중 하나가 된다. 애매한 발진이 났던 그 사람은 CLD일 수도 있다는 말을 듣는다. 그 사람은 다른 흔한 CLD 증상들도 있냐는 질문을 받으며, 당연히 그것들이 있는지를 찾는다. 평소에 몸의 백색 소음을 걸러내는 일을 하는 신체적 과정들이 지나치게 주의를 기울임으로써 교란되고, 당사자는 라임병에 들어맞는 듯한 새로운 증상들을 알아차리기 시작한다. 그러나 사실 이 새로운 증상들은 정신신체적인 것이며, 기대와 예측 코딩에서 출현한다. 이런 식으로 처음에는 라임병의 지극히 전형적인 증상들이 없었던 사람이 꼬리표 붙이기의 노세보 효과를 통해서 시간이 흐르면서 그것들을 지니게 될 수 있다.

라임병의 증상 범위가 넓어지고 1980년대 말부터 환자수가 늘어난 것은 어느 정도는 인체에서 그 세균을 발견하기가 힘들고 그 병이 그렇게나 다양한 증상들을 일으킨다는 사실 때문이었다. 또 기존 체제에 맞서 싸우는 한 어머니의 이야기에 언론이 관심을 가진 것도 그 현상을 부추기는 데에 일조했다. 얼마 동안 라임병은 일종의 유행병이 되었다. 1989년 「뉴욕 타임스」에는 라임병이 "다이애나 왕세자비나 로잔 바보다 더 대중적이다"라는 기사가 실렸다. 설명되지 않은 신체 증상으로 좌절하거나 심지어 필사적이 된 이들은 언제나 존재한다. 사람들은 진단을 받고자 분투한 폴리의 투쟁을 자신과 관련지었고, 라임병 토착 지역에 살지 않는 이들까지도 자신들도 그녀와 같은 병에 걸렸다고 믿기에 이르렀다.

✷ ✷ ✷

대개는 의사와 과학자들이 새로운 진단 개념을 개발할 권한을 전적으로 가진다. 그러나 라임병처럼 만성 코로나 증후군(롱 코비드)도 환자의 관찰로부터 시작되었다. 롱 코비드long Covid라는 용어는 엘리사 페레고가 2020년 5월 20일, 트위터에 코로나의 장기 영향에 관한 이런저런 걱정을 하나로 엮기 위해서 해시태그에 그 말을 쓰면서 시작되었다. 페레고는 이탈리아에 살았는데, 그곳에서는 2020년 2월 중순에 첫 환자가 보고된 이래 코로나 감염병이 맹위를 떨쳤다. 그녀는 그 직후에 감염되었다. 급성 감염 증세는 심각하지 않았지만, 그녀의 몸은 좀처럼 회복이 되지 않았다. 그녀를 비롯한 많은 이들은 경미해 보이는 감염 이후에도 증상이 계속 이어질 가능성을 소셜 미디어에 제기했다. 당시 전통적인 언론 매체는 죽어가는 사람들에게 초점을 맞추고 있었지만, 소셜 미디어는 입원하지는 않았지만 마찬가지로 앓고 있는 다른 사람들 모두에게 관심을 기울였다. 페레고는 가볍게 감염된 뒤에 회복되지 않고 있는 사람들에게 #longcovid를 써서 소셜 미디어에서 경험을 공유하자고 초대했다. 그 운동은 빠르게 확산되었다. 사람들은 앞다투어 자신의 이야기를 털어놓았다. 2020년 6월 즈음에는 자신을 "#longhaulers"라고 적는 사람이 많아졌고, 만성 질환에 시달리는 이들이 수백만 명에 달할 것으로 예상되었다.

가벼운 감염 이후에 증상이 지속된다는 보고는 롱 코비드라는 용어와 함께 소셜 미디어에서 방송과 신문으로, 이어서 의학 문헌으로 빠르게 전파되었다. 2020년 6월 과학 저술가 에드 용은 「애틀랜틱*Atlantic*」에 낫지 않은 채 계속 이런저런 증상들을 잇달아 겪고 있는 젊은이들의 사례를 기술했다.[19] 7월 「영국 의학회지」는 1차 진료 기관에 롱 코비드 환자가 밀려들고 있다고 적었다.[20] 곧이어 정치인들은 이 새로운 위협을 안전하게 거리두기를 해야 한다는 또 한 가지 이유로 제시하기 시작했다.

롱 코비드에 관한 초기의 대화는 주로 환자-활동가와 환자-과학자가 주도했다. 뉴욕의 피오나 로언스타인은 2020년 3월 코로나에 걸렸다. 급성 증상은 전형적으로 그렇듯이 금방 사라졌지만, 그 뒤에 두드러기와 콧속 통증 등 이전까지 코로나와 관련이 없던 증상들로 변형되었다. 로언스타인은 몸 정치 코로나라는 지원단체를 조직했다.[21,22] 환자가 주도하고 환자가 참여하는 코로나 연구를 장려하는 것이 목적이었다. 그들은 환자가 자기 건강의 주인 역할을 하도록 패러다임 전환을 원했다. 그들은 자신들의 운동을 "건강 민주화"라고 했다.

영국에서도 환자들이 롱 코비드를 심각하게 고려해야 한다는 운동의 최전선에 섰다. 2020년 9월 「영국 의학회지」에 보낸 공개 편지에서 의학자가 아니라 고고학자인 엘리사 페레고는 롱 코비드를 "주기적인 다단계 다계통 질환"이라고 묘사했다.[23] 공저자인 공중보건 연구자이자 마찬가지로 롱 코비드 환자인 니스린 알완은 그 주제를 논의하는 많은 공개 회의의 주요 참석자가 되었다. 페레고와 알완은 롱 코비드가 환자가 만

든 진단명이고 따라서 환자인 전문가들이 연구 노력의 중심에 있어야 한다는 견해를 확산시켰다.[24]

적어도 진단 개념으로서의 롱 코비드는 처음부터 문제가 많았다. 롱 코비드 환자를 지원하는 일에 앞장선 선구적인 의사인 알완은 그 질환을 "검사 여부를 떠나서 코로나임을 시사하는 증상들이 나타난 뒤로 몇 주일 또는 몇 달 동안 회복되지 않는 상태"라고 정의했다. 질병의 정의 같은 것은 없었다. 그 진단을 한정짓는 구체적인 증상도 진단 검사 결과도 전혀 없었다. 대개 자가진단이었고 감염되었다는 증명도 전혀 요구하지 않았다. 코로나 검사에서 음성이 나왔다고 해서 롱 코비드가 아니라는 말은 아니었다. 사실 당시나 지금이나 롱 코비드를 앓는 이들 중 상당수는 그 바이러스 검사에서 음성으로 나왔거나 아예 그 검사를 받지 않았다.[25] 팬데믹 초기에 이루어진 여론 조사 결과를 보면, 영국의 한 롱 코비드 지원단체 구성원 중 70퍼센트가 그 바이러스 검사에서 음성 판정을 받았다. 로언스타인의 몸 정치 단체가 수행한 초기 여론 조사에서는 롱 코비드 환자 중 그 바이러스 검사에서 양성 판정을 받은 사람이 15.9퍼센트에 불과했다.[26]

질병 자체의 정의가 없었으므로, 롱 코비드 때문이라고 하는 증상의 목록은 며칠 사이에 200가지 이상으로 늘어났다. 증상들 중 상당수는 비특이적이어서, 졸음, 피곤, 우울, 불안, 근육통, 두통, 욕지기, 관절통, 수면 장애 등 적어도 한 가지 이상의 증상을 지니지 않은 사람을 찾기가 어려웠다. 한 지원단체는 "외로움", "두려움", "피부 노화"까지 증상 목록에 포함시켰다. 내가 참석한 한 대중 세미나에서, 알완은 청중에게 설령 아무 증상이 없더라도 의사를 찾아가서 진찰을 받아보라고 했다. 자신도 모르게 롱 코비드를 앓고 있을지 모른다는 것이었다. 증상도 코로나 검사 양성 판정도 필요 없다면, 그 말은 누구든 그 병을 앓을 수 있다는 의미였다. 정의할 진단 기준이 전혀 없으므로, 롱 코비드는 이제 팬데믹 때 앓는 온갖 신체적 및 정신적 증상들의 원인이 될 수 있었다.

바이러스 감염으로 생긴 단일한 질환으로서의 롱 코비드가 제시하는 많은 특징들은 직관에 반한다. 대다수의 감염병, 아니 사실상 모든 질병은 환자가 심하게 앓을수록 회복될 가능성이 더 낮고, 더 오래 의학적 문제에 시달릴 가능성은 더 높다. 그러나 롱 코비드와 급성 코로나 감염의 관계는 그와 정반대였다. 롱 코비드는 코로나 증세가 심해서 입원한 사람보다는 가볍게 앓고 지나간 사람에게 더 흔했다.[27] 급성 감염으로 죽을 고비를 넘기고 살아남은 사람이 가볍게 앓고 지나간 사람보다 더 완전히 회복되었다. 일부 연구에서는 입원한 적이 없는 롱 코비드 환자가 입원 환자보다 더 다양하면서 더 심각한 증상들을 지닌다고 나왔다.[28,29]

롱 코비드 환자는 입원 환자와 인구통계학적으로도 달랐다.[30] 집중치료실 신세를 진 환자와 코로나로 사망한 환자를 보면, 나이가 많고 남성이고 당뇨병 같은 질환을 앓고 있는 사람의 비율이 더 높았다. 그러나 롱 코비드 환자는 더 젊고 여성일 가능성이 더 높았고, 당뇨병은 위험 인자가 아니었다. 언론 매체에서는 롱 코비드 환자를 팬데믹 이전에는 아주 건강하고 튼튼했다고 묘사하고는 했다. 나이 들고 허약한 이들이 많은 입원 환자들과 정반대였다. 그리고 급성 코로나는 몇몇 범위가 아주 명확히 지정된 증상들을 보인 반면, 롱 코비드는 증상이 아주 다양하며 변하기 쉽다. 한 환자는 이렇게 묘사했다. "변화무쌍하다. 자기 집의 벽 속으로 돌아다니면서 전선과 집 구조를 모조리 망가뜨리는 생쥐들이 입히는 피해를 상상해보라."[31]

여러 해가 지난 뒤에 세계보건기구(WHO)는 롱 코비드를 정의했는데, 처음 코로나에 감염된 지 3개월 동안 새로운 증상들이 이어지거나 생기고, 이런 증상들이 달리 설명할 수 없는 이유로 2개월 동안 지속되는 것이라고 하면서 "만성 코로나 증후군"이라는 이름을 붙였다. WHO는 팬데믹의 처음 2년 동안 이 질환을 앓은 사람이 유럽에서만 1,700만 명에 달했을 수도 있다고 추정한다.[32] 영국에서는 2023년 3월에 이 질환을 앓고 있다고 스스로 평가한 사람이 약 190만 명이다.[33] 2024년 3월에는 미국 성인 약 1,800만 명이 롱 코비드 증후군을 앓고 있다는 추정값이 나왔다.[34]

뚜렷이 다른 다양한 의학적 문제들이 롱 코비드라는 단일한 꼬리표로 묶여왔다. 이 증상들은 크게 네 집단으로 나뉜다.

첫째, 입원이 필요할 만치 심하게 코로나를 앓은 사람이라면 증상이 지속된다고 해도 놀랍지 않을 것이다. 나는 팬데믹 당시 자원해서 집중치료실에서 근무하면서, 그 바이러스가 입힌 피해를 직접 목격했다. 입원한 사람들, 특히 호흡기를 달고 있어야 하는 환자들은 바이러스가 일으킨 장기 손상이나 치료 부작용, 오랜 입원으로 생긴 합병증으로 지속적인 증상들이 나타날 수 있다.

둘째, 코로나로 입원하지 않은 이들 중 1퍼센트는 바이러스 감염후 피로 증후군의 일부로서 지속적인 증상들을 겪을 수 있다. 여러 바이러스에 감염된 뒤 일어나는, 잘 알려져 있지만 거의 이해가 되지 않은 증후군이다. 대부분의 바이러스 감염후 피로 증후군은 저절로 낫지만, 앓는 동안에는 증세가 아주 심해져서 활동조차 힘들 수 있다.

셋째, 코로나 유행이 정점에 달할 때에는 대면 진료 부족과 보건의료 기관의 과부하로 코로나나 롱 코비드에 걸렸다고 오진을 받는 사람도 분명히 있을 것이다. 팬데믹이 한창일 때에는 모든 증상이 그 바이러스 때문이라고 여기고 평범한 의학적 문제들을 놓치기가 아주 쉽다. 의사가 코로나에 걸렸다고 했는데, 나중에야 암 등 다른 질병에 걸렸음이 드러났다는 사례 보고도 이미 나오고 있다.

그러나 이 세 가지 설명이 롱 코비드 진단을 받은 가장 큰 집단을 설명할 가능성은 낮다. 가장 큰 비중을 차지하는 집단은 감염되어 가볍게 앓고 지나가고 코로나 검사나 자가 진단 검사에서 음성이 나오지만, 급성 감염과 대개 관련이 없는 다양한 증상들을 지속적으로 겪는 이들이다. 이 네 번째 집단이 묘사하는 증상들은 바이러스 감염과 직접 관련이 있는 병리학적 기제로는 설명하기가 매우 어려우며, 정신신체적 질환으로 가장 잘 설명된다.[35,36,37,38]

현재 롱 코비드의 상당 비율이 정신신체적 원인으로 생긴다는 증거들이 서서히 쌓이고 있다. 불안, 우울, 지각된 스트레스가 롱 코비드의 확실한 위험 요인임을 보여주는 연구들이 많다.[39,40,41,42,43] 노르웨이의 한 연구는 코로나에 걸리기 전해에 외로움에 시달렸거나 부정적인 일을 겪었는지 여부가 바이러스 검사에서 양성이 나왔는지보다 롱 코비드에 걸릴지를 알려주는 더 나은 예측 지표임을 보여주었다.[44] 영국의 3만 명이 넘는 아동과 청소년을 대상으로 한 연구도 외로움이 롱 코비드 발병과 밀접한 관계에 있음을 보여주었다.[45] 팬데믹 기간에 보건의료 종사자들을 추적 조사한 독일의 연구도 심리사회적 부담과 증상이 심각할 것이라는 예상이 롱 코비드의 위험 요인임을 보여주었다.[46] 프랑스에서도 검사 기관에서 감염을 확인하는 것보다 코로나에 감염되었다고 스스로 진단하는 것이 롱 코비드로 이어질 가능성이 더 높다는 연구 결과가 나왔다. 즉 자신이 앓게 될 것이라고 예상한 이들이 롱 코비드에 걸릴 가능성이 높았다.[47,48]

롱 코비드는 정신신체 질환처럼 작용한다. 해부학적 설명을 거부하는 다양한 증상들이 오락가락한다. 어느 한 기관organ의 병리를 정의하는 특징이 전혀 없으므로, 사람마다 다른 신체 계통들의 병리가 서로 다르게 조합되어 나타난다. 종종 입원하지 않은 롱 코비드 환자가 입원 치료를 받고 회복된 환자보다 더 다양한 증상들을 더 심하게 앓는다. 모두 생물학과 모순되는 양상을 보인다. 예를 들면, 호흡 곤란을 가장 심하게 겪는 환자가 폐 기능 검사에서 가장 정상이라고 나오고, 진찰을 해도 증상이 설명이 되지 않고, 앞뒤가 맞지 않는 증상들이 나타나는 경우도 수두룩하다.[49,50]

정신신체 질환으로서의 롱 코비드는 다양한 기제를 통해서 출현할 수 있다. 앞에서 살펴보았듯이, 노세보 효과는 믿음의 힘을 통해 신체적 증상들을 일으키는 강력한 발전기이다. 팬데믹 때 몸에 지나치게 주의를 기울이다 보니 사람들이 자신의 몸을 경험하고 쓰는 방식이 바뀌었다. 감염의 증거가 있는지 몸을 살피다 보니 이전까지 무심코 넘겼던 기존 증상들이 전면으로 드러났을 수도 있다. 아드레날린, 식단이나 음주량의 변화, 달라진 활동량은 건강에 전반적으로 부정적인 영향을 미치고 신체적 백색 소음을 증가시켰다. 예측 코딩, 즉 뇌가 우리의 예상 틀을 통해서 신체 감각을 처리하는 수단은 코로나가 가져올 수 있는 피해의 생생한 내면 모형을 이용해서 우리 몸에 거짓 신호들을 쏟아붓는다. 일부 사람들에게서는 자신이 장기 질환을 앓고 있을 것이라는 예측이 모든 측면에서 섬뜩한 이야기들을 쏟아내서 건강한 몸이라는 현실을 압도하기에 이를 수도 있다. 주류 매체와 소셜 미디어에는 걱정을 유발하는 뉴스와 잘못된 정보가 난무하므로, 롱 코비드는 두려움을 타고 전파된다. 롱 코비드는 하나의 질병이라기보다는 세계적인 유행병에 사로잡혀서 옴짝달싹 못하는 상황에서 사람들이 예상할 수 있는 온갖 결과들의 집합이었다.[51]

모든 롱 코비드를 바이러스 병리의 결과라고 설명하려는 시도들은 지금까지 그다지 성공하지 못했다. "미세피떡microclot"이라고 하는 피가 엉킨 작은 덩어리가 롱 코비드의 원인이자 치료로 나아가는 길일 수 있다는 주장도 종종 들린다. 특정 주제에 관한 모든 가용 연구 결과를 체계적으로 평가하는 코크란 리뷰Cochrane review(보건의료가 합리적인 증거를 토대로 이루어질 수 있도록 노력하는 것을 목표로 한 영국의 민간기구 코크란이 발행하는 간행물. 임상 시험과 의학 연구 등을 체계적으로 종합 분석한 연구 결과를 담고 있다/역주)에 그 이론을 조사한 결과가 실렸는데, 뒷받침할 증거가 전혀 없다고 했다. 또 미세피떡은 다른 질병들을 앓는 사람뿐만 아니라 건강한 사람들에게서도 똑같이 발견되었다.[52]

지속되는 증상을 설명할 만한 병리 현상은 심한 감염으로 입원한 환자들에게서 발견되어왔다. 이 바이러스는 정말로 극심하게 앓는 사람들의 몸에 피해를 입힌다. 일부 입원한 사람들과 안타깝게도 사망한 사람들에게서 나타나는 염증과 지속적인 감염 증상이 그렇다는 것을 말해준다. 그러나 이런 발견들이 다른 모든 롱 코비드 집단들에게도 마찬가지로 적용된다고 가정하고서, 롱 코비드가 정신신체적 원인이라는 이론을 반박하는 데에 동원될 수도 있다. 모든 집단에 적용해야 한다고 말할 증거가 사실상 전무할 때에도 말이다. 정신신체적 질환이라고 보는 것이 임상적으로 가장 타당한 진단인 집단에서는 감염이나 염증의 증거가 전혀 없이 검사에서 일관되게 정상이라는 결과가 나온다. 가볍게 앓거나 자가 진단을 통해서 감염이라고 판단한 뒤 롱 코비드를 앓는 이들을 가장 잘 정의하는 특징은 증상과 검사 사이의 연관성 부족과 감염과 염증의 증거 부족이다.[53,54] 호흡 곤란이 허파 병리보다 정신의학적 증상과 더 상관관계가 깊다는 연구 결과도 있다.[55] 또한 스트레스와 정신건강 질환이 염증 표지 증가와 상관관계가 있다는 점도 주목할 가치가 있다. 따라서 그런 표지 증가가 나타날 때, 감염이 아니라 다른 방식으로 설명할 수도 있다.

실제로 롱 코비드를 설명하려고 서두르다가 다양한 서로 다른 질환을 앓는 환자들을 한 집단으로 묶는 일도 벌어져왔다. 그래서 환자들 사이의 공통점을 찾기가 매우 어려운 것일 수 있다. 급성 코로나 감염 이후에 다양한 증상들이 지속된다는 것을 보여준 여러 초기 연구들은 신뢰성이 떨어지고 대조군조차 설정하지 않은 것도 있었다. 그 뒤의 연구들은 롱 코비드 환자들뿐 아니라 대조군에서도 마찬가지로 많은 증상들이 나타남을 보여주었다. 이는 롱 코비드의 증상들이 감염자들에게 국한된 것이 아니라, 즉 바이러스 자체가 아니라 팬데믹 기간의 사회적 거리두기의 몇몇 측면들 때문에 생겼을 가능성이 더 높음을 시사한다.[56]

롱 코비드와 만성 라임병의 발현 양상이 매우 비슷하다는 점도 주목할 만하다. 언제 어디에서 앓게 되었느냐에 따라 둘 중 어느 한쪽의 진단을 받을 수도 있다. 둘 다 대개 피로, 멍한 머리, 우울, 두통과 통증, 수면 장애, 졸음 같은 비특이적 증상들을 많이 보인다. 또한 정의가 제대로 내려지지 않았고 관련된 증상의 수도 검증된 급성 코로나나 진정한 라임병과 관련된 것보다 훨씬 더 많다.

이 두 질환을 일으키는 심리 기제가 어떻다고 공개적으로 말하기는 무척 어렵다. 나는 그런 논의가 사람들을 흥분시키리라는 것을 잘 안다. 어느 정도는 오해받을 것이기 때문이기도 하다. 둘이 전혀 상관없을 때도 정신신체 장애는 꾀병과 혼동될 때가 많다. 꾀병은 일부러 아픈 척하는 것이다. 그러나 정신신체 장애는 활동에 지장을 주는 무의식적으로 생기는 의학적 장애이다. 정신신체 장애 진단을 받으면 의료계가 자신을 거부한다고 느끼는 이들도 있다. 대중은 정신신체 장애가 다른 질환들보다 "덜하다"고 상상하기 때문이다. 이는 그 진단을 받은 사람의 아픔을 경시하게 된다는 의미이다. 그들이 아프다고 상상하거나 일부러 앓는다고 여기는 사람들이 여전히 많다.

둘 다 사실이 아니다. 정신신체 장애는 **진짜** 신체 증상을 낳는다. 소스라치게 놀라면 가슴이 두근거리는 것처럼, 정신신체적 증상도 진정으로 겪는 것이지만, 질병 때문이 아니다. 정신신체적 기제라고 해서 장애를 일으키지 않는다는 의미가 아니라, 바이러스가 일으키는 조직 병리 때문이 아니라 마음과 몸의 복잡한 상호작용으로 문제가 생긴다는 의미일 뿐이다. 나는 정신신체 장애의 심각성을 대중에게 널리 알리는 일에 많은 시간을 투자해왔다. 정신신체 장애가 암에 못지 않게 기력을 앗아가는 고통이나 피로를 안겨줄 수 있다고 장담할 수 있다. 그리고 이 설명을 이런 유형의 롱 코비드를 앓는 사람들의 고통을 경시하는 것으로 보아서는 안 된다.

롱 코비드 환자를 정신신체적으로 설명하는 방식이 대중 담론에 거의 등장하지 않는 이유는 그 논의 자체를 대놓고 하기가 어렵기 때문이다. 롱 코비드와 CLD가 정신신체적 질환임을 강하게 의심하고 있는 의사와 과학자조차도 굳이 그 말을 입에 담지 않는다. 그 두려움은 양쪽으로 연구의 진행을 방해해왔다. 한 과학자는 스트레스를 받는 이들이 롱 코비드에 걸릴 가능성이 더 높다는 연구 결과를 발표할 당시, "만성 코로나 증후군이 정신신체적이라는 가설을 뒷받침한다고 오해하지" 말라는 단서를 붙였다. 나중에 그녀는 그렇게 적은 것을 후회한다고 했다. 그녀는 그저 롱 코비드 환자가 거짓말을 하거나 의사를 속이는 것이 아니라는 의미로 적었을 뿐이라고 했다.[57,58] 나중에 그녀는 그 연구가 사실 그 용어의 학술적 정의를 토대로, 롱 코비드가 정신신체적인 장애임을 뒷받침하는 것이라고 했다. 처음에는 그렇게 말하면 오해를 불러올 수 있음을 알았기 때문에, 그 말을 하는 것을 겁낸 듯하다.

환자는 정신신체적 증상이 다른 질환의 증상보다 덜한 것으로 비쳐질 때가 너무나 많기 때문에, 이 설명을 거부한다. 정신신체적, 심리적, 사회적 질환은 지금도 심하게 낙인이 찍히고 무시되기 일쑤이다. 롱 코비드와 CLD 같은 질환은 여러 증상을 앓으면서 설명해줄 진단과 치료를 찾고자 하는 사람들에게 더 매혹적인 대안을 제시한다. 낙인을 피하면서 도움을 받을 수 있도록 해주기 때문이다. 또 그 고통이 진짜라는 설명과 확인을 통해서 마음의 평화와 지원망도 제공한다.

사회는 의료 시설을 제외하면, 전반적으로 돌봄 시설이 부족하다. 이는 신체 질환이 언제나 우선시된다는 의미이며, 따라서 고통은 의학 문제라는 형태로 표출될 때 더 쉽게 인정을 받는다. 진단을 내릴 수 없는 양 보이는 한, 어떤 기관도 시안을 책임질 수 없었다. 팬데믹 당시 그 바이러스에 감염되지 않았으면서 집안에 틀어박혀 있었던 사람들을 지원하는 시스템은 전혀 없었다. 설명이 되지 않는 증상을 호소하는 이들이 의사를 만나기란 쉽지 않았고, 그 말은 그들이 안심하고 지내도 좋다는 대단히 중요한 확인을 받지 못했다는 의미이다. 엘리사 페레고의 단체가 매우 올바로 지적했듯이, 중병에 걸린 사람만 아픈 것은 아니다. 의학적 진단은 사람을 위기 상황에서 지원을 제공할 수 있는 극소수의 기관들 중 한 곳의 관할하에 놓는다. 롱 코비드가 없었다면, 팬데믹의 사회적 및 심리적 영향을 느끼는 이들 중 상당수는 아무런 목소리도 내지 못했을 것이다.

CLD와 롱 코비드 같은 장애는 도움을 필요로 하는 이들에게 도움을 주기 때문에 발병률이 증가하고 있다. 진단의 주관성이 그런 일을 가능하게 만든다는 사실도 그 추세를 부추긴다.

✯ ✯ ✯

나는 최첨단 환경에서 일하는 고도로 전문화된 의사이다. 나는 검사와 기술이 잘 사용될 때 가치가 있음을 잘 안다. 지금은 나도 다루고 있지만 내가 의사 자격증을 딸 당시에는 존재하지 않았거나 신뢰할 수 없었던 첨단 진단 도구의 중요성을 축소하려는 것이 아니다. 자기공명영상(MRI)이 널리 쓰이기 전인 당시에는 다발경화증 같은 병을 진단하려면 몇 달, 심지어 몇 년에 걸쳐서 불쾌한 침습성 검사를 했다. 혼수상태, 발작, 마비 등 당시에는 설명할 수 없는 수수께끼 같았지만, 지금은 과학의 발전 덕분에 쉽게 설명할 수 있는 질병들이 아주 많다. ELISA는 1970년대, 웨스턴 블롯은 1980년대에 개발되었다. 둘 다 의사의 진단 연장통의 핵심 장비이자 주요 연구 도구로서, 진단에 신뢰성과 속도를 제공한다.

라임병 진단을 돕기 위한 검사의 결과가 해석하기 까다로울 수 있다는 점은 검사가 극도로 유용하다는 사실을 훼손하는 것이 아니라 검사 자체만으로는 진단을 내릴 수 없다는 사실을 사람들에게 이해시키는 데에 도움을 준다고 보아야 한다. 그 자체로는 해석이 불가능하거나 심지어 오도할 수 있다. 진단은 기예이자 과학이지만, 뜻밖이라고 여길지 몰라도 기예 쪽이 여전히 우선권을 가진다. 모든 검사는 거짓 양성률과 거짓 음성률이 있으므로, 애매한 증상을 지닌 사람을 대상으로 일종의 포괄적인 진단 설문 조사 형태로 검사를 하면 혼란스러운 결과가 나올 가능성이 매우 높다. 의사는 의뢰한 검사에 영향을 미치는 모든 교란 변수들을 잘 알지 못한다면, 어떤 하나의 비정상적이거나 정상적인 결과에 너무 큰 비중을 두기가 쉽다. 솔직히 의사가 모든 검사의 모든 교란 변수를 전부 알기란 불가능하므로, 매주 접하지 않는 검사를 의뢰한다면 자기 지식의 한계와 맞닥뜨리기가 쉽다. 또 매주 의뢰하는 검사의 결과를 보는 의사도 자기 지식의 한계를 실감할 수 있다! 신경학자로서 나는 매달 무수한 환자들의 뇌 MRI 촬영을 의뢰하지만, "비정상"인 양 보이는 것들의 의미를 하나하나 다 안다고 주장하지는 않으련다. 나는 환자와 관련이 있을 수도 있고 없을 수도 있는 것을 보여주는 영상을 으레 건네받는다. 그럴 때마다 환자의 이야기를 중심에 놓고서 동료 의사 및 방사선과 의사와 논의를 해야 그 난제가 해결될 것이다.

내 말을 많은 CLD와 롱 코비드 환자에게서 보듯이, 오로지 검사 결과가 정상이라는 점을 근거로 삼아서 의사가 어떤 장애가 정신신체적인 것일 수 있다고 말해도 된다는 의미로 받아들이지 말기를 바란다. 그렇지 않다. 검사로 검출하기 어려운 질병은 많이 있다. 뇌전증 환자이지만 검사 결과가 정상으로 나오는 이들도 아주 많다. 그런 상황에서도 발작을 묘사하는 환자의 이야기를 토대로 어느 정도 확신을 가지고 뇌전증이라는 진단을 내릴 수 있다. 정신신체적 진단도 똑같은 방식으로 내린다. 증상이 나타나는 방식, 진화하는 방식, 몸에서 돌아다니는 방식, 해부 구조의 부정, 신체적 발견과 증상 정도 사이의 모순을 토대로 내린다.

진단은 검사 결과를 모든 임상 정보와 조화시켜서 추론을 통해 내린다. 고도로 정성적이고, 흔한 증상들의 목록을 토대로 하는 한 가지 단순한 분석으로 요약될 수 없는 임상 기예이다. 의사는 임상 진단이 강력하다면, 검사 결과가 음성이든 양성이든 똑같이 거부할 준비가 되어 있다. 탁월한 임상의는 뛰어난 임상적 통찰력을 갖추고 있고 가장 풍부한 경험도 쌓은 사람일 때가 많다. 의사는 환자가 주관적으로 자신의 증상을 설명하는 말에 귀를 기울임으로써 일하는 내내 계속 배운다. 나는 이런 대화가 흥미롭다. 환자는 증상을 컴퓨터에 입력했을 때 신뢰할 만한 진단이 나올 가능성이 얼마나 낮은지를 이야기한다. 두통 환자와 상담할 때 내가 "아프다"라는 단어를 쓴다면, 환자는 고개를 저으면서 "콕콕 쑤신다"가 더 적절한 표현이라고 지적할 수도 있다. 비슷한 단어들 중에서 어느 것이 환자의 상태를 더 잘 묘사하는지를 골라내는 일이야말로, 진단 논의의 가장 중요한 부분일 때가 많다. 검사는 진단에 기여하지만, 사람들의 생각만큼 객관적이지는 않다. 오용되고, 오해받고, 조작될 수 있다. 검사를 의뢰하는 의사의 자질은 검사의 질 못지않게, 아니 그보다 더 중요하다.

새로운 진단명을 내놓는 일도 과학이자 기예이지만, 이 사례에서는 과학이 우선권을 가져야 한다. 롱 코비드 환자를 돕는 일을 하는 피오나 로언스타인의 몸 정치 운동은 건강의 민주화를 요구했다. 그러나 과학적 답은 다수결 원리에서 나오는 것이 아니다. 연구의 우선순위를 정하려면 무엇보다도 환자의 경험을 이해해야 하지만, 과학적 과정은 체계적이고 조직적이고 엄밀하고 어떤 답에도 열려 있어야 한다. 라임병과 롱 코비드는 연구자의 관할권 바깥에서 성장한 대중 영역으로부터 엄청난 추진력을 얻었다. 롱 코비드를 둘러싼 논의는 충분한 과학적 논의 없이 소셜 미디어에서 주류 매체를 거쳐 의학 문헌에까지 퍼졌다. 사회는 과학자들에게 한 걸음 물러나서 롱 코비드의 가장 기본적인 질문을 할 시간을 충분히 주지 않은 채 즉시 답을 내놓으라고 압박했다. 체계적으로 연구할 수 있도록 이 새로운 질환을 신뢰할 수 있게 정의하려면 어떻게 해야 할까? 팬데믹 기간에 강한 사회적 압력을 받는 바람에, 과학자와 의사는 롱 코비드를 유형별로 세분해서 그 질환을 둘러싼 연구와 논의를 더 의미 있게 만드는 핵심 작업을 건너뛰었다. 롱 코비드를 정신신체적 질환으로 설명하는 방식을 대중이 거부하면서 이 중요한 탐구 경로가 막혔고, 그 결과는 환자에게 해로운 영향을 미쳤다.

좋은 의사는 이야기의 미묘한 부분을 귀담아 들을 만치 경험이 쌓이고, 임상적 맥락이 우선한다는 점을 이해하며, 습관적으로 검사를 의뢰하지 않고, 모든 질환에 진단명을 붙이려고 들지 않으며, 지켜보면서 기다리는 것이 최선일 때가 언제이고 행동할 때가 언제인지를 아는 사람이다. 좋은 과학자는 논리적이고 사려 깊고, 객관적이고, 창의적이고 착상을 가지고 놀지만, 확고하게 유지되는 가정에 회의적인 태도로 의문을 제기하는 것을 두려워하지 않는 사람이다.

3

자폐증

파피는 스물네 살이다. 그녀는 자신감 있는 모습이지만, 나는 그런 태도를 유지하는 것이 그녀에게 쉽지 않다는 것을 안다. 어릴 때부터 그녀는 평균 이상으로 어려움을 겪으며 살았고, 최근에야 겨우 나아지기 시작했다고 느낀다. 근래 자폐증 진단을 받음으로써, 그녀는 삶의 위기에 처한 순간에 구원을 받았다.

파피는 내게 말했다. "자폐증 진단을 받고자 애쓰는 사람이 많지만, 나는 상황이 달랐어요. 더 이상……혼자 애쓰다가 **이렇게는** 더는 못 살겠다고 생각할 지경에 이르렀죠." 그녀는 말할 때 손을 자주 움직였다. "내 뇌가 이 상황을 다룰 수 있는 방법은 완전히 끝장내는 것뿐이었죠."

파피는 자신의 목숨을 이야기하고 있었다. 전에도 두 차례 자살을 진지하게 고민한 적이 있었고 스무 살에 다시금 그 생각에 빠졌다. 파피의 정신건강 문제는 열두 살에 시작되었다. 처음에 우울증을 앓았고 나중에는 자해하기에 이르렀다. 10대 초반에는 스스로 좀처럼 통제하기 어려운 섭식장애가 생겼다. 이런 장애를 촉발한 몇 가지 요인이 있었다. 학교에서 그녀는 공부는 좋아했지만, 친구를 사귀지 못했고 심한 따돌림을 당했다.

"으레 그렇듯 별명을 부르는 것으로 시작되었죠. **쟤는 괴짜야. 별종이야.** 이어서 내 스쿠터를 밀어 넘어뜨리고, 돌과 음식물을 나한테 던지기도 했어요. 체육 시간에는 공격의 표적이 되었고요. 네트볼을 나한테 던져댔어요. 한쪽 눈이 멍들고 깨진 안경을 쓴 채 집에 간 날도 있었어요."

게다가 학교 밖 생활도 녹록치 않았다. 꿈꾸던 알바가 엉망진창이 되었을 때는 특히 힘들었다.

"아쿠아리움에서 일했어요. 양서류를 좋아하거든요. 거북도 두 마리 키워요. 동물은 다 좋아해요. 뱀, 도마뱀, 쥐, 생쥐, 햄스터도 키운 적이 있고요. 그래서 거기서 일하게 되어 무척 기뻤는데 그만둬야 했어요."

파피는 아쿠아리움 일을 시작할 때는 무척 행복했지만, 일을 돕던 동료 두 명이 그만둔 뒤로는 직장에서 홀로 고립되어 있다고 느끼면서 심한 스트레스를 받았다. 상사는 이런저런 병을 앓는 나이가 훨씬 많은 남자였는데, 함께 일하기가 무척 힘들었다. 게다가 그녀를 심하게 괴롭히는 바람에 결국 경찰서까지 갔다. 이렇게 마음에 큰 상처를 입은 뒤, 새로 얻은 일자리는 그녀를 벼랑 끝으로 내몰았다.

아쿠아리움을 그만둔 뒤 파피는 고급 자동차 매장의 전시장 안내원 일자리를 구했다. 그녀가 꿈꾸던 일은 분명히 아니었다. 그녀는 문 앞에서 새로운 고객을 맞이하고, 커피를 대접하고 전시장 안으로 안내하는 일을 맡았다. 자신의 성격이나 자질과 전혀 맞지 않는 일이었다. 그때쯤 그녀는 심신이 너덜너덜해진 상태였는데, 업무 부담과 상사들의 불친절한 태도가 더해지자 결국 무너졌다.

"사실 그 순간은 기억나지 않아요. 뇌가 차단해버렸거든요. 무슨 일이 벌어졌는지 알려면 남들의 말을 들어야 하죠."

파피의 기분은 축 가라앉았다. 무기력증에 빠졌다. 그때 그녀는 삶을 끝내자는 생각을 했다. 나는 무엇이 그녀를 막았는지 물었다.

"운이 좋았죠. 친구에게 전화가 오는 바람에 정신이 번쩍 들었어요." 우연히 걸려온 친구의 전화가 그녀를 구했다. "학교에서 위기 관리 대응 기관이 있다는 말을 들은 게 떠올랐어요. 그래서 마음을 추슬러서 전화를 했죠."

파피는 여러 정신건강 서비스를 전전했다. 열세 살에 처음 자살을 시도한 뒤에는 아동청소년 정신건강팀을 만났다. 그 뒤에는 심리적 외상 상담사, 이어서 정신과 의사를 만났다. 그들은 그녀에게 "눈운동 탈민감 재처리요법(EMDR)"을 받도록 했다. 심리적 외상 기억을 처리하도록 돕는다는 기법이었다. 그녀는 도움이 된다고 보았지만, 처방된 치료 기간이 끝나자 다시금 무엇을 어떻게 해야 할지 막막해졌다.

"자신의 기분 문제가 왕따나 힘든 인간관계, 또는 이런저런 일들이 조금씩 더해져서 일어난 거라고 생각해요?" 나는 그녀에게 일어난 모든 일들의 시간표를 이해하고자 애쓰면서 물었다. "모두 내가 자폐증이라는 사실을 아무도 몰랐기 때문에 일어난 일이에요. 필요한 도움을 받지 못했으니까요."

자폐인은 식욕부진과 자해의 비율이 높으며, 인간관계에서 괴롭힘을 당할 가능성도 더 높다. 정신건강 문제들이 생긴 뒤에야 비로소 자폐라는 진단을 받는 이들이 많다. 이 분야의 많은 전문가들은 더 일찍부터 자폐에 적응하도록 하면, 그런 정신건강과 사회적 문제를 예방할 수 있다고 믿는다. 파피는 확실히 그렇다고 느꼈다.

"학교에서 당신의 문제를 알아차린 사람이 아무도 없었나요?"

"선생님들은 그냥 사춘기라서 그렇다고 했어요. 내가 겪은 일이 그저 통과의례려니 한 거죠. 어느 한 분이 자폐 증상을 하나라도 눈치 챘다면, 훨씬 더 의미 있는 학창 생활을 했을 수도 있어요. 대신에 부모님이 왕따 문제로 격주마다 학교에 오셨죠."

파피의 학교에는 특수 교육 담당 교사가 있었고, 추가로 지원을 받는 자폐 아동들도 있었지만, 파피는 지원이 필요한 아동이라고 여겨지지 않았다.

"그러면 자폐일지도 모른다는 말은 누가 처음 했나요?"

"사실 엄마가 오래 전에 언뜻 하긴 했어요. 아쿠아리움에 취업 면접을 볼 때, 나이 때문에 엄마가 같이 갔어요. 면접이 끝난 뒤 엄마가 말했죠. 내가 한번도 눈을 맞추지 않았다고요. 그런데 당시에 나는 자폐가 남자 아이에게만 나타난다고 생각했어요. 그래서 내가 자폐일 거라고는 생각도 못 했어요. 쓰러진 뒤, 정신과 의사를 다시 만났는데, 엄마가 의사한테 내가 자폐증일 수도 있는지 물었어요."

파피의 진단은 정신과 의사와 두 시간 동안 상담하면서 이루어졌다. 나는 평가가 얼마나 상세했는지 물었다.

"내 생애를 내 관점과 엄마의 관점에서 이야기했어요. 나도 엄마도 여러 서류를 채웠고요. 그런 뒤 2주를 기다렸어요. 다시 가니 앞서 만났던 의사는 떠났고, 다른 정신과 의사가 와 있었어요. 나한테 자폐라고 하더군요."

"기분이 어땠나요?"

"사실 의사가 하는 말을 듣지도 않았어요. 벽에 걸린 기하학적 그림을 보고 있었거든요. 시작도 끝도 없는 무늬였어요. 의사는 일부러 그 그림을 거기에 걸어놨다고 했어요. 그 그림을 충분히 오랫동안 응시하는 사람이라면 아마 자폐증일 거라는 걸 알았으니까요."

그 판정을 받고서 일주일 동안, 파피는 그 생각을 전혀 하지 않았다. 관련 내용을 찾아보지도 않았고 읽지도 않았다.

"그러다가 주말이 되어서야 더 알고 싶다고 결심했어요. 나 같은 사람들이 있는지 알고 싶었고, 그래서 틱톡을 켰죠. 많았어요."

소셜 미디어에서 남들의 자폐 이야기를 읽으면서, 파피는 자신이 받은 진단이 옳다는 사실을 금방 알아차렸다. 그 진단은 자신이 살면서 겪은 모든 힘든 일들을 재구성하고 설명했다. 그 깨달음은 그녀를 크게 안심시켰다.

"나는 자폐처럼 보이지 않는다는 말을 늘 들어요. 그런데 자폐인은 어떤 모습이어야 하는 걸까요? 나는 평생을 가면을 쓰고 살아왔어요."

파피는 내 생각을 읽었다. 대화를 할 때, 나는 그녀가 의사소통에 문제가 있다는 직접적인 증거를 전혀 보이지 않은 채 매우 진지하게 귀를 기울인다는 것을 알았다. 물론 자신이 집착하는 주제인 자폐증을 이야기하고 있으니 편안할 터였다. 나는 사람이 어떤 상황에서는 자신 있어 보이고 다른 상황에서는 사회적으로 어색한 모습을 보인다는 것을 잘 알기에, 그녀가 나와 편안하게 대화를 하는 모습이 그녀의 모든 면을 반영하는 것은 아님을 이해할 수 있었다.

파피는 자신이 "가면"을 씀으로써 사회적으로 자신감 있어 보이게 할 수 있다고 설명했다. 자폐인이 사회적으로 더 잘 어울릴 수 있도록 자신의 전형적인 "자폐" 행동을 숨기는 전략을 가리킨다. "정상"으로 보이도록 비자폐인을 모방하는 방식이다. 나는 파피에게 가면을 쓰지 않는다면 어떤 모습일지 물었다.

"신경전형인이 무슨 생각을 하는지 알 수가 없어요. 비꼬는 말도 이해하지 못하고요."

파피는 흑백으로 생각한다. 그녀는 책, 미술, 음악, 식물 등 깊이 빠질 수 있는 것들에 관심이 많지만 시끄러운 소음이나 특정한 질감이나 모양을 견디지 못한다. 친구를 잘 사귀지 못하지만, 그래도 여러 친구들과 함께 있는 것보다 한 명의 좋은 친구와 있는 쪽이 그나마 낫다. 파피는 자폐 진단이 자기 삶의 이런 측면들을 관리하는 데 꼭 필요하다고 느꼈다.

"자폐 진단을 받지 못했다면, 내가 게으르지 않다는 사실을 몰랐을 거예요. 지금은 도파민에 문제가 있어서 내가 몸 쓰는 일을 잘 못한다는 걸 알죠. 그 진단이 없었다면, 내가 병적 요구 회피(PDA) 유형이라는 걸 결코 몰랐겠죠. 사는 동안 온갖 것들에 그토록 불안한 모습을 보인 것도 다 이유가 있다는 사실을 결코 알지 못했을 거예요."

자폐가 뇌의 도파민 농도가 낮아서 생긴다는 이론이 있다. 도파민은 보상 및 쾌락과 관련된 신경전달물질이다. 병적 요구 회피는 자폐의 공식 기재 사항에 포함되어 있지 않지만, 그 진단의 일부로 언급되는 사례가 점점 늘고 있다. 이는 자폐인이 요청에 응하는 데 어려움을 겪는다는 것을 가리킨다. 영국의 전국자폐협회는 아동이 양치질이나 외투 입기를 단연코 거부하거나 자폐인이 식욕 같은 자기 몸의 요구에 응하지 않는 것을 병적 요구 회피의 사례로 든다. 그러나 이런 행동을 보이는 아이는 분명히 많으며, 그렇다고 해서 그들이 어떻게 할 수 없는 자폐인이라는 의미는 아니다.

진단을 받은 뒤 파피는 딱히 어떤 처방이나 치료를 받은 적이 없지만, 그래도 예전보다 훨씬 더 행복하다. 자신이 겪는 문제들이 어디에서 나오는지 알게 되었기 때문에, 더 잘 관리할 수 있다고 느낀다. 그녀는 할 수 있을 때 가면을 벗어서 스스로를 드러낸다. 현재 그녀는 프리랜서로 일한다. 자폐에 관해 강연을 하고 소셜 미디어에 콘텐츠를 올린다. 해양생물학자가 되겠다는 꿈은 아직 이루지 못했다. 해양생물학 기초 과정에 입학하기는 했지만, 계획한 대로 되지 않아서 그만두어야 했다. 그녀가 지원했을 때 대학은 자폐인 지원 제도가 있다고 했지만, 그녀는 지원을 받지 못한다고 느꼈다. 통학 거리가 너무 멀어서 결국 1년도 채우지 못하고 자퇴했다. 그녀는 다시 시도하려고 했지만, 그때쯤 자폐 공동체에서 많은 새로운 친구들을 사귄 상태였다. 대부분 온라인 친구이기는 하지만 말이다.

나는 국가보건 서비스(NHS)로부터 어떤 지원을 받았는지 물었다.

"인쇄물조차 받지 못했지만, 오히려 다행이에요. NHS와 특수교육 쪽에서는 지금도 자폐에 관한 많은 해로운 정보들이 떠돌거든요."

"그들이 말하는 자폐증 내용이 마음에 안 드나 봐요?"

"잘못된 정보가 너무 많아요."

"예를 들면요?"

"자폐임을 처음 알게 된 사람에게 기능 꼬리표를 붙이는 거요. 누군가를 고기능이라고 부른다면, 장애가 심하지 않다고 말하는 것과 같아요. 그리고 나를 자폐가 있는 사람이라고 부르지 마세요. 마치 내가 가방에 자폐를 넣고 다니는 것처럼 들려요. 난 자폐예요." 파피는 내게 조언했다. "그게 내 뇌가 작동하는 방식이죠. 그건 나라는 사람의 일부예요. 가방처럼 내려놓을 수 있는 게 아니라요."

자폐인은 "저기능" 또는 "고기능"이라고 분류되고는 한다. 후자는 지능이 평균이나 그 이상인 사람, 전자는 지적 장애가 있는 사람을 가리킨다. 자폐 공동체에는 이 구분을 모욕적이라고 여기는 이들도 있다. 고기능이라고 불리는 이들이 직면하는 어려움을 경시하는 듯 보이기 때문이다. 같은 이유로 "스펙트럼"이라는 개념과 "경증 자폐"라는 용어의 사용을 강하게 반대하는 이들도 있다.

자폐 진단을 받은 이들을 가리키는 꼬리표들을 두고도 논쟁이 벌어진다. 그 장애와 개인의 정체성을 분리한다는 이유로 "자폐가 있는 사람"이라는 표현을 더 선호하는 이들도 있다. 그 표현은 대다수 질환에 관습적으로 쓰인다. 뇌전증이나 당뇨병을 앓는 사람들은 자신의 병으로 정의되고 싶어하지 않기 때문에, 대개 뇌전증인이나 당뇨인이라고 불리기를 원치 않는다. 그러나 파피 같은 이들, 특히 기존의 "고기능"과 "경증"

범주에 속할 이들은 사실상 "자폐인"이라는 용어를 선호하며, 그런 이들이 늘고 있다. 자폐를 자기 정체성의 일부라고 여기기 때문이다.

진단을 받은 이래로 파피는 자신의 자폐 경험을 동영상으로 찍어서 소셜 미디어에 올려왔다. 비슷한 문제를 안고 있는 많은 이들이 구독하고 있는데, 그녀와 같은 연령대이고 대개 경증 자폐라고 할 이들이 대다수이다. 또 그들 중 대부분은 장애 정도가 심해서 독립해서 살아갈 수 없는 사람들에게 "중증 자폐"라는 용어를 쓰는 것에도 반대한다.

파피는 내게 이렇게 설명했다. "저기능 또는 중증 자폐로 분류되었다고 해도 사람들이 생각하는 것보다 훨씬 더 독립적으로 생활할 수도 있어요. 단지 그 꼬리표 때문에 선택할 자유를 빼앗기는 거죠. 마치 그들이 못할 거라고 말하는 듯한 꼬리표 때문에 인생에서 누릴지도 모를 많은 것들을 잃을 수 있어요."

"그 논리가 '자폐인'……이라는 꼬리표를 붙임으로써 **자신의** 미래를 한정짓고 **자신의** 능력을 과소평가한다는 의미로 쓰일 수도 있지 않겠어요?" 나는 조심스럽게 물었다.

"누군가를 자폐인이라고 부르면 그 사람을 한정짓는 셈이 되리라는 건 알지만, 동의하지 않아요." 파피는 자기 말이 모순된다는 사실을 알아차리지 못하고 단호하게 말했다.

자신의 진단을 향한 파피의 관점을 지지하는 차원에서, 나는 적어도 지금까지 자폐라는 진단이 그녀에게 넓은 세상을 안겨주었고 평정심을 유지하는 데 도움을 주었다는 사실에 동의한다.

나는 대화를 시작한 이래로 마음 한편에 계속 찜찜하게 남아 있는 질문을 할까 말까 망설였다. "파피, 궁금한 게 있는데요. 당신이 겪는 일이 신경발달 뇌 장애 때문이라기보다는 지금까지 살면서 겪은 일의 결과라고 보는 편이 더 낫지 않을까요?"

"사실 저도 그렇게 생각하긴 해요. 지금까지 겪었던 일을 겪지 않았다면, 훨씬 더 행복했겠죠. 나는 내가 정상이 아님을 알았고, 남들도 알아차렸으니까요."

파피는 자신이 겪고 있는 문제들 중 일부가 지금까지 겪은 마음의 상처 때문이라고 보면서도, 선천적인 신경발달 장애가 없었다면 그런 상처를 받는 일도 없었으리라고 생각한다.

✳ ✳ ✳

선진국에 사는 사람들의 대다수는 자폐 진단을 받는 이들의 수가 늘어나고 있음을 알아차렸을 것이다. 미국에서는 20년 전에는 아동 150명 중 1명이 자폐증이었는데 현재는 36명 중 1명으로 증가했다.[1] 그런데 어떻게 이렇게 늘어났을까? 일부에서 믿고 있듯이, 우리가 진단을 점점 더 잘 내리고 있기 때문일까? 아니면 다른 이들이 말하듯이, 과잉진단이 이루어져서일까? 이 분야의 전문가들에게 이 질문을 하면, 최고의 전문가들에게서도 서로 모순되는 답이 나올지 모른다. "순수한 환상"은 경험 많은 캐나다 자폐 전문의인 로랑 모트롱이 북아일랜드 아동 5명 중 1명이 자폐라는 주장에 대해서 한 말이다.[2] 모트롱은 전 세계에서 자폐 진단을 받은 이들이 늘어나는 이유가 "단지 현실에 부합되지 않는 비율로 진단이 이루어지기" 때문이라고 본다.[3] 그러나 마찬가지로 경험 많은 자폐 연구자 사이먼 배런-코언은 영국 전체에서 진단율이 36명 중 1명까지 증가한 양상을 언급하면서, 과잉진단은 전혀 걱정하지 않았다. "우리가 현재 보는 비율이 진정한 비율에 더 가깝다고 생각한다."[4] 모트롱이 옳다면, 사람들에게 신경발달 뇌 장애라는 부적절한 꼬리표를 붙이는 것일 수도 있다. 그 진단이 개인의 자아감에 미치는 영향을 감안할 때 이 점을 이해하는 것이 매우 중요하다. 반면에 배런-코언의 견해가 진실에 더 가깝다면, 우리는 다르게 배우고 사회화하는 아동을 향한 차별이라는 문제를 해결하는 일을 시작한 것일까?

자폐를 진단하는 혈액 검사나 뇌 촬영법 같은 것은 전혀 없다. 이 진단은 정상적인 행동이 어떤 모습이어야 한다는 사회적 합의, 개인에게서 비정상적인 행동의 관찰, 개인의 내면 경험 묘사에 전적으로 의지한다. 객관적인 검사가 수반될 때에도 진단은 대개 오류가 가득하지만, 지금 우리는 검사법도 전혀 없고 객관적인 임상 징후도 전혀 없는 질환을 정의하고 진단하려고 시도하는 난제에 빠져들고 있다.

정신건강과 신경발달 장애를 진단하고 정의하는 일은 항상 어렵다. 1952년 처음 발간된 『정신질환의 진단 및 통계편람*Diagnostic and Statistical Manual of Mental Disorders*』(DSM)은 이 문제를 직접적으로 해결하려는 시도였다. DSM에는 모든 정신건강 질환의 전형적인 임상 징후와 진단 기준이 실려 있다. 2013년에 나온 DSM-5는 이 정신의학 및 정신질환 백과사전의 7번째이자 최신 판이다.[5]

DSM에 실린 자폐의 진단 기준에는 두 증상 영역이 포함되어 있다. 첫째, 사회적 의사소통과 상호작용의 어려움이다. 둘째, 한정되거나 반복되는 관심과 행동 패턴이다. 아동에게 자폐 진단을 내리려면, 이 양쪽 영역의 문제들이 나타나야 하고 발달 초기부터 뚜렷이 보였어야 한다. 즉 5세 이전부터를 뜻한다. 또 장애가 명백해야 한다. 이 스펙트럼의 가장 중증 쪽으로 가면 장애가 있음을 쉽게 알아볼 수 있지만, 경증 쪽으로 가면 파악하기가 훨씬 어렵다.

사회적 상호작용과 의사소통의 어려움이라는 제목 아래, DSM은 말을 제대로 못 하는 아동에서부터 언어가 정상적으로 발달하지만 지속적으로 대화를 주고받기가 어려운 아동에 이르기까지를 중증에서 경증에 이르는 장애로 기술한다. 자폐아는 손짓도 거의 하지 않는 경향이 있다. 남들이 느낄 수도 있는 것을 이해하지 못할 때도 많다. 시선을 거의 마주치지 않는 사례가 흔하고, 대개 남들에게 관심이 없고 혼자 있는 것을 선호한다. 이런 문제들은 많은 이들에게 힘겨울 수도 있는 상황이나 학교 같은 단일한 맥락에서만이 아니라, 집처럼 친숙한 공간에서도 뚜렷이 드러나야 한다.

한정되고 반복되는 행동 패턴은 다양한 방식으로 드러날 수 있다. 아이는 특정한 물건이나 별난 관심사에 강한 애착을 느낄 수도 있고, 특정한 질감을 격하게 회피할 수도 있다. 아주 고집 센 성격일 수도 있다. 반복해서 몸을 좌우나 위아래로 흔드는 것처럼 스스로를 자극하는 행동("스팀stim"이라고도 하는)을 하는 이들이 많다. 아주 오랜 기간 삶의 다른 측면들에 관심을 끊은 채, 한 가지에 강박적으로 몰두할 수도 있다. 관심은 매우 구체적일 수 있다. 단지 자동차가 아니라, 특정 차의 엔진 크기까지 파고든다. 런던 지하철만이 아니라 특정한 노선에 몰두한다.

자신이 관심을 가진 대상이 늘 동일한 상태로 유지되기를 원하기 때문에 노선에 변화가 생기면 몹시 스트레스를 받을 수 있다.

자폐가 현재 과소진단/과잉진단 논쟁의 대상이기는 하지만, 역사적으로 과소진단이 이루어졌다는 점은 사실상 논란의 여지가 없다. 최근까지 학습 장애가 없는 자폐아는 기존의 학습 방식이나 전통적인 학교 환경에 순응하지 못해서 어리석거나 별나다고 치부되었다. 학교에서 적극적으로 자폐 학생을 파악하고자 노력하고 자폐 인식을 제고함으로써, 과소진단 상황이 예전보다 상당히 개선되었다는 데 대다수가 동의할 것이다. 그러면 질문은 이렇게 바뀐다. 너무 많이 교정된 것일까, 아니면 여전히 부족한 수준일까? 지금 우리가 과잉진단한다고 말하는 이들은 진단율이 대폭 높아졌고 그럼으로써 자폐의 의미가 희석된다고 본다. 1998-2018년에 영국의 자폐 진단율은 787퍼센트 증가했다. 반면에 진단율 증가를 환영하면서도 여전히 과소진단 상태라고, 특히 여성과 성인의 진단율이 그렇다고 말하는 이들도 있다.

분명한 점은 현재 자폐의 양상이 처음 기재될 때의 양상과 전혀 다르다는 것이다. 1943년 소아정신과 의사 레오 캐너는 자신이 진료하는 아동들 중에서 "극도의 자폐적 고립"으로 표현되는 독특한 장애를 가지고 있다고 믿은 소년 8명과 소녀 3명, 즉 11명의 증상을 상세히 기록한 논문을 발표했다. 평범한 방식으로 남들과 어울릴 능력이 전혀 없다는 점이 핵심 특징이었다. 이 아이들에게 사람이란 책장이나 서류함과 다를 바 없었다. 낯선 사람을 대하는 것이나 식구와 다른 아이들을 대하는 것이나 다를 바 없었다. 아이들은 고집이 세고 강박적이며, 단조로운 소음을 내고 반복적인 행동을 했다.

캐너의 자폐증에서 현재의 자폐 스펙트럼 장애로의 진화는 1960년대에 정신과 의사이자 자폐아의 어머니인 로나 윙의 연구가 나오면서 활발하게 이루어지기 시작했다. 런던 캠버웰에서 정신과 치료를 받는 아이들을 조사한 윙 연구진은 전에 추측했던 것보다 자폐가 훨씬 더 흔하며, 단지 중증 학습 장애가 있는 이들에게서만이 아니라 다양한 수준의 지적 능력을 지닌 이들에게서도 나타난다고 결론지었다. 그녀는 전형적으로 나타나는 세 가지 증상이 이 장애의 특징이라고 했다. 사회적 상호작용, 의사소통, 상상의 어려움이다. 윙은 자폐의 근본적인 진단 특징을 바꾸지 않았지만, 그 진단을 충족시키려면 드러나야 하는 전형적인 증상들의 발현 수준을 바꾸었다. 즉 더 가벼운 증상을 보이는 사람들까지 자폐라는 범주에 포함시켰다. 또 1940년대에 한스 아스페르거가 했던 연구도 끌어들였는데, 아스페르거는 IQ가 정상이거나 높으면서 언어 발달도 정상이거나 더 빠른 아동들에게서 나타나는 자폐의 한 유형을 학계에 보고했다. 윙은 "스펙트럼 장애"라는 개념을 창안했다. 한쪽 끝에는 캐너판 자폐—때로 말도 못 하는 극도의 장애로 대변되는—가 있고, 다른 한쪽 끝에는 대체로 더 가벼운 사회적 어려움을 겪고 때로 서번트savant 능력도 지닌 아이들이 있는 다양한 양상을 띠는 장애라는 개념이다.

그 뒤로 자폐 개념이 어떻게 변화했는지는 DSM의 판본들을 죽 살펴보면 가장 잘 이해할 수 있다. 자폐는 1980년 DSM-3에 "유아 자폐증"이라는 항목으로 실렸고, 언어 발달이 완전히 왜곡되거나 결핍되는 동시에 때로 특정한 대상에 고집스럽게 애착을 가지는 것이 주된 특징이라고 기재되었다. 이 진단 기준이 충족되려면, 생후 30개월 이전에 비정상적 행동이 나타나야 했다. 1987년 DSM-3의 개정판은 진단 기준을 수정했는데, 30개월 이전에 증후군이 나타나야 한다는 표현을 "유아기나 아동기 초에 발병"이라는 좀더 두루뭉술한 말로 바꾸었다. 따라서 "유아 자폐증"도 "자폐 장애"가 되었고, 그 즉시 더 자란 아이들도 이 진단 집단에 유입되기 시작했다.

1980-1990년대에는 자폐의 진단 기준에 완전히 들어맞지 않는 이들을 분류할 부수적인 꼬리표들이 추가되었다. 진단 문턱을 넘지 못하거나 어떤 식으로든 비정상이라서 자폐라고 부를 수는 없지만 사회적 어려움을 겪는 이들을 분류하기 위해서 "비전형 자폐"와 "비특정 전반발달장애(PDD-NOS)"라는 용어도 만들어졌다. 1994년에 나온 DSM-4는 아스퍼거 증후군을 별도의 진단명으로 실었다. IQ와 언어 발달이 정상이거나 그 이상이면서 자폐가 있는 아이들을 가리켰다.

2013년에 나온 DSM-5는 문턱을 다시 옮겼다. DSM-4에 기재된 자폐의 하위 유형들은 증상들이 서로 많이 겹치기 때문에 의사마다 서로 다른 유형으로 진단을 내리는 일이 벌어졌다. 또 전형적인 자폐 증상들을 사회적 상호작용 문제 아니면 의사소통 문제로 매우 임의적으로 나눔으로써 진단을 더욱 복잡하게 만들었다. 둘 다 아동에게서는 매우 비슷한 증상들로 나타난다. DSM-5는 진단을 특정하는 데 필요한 핵심 증상의 수를 줄임으로써 이 문제를 해결하고자 했다. 또 의사소통 장애 및 사회적 장애와 관련된 문제들을 묶어서 단일한 증상 목록으로 제시했다. PDD-NOS가 아스퍼거 증후군 같은 하위 범주들은 폐지하고, 로나 윙의 연구를 토대로 "자폐 스펙트럼 장애"(ASD)라는 하나의 진단명으로 통합했다. 세 살 이전에 증상이 뚜렷이 나타나야 한다는 조건도 없앴다. 여전히 발달 초기에 증상이 뚜렷이 나타나야 한다고 정하고 있지만, 더 이상 나이를 적시하지 않는다. 또 한 가지 중요한 점은 학습된 전략을 통해서 증상이 가려질 가능성도 허용한다는 것이다. 마지막으로 특정한 소리나 질감에 보이는 부정적인 반응 등 감각 처리의 어려움을 새로운 특징으로 추가했다.

DSM-5는 증상 목록을 더 줄이기 위해서 자폐의 진단 기준을 더 구체적으로 적시했고, 그 결과 자폐인의 수가 더 줄어들었을 수도 있다.[6] 그러나 다른 기준들이 바뀌면서 더 나이든 이들과 더 약하면서 비전형적인 양상을 보이는 이들도 이 집단에 포함되어, 전반적으로 진단을 받은 이들이 늘어나는 효과가 나타났다. 또 DSM-5는 의학에서 널리 쓰이는 한 가지 관행을 반영하는 일도 했다. 자폐의 새로운 진단 기준을 충족시키지 못할 수 있는 이들을 위해서 "사회적(실용적) 의사소통 장애"라는 새 범주를 창안한 것이다. 질병의 정의를 바꿀 때 누군가는 원래 받았던 진단명을 빼앗길 위험이 있기 때문에, 제외되는 사람을 남기지 않기 위해서 그들을 포함시킬 새로운 꼬리표를 붙이는 해결책을 종종 쓴다. 새로운 진단명이 출현하는 속도보다 기존 진단명이 사라지는 속도가 훨씬 더 늦다. DSM-1은 진단명이 106가지였고, DSM-5는 거의 300가지에 달한다.

80년 동안 점진적인 변화가 누적되면서 자폐의 진단에는 극적인 변화가 일어났다. 50년 전에는 이 장애를 앓는 사람이 1만 명에 4명이라고 했지만, 지금은 세계 평균이 100명 중 1명이다. 2023년 캘리포니아 주에서는 8세 아동 22명 중 1명꼴로 자폐가 있다고 했고, 텍사스 주에서는 64명 중 1명이라고 추정했다. 같은 해에 북아일랜드는 아동 20명에 1명이 자폐 진단을 받은 반면, 오스트레일리아는 70명에 1명, 벨기에는 134명에 1명, 프랑스는 144명에 1명이었다.[7,8,9]

일어난 변화들은 더 있다. 예전에는 자폐가 주로 남아에게만 일어나는 장애라고 간주했다. 1980년대에는 남녀의 비가 4 : 1이었다. 지금은 3 : 1이며, 2 : 1에 빠르게 다가가고 있다.[10,11] 새로 진단을 받는 성인의 수도 꾸준히 증가했는데, 영국의 한 연구는 2008-2016년에 150퍼센트 증가했다고 말한다.[12]

이런 경이로운 증가율 때문에 자폐가 현재 상당히 과잉진단되고 있다고 우려하는 이들도 있다. 자폐인과 비자폐인을 구별하기가 너무나 어려워졌다는 점도 그런 우려를 부추긴다. 1943년 자폐는 심각한 사회적 의사소통 문제를 안고 있는 아동들에게 진단이 내려지는 유아기에 발병하는 장애였다. 나도 진료실에서 이런 수준의 자폐를 지닌 사람들을 많이 만난다. 대다수는 말로 의사소통을 할 수 없다. 옷을 입고 목욕을 하는 것 같은 모든 일상 활동도 도움을 받아야 한다. 대부분 안전을 위해서 끊임없이 누군가가 지켜보아야 한다. 기업가 일론 머스크[13]와 배우 앤서니 홉킨스를 비롯해서 현재 점점 늘고 있는 자폐 공동체의 구성원들과는 정반대이다.[14]

그러나 진단율이 상당히 높아졌음에도 불구하고, 많은 자폐 전문가들은 여전히 **과소진단** 문제가 해결되지 않고 있다고 확신한다. 소녀와 여성에게서 특히 그렇다고 본다. 그들은 여성이 자폐에 걸릴 수 없다고 생각하는 이들이 여전해서 진단 기준을 충족시킬 수도 있는 소녀나 여성을 진료할 때 자세히 살펴보지 않음으로써 놓치는 사례들이 있다고 주장한다. 또 여성과 남성이 자폐 형질을 드러내는 방식이 약간 다르다고도 말한다. 즉 현재의 진단 검사가 대체로 남성 표현형(관찰할 수 있는 형질)에 의존하기 때문에, 여성의 형질을 놓치기 쉽다는 뜻이다. 또 여성이 자폐의 전형적인 형질을 숨기는 데 특히 더 능숙하기 때문에 놓치는 사례들이 있다고도 우려한다. 다시 말해서 "정상인 척"을 너무나 잘하기 때문에, 부모, 교사, 진단 의사가 그 가면을 꿰뚫어볼 수 없는 이들도 있다는 것이다.

이런 과소진단 주장 중에는 개념상 결함을 지닌 것도 있다. 여성의 자폐 형질이 너무나 "미묘해서" 알아차리지 못하므로 과소진단된다는 이론을 예로 들어보자. 자폐 형질들은 연속체를 이루고 있다. 즉 우리 모두 어느 정도는 자폐 형질을 지니지만, 장애를 일으키지 않는 수준으로 약하며 따라서 자폐라는 진단을 받지 않는다는 뜻이다.[15] 많은 사람들이 사회적으로 서툴거나, 한 가지에 쉽게 푹 빠지거나, 남의 동기를 오해하거나, 대화를 주고받는 데 어려움을 느낀다. 우리 성격의 이런 측면들이 장애를 일으킬 만치 충분히 심각하게 드러나고 다른 전형적인 자폐 증상들과 조합되어 나타날 때만이 자폐로 간주된다. 따라서 이렇게 물을 만하다. 세밀한 검진을 해야만 포착할 수 있을 만치 증상이 **미묘하다면**, 실제로 진단 기준을 충족시킬 수 있는 문턱에 한참 못 미치는 사회적 어려움을 지나치게 강조할 위험에 빠지는 것은 아닐까? 진단을 받을 만치 장애가 상당하다면, 굳이 개인의 어려움을 그렇게 상세히 살펴보지 않아도 알 수 있지 않을까?

또다른 과소진단 논리는 소녀가 소년과 표현형(이 사례에서는 자폐를 시사하는 관찰 가능한 특징 집합)이 **다르기** 때문에 진단을 받지 못한다고 이론화한다. 남녀의 자폐 양상이 적어도 약간 차이가 있다고 추정하는 것은 합리적이다. 예를 들면, 자폐가 있는 소년들은 전통적으로 열차와 엔진에 강박적으로 관심을 가진다. 소녀들이 집착하는 대상은 다를 수 있다. 전문가들은 말馬과 연예인 같은 사례를 제시한다.[16] 자폐 소년의 전형적인 관심사에 너무 초점을 맞추다 보면 잘못된 질문을 함으로써 소녀의 병적으로 소모적인 관심사를 놓치기 쉽다. 또 소녀는 사회적 압력을 더 많이 받는 경향이 있고, 따라서 자폐임을 알아차리기 더 어려울 수 있다. 친구를 사귀겠다고 동기 부여가 된 소녀는 이 집단 저 집단에 잠깐씩 얼굴을 비춘 뒤 옮겨다니는 식으로 행동할 수 있으며, 그 결과 다른 이들은 우정을 맺거나 유지할 상대인지 여부를 알아차리지 못할 수도 있다.

여기서 문제는 "여성 자폐"가 되어가고 있는 무엇인가에는 원래의 표현형에 들어맞는 측면도 있고 그렇지 않은 측면도 있다는 점이다. 자폐 소녀가 집착하는 대상이 소년의 것과 다르기는 해도 강박적으로 집착한다면, 기존 DSM에 실린 그 장애의 기재 내용에 들어맞는다. 어떤 구체적인 대상에 집착하는지 여부는 그 표현형의 일부가 아니며, 그 집착이 얼마나 소모적인지가 중요하다. 반면에 소녀가 전반적으로 더 사회적으로 동기 부여가 되어 있기 때문에 자폐 소녀가 자폐 소년보다 더 사회 활동을 한다고 말하는 것은 원래의 표현형에 들어맞지 않는다. 원래 기재된 표현형에 따르면, 자폐인은 "홀로 있음"을 강하게 선호하는 사람이기 때문이다. 많은 질병은 남녀에게 다르게 나타나므로, 이 장애의 진단 기준을 세밀하게 검토하는 것은 분명히 바람직하다. 그러나 자폐가 무엇인지를 기술한 기본적인 내용을 수정하는 일에는 의문을 제기해야 한다. 장애가 전적으로 행동 표현형으로 정의되는데, 소녀가 전혀 다른 표현형을 지닌다면, 소녀가 정말로 그 장애를 지닌다고 할 수 있을까?

자폐가 전통적으로 남성의 장애라고 여겨져왔으므로 소녀에게서 어떤 모습으로 나타날지를 우리가 사실상 모른다는 주장이 종종 제기되는데, 그 주장도 상세히 살펴볼 필요가 있다. 캐너가 처음 자폐를 학계에 알릴 때 쓴 논문에는 아동 11명의 이야기가 실려 있다. 그중 비비언, 일레인, 버지니아 이 3명은 소녀였다. 그들이 보인 행동은 소년 8명의 행동과 거의 동일했다. 따라서 여성 자폐의 사례도 늘 있어왔으며, 그 기재에 들어맞지 않는 사람들까지 진단하게 해줄 새로운 표현형을 창안하려는 시도는 최근에야 등장한 것이다.[17]

진단에 가면 쓰기를 포함시킨다면, 또다른 개념적 문제들에 직면한다. 사회 규칙을 알고 태어나는 사람은 아무도 없다. 아동은 사회적으로 용납할 수 있는 한계 내에서 행동하는 법을 배워야 한다. 그렇다면 그런 행동과 가면 쓰기를 어떻게 구별할 수 있을까? 가면 쓰기도 본질적으로 사회 규칙을 학습하고 거기에 맞게 행동하는 것인데? 그 차이는 "정상적"이 되는 데 필요한 노력의 양에 달려 있다. 고기능 자폐인은 짧은 기간 가면을 쓸 수도 있지만, 노력을 해야 하며 유지할 수 없다. 가면은 필연적으로 벗겨지면서 전형적인 자폐 형질을 드러낼 것이다. 그러나 자폐가 의미하는 것의 범위가 옮겨짐에 따라서, 진단을 내리는 평가자는 더 이상 가면을 벗길 필요가 없어진다. 사회적으로 지극히 정상인 양 보이면서, 유지하는 데 엄청난 노력을 기울인다고 말하는 것만으로도 충분히 그 진단을 받게 된다. 가면 이론은 설령 자폐가 눈에 보이지 않는다고 해도 존재한다고 가정한다.

물론 나는 과소진단 주장에 약점이 있다고 생각하지만, 그러면서도 그런 주장이 사실은 자폐 진단뿐 아니라 DSM이 처음 발행된 이래로, 그 백과사전에 실린 모든 진단에 일어나온 일의 연속선상에 있다고 본다. 자폐의 진단 기준은 지난 80년 동안 꾸준히 개정되어왔으며, 가장 최근에는 여성에게 나타나는 비전형적인 양상이나 더 약한 증상을 보이는 이들까지 포함하도록 표현형을 수정했다. 그러나 진단을 받는 이들이 계속 늘어나므로, 진단 기준의 점진적인 확대는 어딘가에서 멈춰야 한다. 해당 증상과 행동이 없는 사람, 즉 해당 증상과 행동을 충분히 지니지 않은 사람이 진단을 받지 않는 지점이 있어야 한다. 그런데 그 지점에 도달했는지 어떻게 알 수 있을까? 내 생각에 답은 단순해야 한다. 새로운 이들이 진단을 받고 있지만 그 진단이 혜택을 준다는 증거가 전혀 없을 때, 또는 그 진단이 득보다 실이 더 많을 때이다.

자폐 진단의 목적은 그들의 사회적 기능을 도울 지원을 제공하는 것이다. 약물은 대개 상당한 행동 문제를 안고 있는 중증 자폐인에게만 처방한다. 경증 자폐인에게는 치료가 필요하다고 할 때에도 대개 사회적 및 교육적 편의 제공과 심리적 및 행동적 개입이라는 형태를 취한다. 그

컨 유형의 지원은 사실상 누구에게나, 자폐가 없는 사람에게까지도 도움이 될 수 있으므로, 과잉진단을 우려할 필요는 없어 보인다. 물론 약물 처방도 불쾌한 개입도 뒤따르지 않는 진단이라고 해서 위험이 전혀 없지는 않다. 점점 확장되고 있는 이 진단 개념은 개인과 집단 양쪽에 문제를 안겨줄 수 있다. 이 진단은 꼬리표 효과를 통해서 개인을 무력하게 만들 수 있는 한편, 지나치게 포괄적일 때 징후를 예측하고 그 집단에 가장 나은 치료법을 제시할 능력을 아예 잃을 수도 있다.

장애의 정도와 명백히 지원을 필요로 한다는 점을 생각할 때, 중증 또는 중등증 자폐를 지닌 사람은 진단을 통해서 많은 치료를 받고 진단의 피해는 최소한에 그친다. 반면에 경증인 사람은 얻는 혜택은 미미하고 피해를 볼 가능성이 더 높다. 이 집단이 직면한 문제는 자폐 진단을 받으려는 열의는 팽배해져온 반면, 진단에 수반될 피해는 꼼꼼하게 살펴보지 않았다는 것이다. 2020년 조기 자폐 개입 사업 150건을 조사해서 개입을 할 때 혜택뿐 아니라 피해의 가능성도 고려했는지 살펴본 연구가 있다. 피해에는 신체적 또는 심리적 스트레스도 포함될 수 있다.

이 모든 연구들은 다양한 행동 개입의 효과를 평가했다. 약물 임상시험이 아니었다. 조사한 150건의 사업 중 139건은 피해를 측정하지 않았다.[18] 조사에 참여한 이들이 그만두겠다고 했을 때, 그 아이들이 그만두는 이유를 살펴보지 않은 연구진도 있었다. 그 개입이 초래한 안 좋은 영향이라고 분류할 수 있는 이유 때문에 그만둘 때에도, 피해라고 기록하지 않았다. 연구진은 자신들의 개입이 언제나 최선이거나 적어도 중립적이라고 굳게 확신했기 때문에, 단점을 살펴볼 필요성을 거의 느끼지 못한 듯했다.

진단의 부정적 효과는 다양하다. 자폐는 아동의 자존감을 떨어뜨리는 낙인이기도 했다. 의욕을 가지고 자신의 삶을 통제하는 능력인 자기결정은 자폐 진단으로 침식될 수 있다.[19,20] 자폐인에게는 기회의 문이 닫힐 수도 있다. 한 예로, 튀르키예에서는 편견, 자신이 다르다는 아이의 인식, 특수 교육을 받는 시간 때문에 자폐아가 스포츠에 참여할 가능성이 낮다는 연구 결과가 나왔다.[21] 평가 과정, 진료, 부모의 스트레스도 이루 말할 수 없는 영향을 미친다. 진단은 자기 충족적 예언이 될 수도 있다. 그 진단을 받는 것을 특정한 일을 할 수 없다는 의미로 받아들여서 아예 시도조차 하지 않으려는 이들도 있기 때문이다.[22] 신경발달 문제가 불변의 과학적 사실로 제시되는데, 왜 그렇지 않겠는가? 자폐에 특히 관심이 많은 아동정신과 의사 에릭 폼본은 "ASD 진단이 개인의 사회적, 교육적 경험의 범위를 부당하게 제한하고 정체성 형성에 지속적인 영향을 미친다"고 말함으로써 자폐가 과잉진단된다는 우려를 공개적으로 표명했다.[23]

자폐 진단은 실제로 대처해야 할 심리사회적 어려움을 가릴 수도 있다. 아이가 따돌림을 당하거나 섭식장애가 있거나 학대를 당하거나 자해를 하거나 자살을 시도할 때 그런 일들이 자폐라는 관점에서 설명된다면, 아이의 성격과 아이의 통제 범위를 벗어나 있으면서 바로잡을 수 없는 것에 대한 취약함을 탓할 위험이 있다. 모든 심리사회적 문제를 아이 뇌의 잘못된 배선 탓으로 돌리는 진단은 사람들의 이런 질문을 아주 쉽게 중단시킬 수 있다. 이 아이의 삶을 고통스럽게 만드는 원인은 무엇일까?

조기 개입, 특히 취학 전 연령일 때의 개입은 사회적 발달에 도움을 줄 수 있다는 증거가 있지만, 성인에게는 그 진단이 해를 끼치지 않는다거나 혜택을 준다는 확실한 증거가 전혀 없다. 많은 성인이 자폐가 있음을 알게 되자 자신을 더 잘 받아들이게 되었다고 말한 일화를 종종 접할 수 있지만, 인생을 헤쳐나가기가 더 수월해졌다거나, 인간관계가 더 좋아졌다거나 직장에서 승진했다거나, 하고 싶었던 무엇인가를 새로 시작했다거나 하는 더 가시적인 혜택으로 이어졌다는 증거는 전혀 없다. 성인에게서 경증 자폐를 찾아내려는 움직임은 확인받는 기분과 부정적인 인식이 미칠 수 있는 영향 사이의 득실을 따지기도 전에 확산되었다. 자폐인은 스스로에게도 남들로부터도 능력이 떨어진다고 인식될 수 있고, 그런 인식은 가능성을 넓히는 대신에 줄일 수도 있다. 많은 사람들에게 자신의 뇌가 "다르다"거나 신경발달이 "비정상적"으로 이루어졌다고 알린다는 결정은 그런 말들을 들을 때 개인의 동기 부여에 어떤 일이 벌어질지를 제대로 파악하기도 전에 이루어졌다.

과잉진단은 오진이 아니다. 개인 차원에서 과잉진단을 알아차리기는 무척 어렵다. 대개 사람들은 어떤 진단이 자신의 증상이나 어려움을 설명해준다면, 그 진단을 받았을 때 안도하기 때문이다. 과잉진단은 집단 수준에서 평가해야 한다. 어떤 진단을 받는 사람의 수가 늘어나는데, 그 집단의 장기 건강 지표에는 상응하는 개선이 전혀 이루어지지 않는다면 우리는 알아차릴 수 있다. 이 이론은 경증 자폐가 적시에 진단이 이루어지면 당사자가 지원을 받음으로써 살아가는 데 도움이 될 것이라고 가정한다. 지난 30년간 자폐 진단율은 꾸준히 상승했다. 30년은 이 진단의 혜택이 가시적으로 나타나기에 충분한 기간이다. 그런데 어떤 혜택을 보앉는지 찾아내기가 어렵다.

미국 CDC는 우울증과 불안에 시달리는 아동의 비율이 2003년 5.4퍼센트에서 2012년 8.4퍼센트로 증가했다고 발표했다.[24] 영국에서는 자해 아동의 비율이 2000년 2.4퍼센트에서 2014년 6.4퍼센트로 증가했다는 보고서가 나왔다. 섭식장애를 앓는 10대 여성의 비율은 2017년 0.9퍼센트에서 2023년 4.3퍼센트로 증가했다. 교육 지원을 받음에도 불구하고, 영국, 오스트레일리아, 많은 유럽 국가들에서는 학교를 자퇴하는 아동의 비율이 계속 높다. 또 모든 연령의 아동과 성인에게서 정신건강 질환이 증가하고 있다. 영국에서 건강 문제로 일을 쉬는 사람의 수는 계속 증가하고 있는데, 그중 50퍼센트 이상은 정신건강 문제 때문이다.[25] 영국에서 일을 쉬는 16-34세의 3분의 1이 우울증과 불안을 사유로 든다.

물론 정신건강에 영향을 미치는 다른 요인들도 많지만, 자폐 진단을 받는 아동의 수 증가가 정말로 과소진단 문제가 바로잡히는 것일 뿐이라면, 지금쯤 어떤 척도에서든 간에 일부 집단에서 정신건강이나 사회적 기능의 개선이 가시적으로 나타날 것이라고 기대할 수 있다. 그러나 실상은 정반대이다. 자폐인뿐 아니라 다른 정신건강 문제를 지닌 이들도 점점 더 늘어나고 있다. 영국의 아동 5명 중 1명은 정신건강 장애를 안고 있으며, 이 비율은 점점 올라가고 있다.[26]

나는 이 책을 쓰면서 자폐 진단과 여성의 자폐 진단 비율을 더 높일 수 있게 할 새로운 표현형을 개발하는 일에 참여 중인 심리학자와 이야기를 나눈 바 있다. 내가 과잉진단의 가능성을 묻자 그녀는 이렇게 답했다. "우리는 사람들이 살아가는 데 도움을 주려고 진단을 내리는 겁니다. 진단이 필요한 이유를 그런 식으로 정당화하는 거죠."

진단은 좋은 의도로 이루어질 수 있고 안도감을 줄 수 있지만, 피해가 제대로 고려된 적이 없고 장기적인 결과도 충분히 검토되지 않았다면 과잉진단을 정당화할 수 없다. 자폐는 살아가기가 힘겹고 도움이 필요한 이들이 추구하거나 받아들이는 진단이며, 그 점은 분명하다. 달리 의료 지원을 받을 수 없을 때, 진단은 그것을 제공할 수 있다. 진단이 삶에 도움을 주거나 지속적인 안도감을 제공한다면, 그 진단은 아마 가치가 있을 것이다. 그러나 자폐 진단이 그렇다는, 즉 확인을 받았다는 느낌이 더 의미 있는 무엇인가로 발전된다고 말하는 증거는 전혀 없다. 힘겨운 삶은 현실이지만, 그 삶을 의료화하는 것은 해결책이 아닐 수도 있다.

★ ★ ★

"자폐인이 원하는 것은 진단을 긍정적으로 보라는 겁니다." 마일스는 내게 충고했다. "우리가 무엇을 할 수 없는지가 아니라, 무엇을 할 수 있는지를 물으세요. 의학 검사는 너무 부정적이에요. 자폐인에게 재판을 받고 폄하되는 느낌을 줘요."

마일스는 지금 예순인데 50대 중반에 자폐 진단을 받았다. 그는 퇴직한 은행원이며, 자녀 3명은 성인이다. 딸 1명과 아들 1명은 30대에 자폐 진단을 받았다. 마일스에게도 검사를 받아보라고 한 사람은 아들이었다. 마일스는 인간관계도 은행 업무도 파란만장했다. 그가 한 직장에서 가장 오래 버틴 기간은 고작 3년이었다. 대개 동료나 고객과 싸우고 나서 그만뒀다. 그는 살면서 자신이 생각했던 대로 일이 진행된 적이 한번도 없었다. 그래서 온라인 검사를 받았고, 결과는 아들의 의심이 옳았음을 확인해주는 듯했다. 그 뒤에 마일스는 민간 병원의 정신과 의사를 찾아갔는데, 의사는 마일스가 자폐가 아니라고 판단했다. 마음에 들지 않았던 마일스는 다른 의사를 찾아갔다. 그 의사는 마일스가 자폐라는 데 동의했다.

진단이 확인되자, 마일스는 자신의 생애를 다른 관점에서 보게 되었다. 그는 팀을 이루어 일할 수 없고 시끄러운 환경도 견딜 수 없는 타고난 외톨이인 자신이 은행 업무를 잘하지 못할 수밖에 없었음을 깨달았다. 그 직후 그는 퇴직했다. 요즘은 때때로 자택에서 할 수 있는 자문 일을 하는 것말고는 주로 정원을 가꾸면서 시간을 보낸다.

대화를 시작할 때 나는 마일스에게 그의 진단을 뭐라고 부르면 좋겠는지 물었다.

"장애라고 하지 말아주세요."

나는 장애가 있다는 말을 쓰지 않는다고 해도 자폐 스펙트럼 장애라는 용어를 많이 입에 올리게 될 것이라고 미리 알렸다. 그것이 DSM의 공식 용어이기 때문이다. 그러자 마일스가 물었다.

"그러면 DSM에 왜 그렇게 적혀 있는 걸까요? 잘못된 거예요. 그건 정신건강 문제가 아니에요."

마일스는 DSM이 자폐에 관해서 설명하는 내용을 대부분 거부한다. 그는 "자폐 스펙트럼 장애"라는 공식 꼬리표조차 받아들이지 않는다. 스펙트럼과 장애라는 단어 자체가 경멸하는 어조라는 것이다. 그에게 자폐는 일종의 차이일 뿐이다. 그는 자폐를 장애로 인정하지 않는다. 퇴직의 의학적 사유로 삼았음을 인정했지만 말이다. 그의 견해가 유별난 것은 아니다. 영국 전국자폐협회도 웹사이트에 "장애" 대신에 "상태"라는 단어를 써왔다.

나는 물었다. "남들보다 훨씬 더 심각한 자폐인도 있는데, 그들에게는 확인 진단이라는 개념이 딱히 별 의미가 없다는 데 동의하나요?" 내 환자들을 염두에 두고 한 말이었다. 대부분 홀로 생활할 수 없을 만치 자폐 증상이 심각한 이들이다.

"아니요, 동의하지 않아요. 누가 감히 그들이 학습 장애가 있다고 말하나요? 선생님이에요? 자폐인은 늘 과소평가되고 있어요. 그저 말을 안 한다는 이유로요. 말을 안 한다고 지적이지 않다는 뜻은 아니에요."

나는 마일스에게 진단 과정이 어떠했는지 물었다. 그는 90분 동안 1대 1로 평가를 받았다고 했다. 그 혼자 참석했다. 그는 아동기와 성년기에 자신이 어떤 어려움을 겪었는지 말했다. 자신이 내성적인 아이였다고 했다. 점심시간에 운동장에서 놀 수 없게 비가 내리라고 기도하고는 했다. 그는 학교가 무척 싫었고, 외로운 곳이라고 생각했다.

"자폐 진단이 나오기까지 왜 그렇게 오래 걸렸다고 생각하나요?"

"가면을 아주 잘 쓰니까요. 오랜 세월 뇌가 정상인 척한 거죠."

마일스는 대중 앞에서 가면을 벗은 적이 한번도 없다고 했다. 안전한 집안에서만 벗었다.

"자기 자폐의 주요 특징이 뭐라고 생각하나요?"

그는 어떤 질문이 나올지 예상했는지 심드렁하게 한숨을 내쉬고는 대답했다. "나한테 무슨 문제가 있는지 알고 싶나 본데요. 자폐인들이 지겨워하는 질문이에요. 자폐는 부정적인 특징만을 가리키는 게 아니라니까요. 내가 아는 자폐인 중에는 가장 명석하면서 가장 재능이 많은 이들도 있어요."

물론 그 말은 맞다. 자폐라고 해서 그 사람이 지적이고 창의적이고 유능할 수 없다는 말은 아니며, 내가 여전히 그에게 무슨 문제가 있는지를 이해하려고 시도한다는 말도 옳았다. 내 질문은 그에게서 의학적 문제라고 볼 만한 장애가 무엇인지 알아보려는 의도를 담고 있었다.

마일스는 내 질문이 잘못되었음을 지적했다. "자폐인은 고정되기를 원치 않아요. 뇌가 정상인 이들은 자폐인에게 문제가 있다고 생각하기를 좋아하지만, 우리를 자신들의 세계에 끼워맞추려고 하는 것이야말로 우리가 처한 진짜 문제예요."

마일스는 의료계의 결함 위주의 진단 접근법에 동의하지 않으면서 자폐인을 특별하게 만드는 것에 더 초점을 두는 접근법을 선호하는, 점점 늘어나는 대규모 자폐인 중 한 명이다. 이들은 자폐인이 가장 진정한 자폐 자아를 가지도록 응원해야 한다고 말한다. 이 견해를 지닌 이들에게 치료라는 개념은 모욕적이다. 자폐가 있는 사람에게 자폐 형질을 모조리 억눌러야 한다고 말하는 것은 동성애자에게 성전환 치료를 제안하는 것이나 다름없다고 여기는 듯하다.

* * *

요즘에는 자폐 진단을 받기가 쉽기 때문에 자폐인이 너무 많아졌다고 생각하는 사람들도 늘어나고 있는 듯하다. 그러나 사실 자폐의 생물학적 표지가 없다고 해도, 이 진단 과정은 제대로 이루어지기만 한다면 상세하고 탄탄할 수 있다. 세계 대다수 지역에서 자폐의 공식 진단은 자폐 진단 관찰 척도(ADOS)와 자폐 진단 면담-개정판(ADI-R)이라는 어느 정도 체계화된 두 가지 면담 과정을 통해서 이루어진다. 진단 도구로서의 ADOS는 현재의 의사소통과 행동의 어려움을 평가하는 반면, ADI-R은 초기 발달에 초점을 맞추는데, 특히 4-5세 때의 발달에 주의를 기울인다. 각 면담은 서로 다른 전문가가 수행하는 것이 이상적이며, 몇 시간이 걸릴 수 있다. 다양한 환경에서 당사자를 관찰하고, 아동이라면 교사에게 증거를 확인하는 등 여러 방면에서 나오는 정보도 고려해야 한다. 평가 과정은 나중에 다양한 전문가들이 학제간 검토를 거쳐 합의를 통해서 진단을 내릴 수 있도록 동영상으로 찍는 것이 이상적이다. 그러나 어느 쪽이든 간에, 진단은 두 명 이상의 임상의가 내려야 한다.

라임병 검사와 마찬가지로, ADOS와 ADI-R에도 많은 단서 조항이 따라붙는다. 자폐의 평가는 결코 당사자의 삶이 위기에 처한 시기에 해서는 안 되며, 자살을 시도한 시기에는 더욱더 그렇다. 이 진단 도구들은 다른 입력이 없이, 그 자체로는 진단을 내릴 수 없다고 여겨진다. 라임병처럼, 대다수의 의학적 상태들처럼 임상적 맥락이 필요하다. 즉 환자의 이야기가 필요하다. 의사소통의 어려움은 학습 장애나 불안 장애처럼 이런저런 이유로 생길 수 있으므로, 평가자는 의사소통 문제에서 자폐 이외의 원인들도 파악할 수 있을 만치 폭넓게 의학적 경험을 쌓아야 한다.

이 평가의 특정한 측면들은 으레 평가자들에게 어려움을 안겨준다. 성인은 초기 발달에 문제가 있었는지를 알아내기가 무척 어려울 수 있다. 그 이야기가 맞는지 확인해줄 학교도 전혀 없다. 부모 없이 평가를 받는 성인은 진단을 위한 필수 요건을 충족시킬 것을 거의 제공하지 못할 수 있다. 마찬가지로 진단의 핵심인 장애도 정량화하기 어려울 수 있다. DSM은 스펙트럼의 경중 쪽 끝에서 무엇을 장애라고 볼지 한정짓지 않는다.

한 전문 평가자는 내게 말했다. "한 사람에게 지장을 주는 것이 다른 사람에게는 아닐 수도 있으니까 명확한 답은 없어요. 누군가가 슈퍼마켓의 조명이 몹시 견디기 어렵다고 말하면, 나는 실제로 슈퍼마켓에 갈 수 있냐고 물어봐요. 갈 수 있지만 그 뒤에 지쳐서 드러눕는다면, 그것은 장애예요. 그렇게 할 수 있지만, 대가가 따르지요. 그들이 재충전할 시간이 필요해서 스스로 숨기 때문에, 가족조차도 그런 장애를 알아차리지 못할 수도 있어요."

슈퍼마켓에 다녀온 뒤의 피곤함을 가족이 알아차리지 못하는지 여부를 정말로 장애로 간주할지 여부를 판단하는 일은 전적으로 평가자의 분별력에 달려 있다. 누군가는 그것으로 충분하다고 판단할 수도 있고, 다른 누군가는 아니라고 판단할 수도 있다. 즉 이 척도는 주관적이기 때문에 의사마다 서로 다른 임상 관행을 적용할 수 있다.

가면 쓰기 개념은 진단 도구도 훼손하는 효과를 미쳐왔다. 평가 점수가 자폐 진단을 내리는 데에 필요한 기준을 충족시키지 못할 때, 당사자는 자폐 특징이 가려진다고 자기 주관적 경험을 강조함으로써 뒤집을 수 있다. 개인이 평가 때 전형적인 자폐 행동을 최소한으로 드러낸다고 할지라도, 자폐 진단을 받을 수 있다는 의미이다. ADI-R과 ADOS에서 자폐라고 나오지 않는다고 해도, 가면 쓰기를 한다고 주장하면 자폐 진단을 받는 것이 가능하다.

또 이런 진단 도구들이 다양한 연령 및 인종 집단에 믿을 만하게 적용 가능한지도 불확실하다. 이 검사법들은 확인된 표본을 조사해서 개발한 것이다. 이런 표본은 전문가 집단이 지극히 전형적인 자폐라고 진단한 사람들이므로, 정확성을 검증하는 일도 바로 여기에서 시작하는 것이 딱 좋다. 그런데 이런 표본 집단에 속한 이들은 대부분 백인이고, 영어가 모국어이다. 또 이런 검사법이 노년층, 소수 민족, 비영어권, 신체 장애자와 복잡한 정신질환을 앓고 있는 이들에게도 똑같이 적용 가능함을 입증한 사례는 전혀 없다. 그럼에도 마치 똑같이 적용할 수 있다는 양 쓰이고 있다.

자폐 평가자와 대화를 나누면서, 나는 진단을 내리는 데 참여하는 사람의 수와 심도 있는 검토에 깊은 인상을 받았다. 그러나 이 복잡성은 진단의 질과 자폐의 과학 양쪽에 한 가지 문제를 안겨준다. 더 많은 진단을 더 빨리 내리라는 보건의료 체계에 가해지는 압력 때문에 자폐의 과잉진단과 오진 가능성이 더 높아진다는 점이다. 평가자로서는 진단 도구가 요구하는 검사 기준을 지키기에는 시간도 돈도 부족할 때가 많다. 현재 영국에서 자폐 평가를 받으려고 대기 중인 사람은 120만 명이며,[27] 대기 시간은 평균 1년이다. 이렇게 대기 시간이 길 때 많은 전문가들을 모아서 장시간 평가 과정을 진행하기란 어렵다. 미국에서는 평가를 더 수월하게 하고자, 일부 자폐 센터에서 교육 전문가와 일차 진료 제공자에게 ADOS를 가르치도록 하고 있다. 오리건 주에서는 의학적 평가 없이도 학교에서 아동의 자폐 진단이 가능하다. 그러나 ADOS는 오로지 임상 진단을 보조하는 용도로 개발된 것이다. 교사는 아동, 발달과 교육을 놀라울 만치 잘 알고 있을지는 몰라도, 진단의사가 아니다. 자폐라고 오인하기 쉬울 수 있는 다른 의학적 장애들을 간파하는 데 필요한 폭넓은 심리학 지식을 갖추고 있지 않다.

진단의사들이 받는 압력이 빚어낸 결과가 이제 드러나고 있다. 2022년 미국의 한 연구진은 지역 사회에서 자폐 진단을 받은 아동을 모집했다. 모집 과정에서 연구진은 그 진단이 맞는지 연구 기준을 지키면서 아이들의 자폐를 재평가했다. 그러자 47퍼센트는 자폐 연구 기준을 실제로 충족시키지 못했는데, 이는 지역 사회 평가에서 과잉진단이나 오진이 이루어졌음을 시사했다.[28] 최근 영국의 한 연구에서는 자폐 평가 센터마다 진단율이 크게 다르다는 사실이 드러났는데, 고객 중 85퍼센트에게 자폐 진단을 내린 곳도 있었고, 35퍼센트에게만 내린 곳도 있었다.[29] 이런 사례들은 진단 도구가 올바로 사용될 때는 탄탄할 수 있지만, 모든 의사가 동일한 방식으로 도구를 쓰는 것은 아님을 의미할 수도 있다.

DSM-4의 자폐 기준을 개발한 특별 위원회 의장이었던 정신의학 교수 앨런 프랜시스의 말을 들으면 정신이 번쩍 들 수도 있다. 그는 자신이 진단을 너무 포괄적으로 만드는 데 기여했다고 공개적으로 후회하면서 검사의 질에 의구심을 드러냈다. "자폐 진단이 너무나 중요함에도 부주의하게 이루어질 때가 너무나 빈번하기 때문에, 부모와 성인 환자는 가능하다면 반드시 다른 의사의 견해도 들어봐야 한다." 그는 과잉진단의 부정적 영향에도 우려를 표명했다. "부정확한 진단은 해로운 낙인, 무력감, 기대 수준 하락과 잘못된 치료를 가져올 수 있다."[30]

평가에 접근하는 방법의 차이는 자폐 연구의 기준에도 영향을 미친다. 자폐를 연구하기 위해서 자폐인을 모집하는 연구자들은 자폐인이 받은 기존 진단이 맞는지를 확인하고자 많은 비용을 들여서 장시간 평가를 할 예산이나 자금이 없을 때도 많다. 그래서 일부에서는 기초적인 설문 조사를 거쳐 참가자를 선별하고, 자폐라고 자가 진단을 한 이들까지 연구에 포함시키기 시작했다. 원래 기초적인 선별 도구는 큰 집단을 더 작은 집단으로 솎아내는 용도로만 쓰는 것이고, 그렇게 선별된 이들은 더 엄밀한 검사를 받는다. 그런데 그 도구만으로 선별하면 거짓 양성률이 상당히 높게 나온다. 그리고 자가 진단을 할 때 많은 이들은 임상 진단의 복잡성과 거기에 요구되는 사항들을 이해하지 못한 채, 자폐를 친구를 잘 못 사귄다거나 사회적으로 불안하다거나 소음을 못 참겠다는 등 소수의 특징 집합으로 축약한다. 자가 진단자를 연구에 참여시키는 것은 과학적 원칙에 어긋나며, 해석하기가 불가능한 매우 부정확한 결과를 도출할 것이다.

힘겨워하는 아이에게 의학적 꼬리표를 붙이라고 심리학자, 의사, 교사, 부모에게 가해지는 압박도 과잉진단과 오진에 기여한다. 부모는 자녀를 걱정하며, 의학적 꼬리표를 자녀를 돕는 방법이라고 인식한다. 또 많은 이들에게 의학적 진단은 의학적, 경제적, 교육적 추가 지원을 받을 유일한 길이다. 미국에서는 자폐의 행동 치료도 보험 대상에 포함시킬 계획인데, 그렇게 된다면 가구당 연간 수만 달러를 절약할 수 있겠지만, 공식 진단을 받은 이들만 해당한다. 학교에서 진단은 종종 더 전문적인 인력의 배치와 시험 시간 추가를 정당화하는 데에 쓰일 수 있다. 아동이 지원을 받아서 더 나아진다면, 그 아이도 좋고 학교도 좋다. 그렇기 때문에 부모는 꼬리표가 없을 때보다 진단을 받았을 때 아이가 지원을 받으므로 이를 거부하기 어려울 수도 있다. 이 책을 쓰려고 조사하는 동안, 나는 자녀의 자폐 평가를 받으라는 압박을 강하게 받으면서도 힘겹게 맞서는 몇몇 부모들을 만났다.

또 과잉진단을 부추기고 자폐가 있다는 말의 의미를 바꾸고 있는 사회적 유행 요소도 무시하기 어렵다. 소셜 미디어에는 자폐 진단을 축하하는 말이 가득하다. 그들 중 상당수는 그 장애를 잘못 이야기함으로써 진단의 의미를 왜곡한다. 2023년 한 연구는 틱톡에서 "#자폐"의 조회수가 115억 회라고 했다. 그러나 가장 많이 시청된 동영상 133개 중 27퍼센트만이 정보가 정확했다.[31] 모든 유형의 어지간한 주류 매체들도 지장을 주는 발달 장애가 아니라 사람을 특별하게 만드는 무엇인가라는 식으로 표현함으로써, 이 장애를 다소 낭만화하는 데 한몫을 했다.[32] 자선사업가 빌 게이츠[33]와 영화 감독 팀 버튼[34]처럼 남들이 선망하는 경력을 쌓은 성공한 사람들에게도 원격으로 자폐 진단이 내려진다. 비록 그들 자신은 그런 진단을 받았다고 공개적으로 주장한 적이 없지만 말이다. 미켈란젤로, 찰스 다윈, 제임스 조이스, 알베르트 아인슈타인 등 사망한 인물들에게도 뒤늦게 진단이 내려지고는 한다.[35] 유명인들은 신경발달 장애를 잘 이해하지도 못한 상태에서 대담한 말을 내뱉는다. 2018년 가수 로비 윌리엄스의 말이 신문에 실렸다. "내게 뭔가 빠진 게 있어요. 커다란 맹점을 가지고 있죠. 아마 아스퍼거나 자폐일지 모르겠어요. 무슨

자폐증 163

스펙트럼에 놓여 있는지는 모르겠지만요. 어딘가에 있어요."³⁶ 일반 대중 사이에서도 사회적으로 조금 어색한 이들을 "스펙트럼에 있다on the spectrum"라고 표현하는 방식이 유행하고 있다.

우타 프리스는 자폐 연구 분야를 개척한 매우 존경받는 인지발달 분야의 명예 교수로서, 그녀의 연구는 지금도 그 분야에서 큰 영향을 미치고 있다. 그녀는 자폐인과 다른 이들 사이의 경계를 이렇게 흐릿하게 만들면 그 장애를 이해하려는 모든 시도가 엉망진창이 될 수 있다고 본다. 자폐인이 협소하게 정의되는 균질적인 집단에서 포괄적이고 이질적인 집단으로 옮겨감에 따라서, 자폐가 왜 생기고 자폐인을 어떻게 지원할지를 연구하기가 점점 어려워질 것이다. 프리스는 이렇게 말했다. "자폐의 진단은 확장을 거듭한 끝에 이미 파국에 이르렀고, 목적을 크게 벗어났다. 목적이 개인에게 무엇이 필요한지를 예측하는 것이라면, 이제는 더 이상 가능하지 않다." 자폐 형질이 확연히 드러나거나 중증 자폐로 말을 하지 못하는 사람들을 훨씬 더 나이가 들 때까지도 자폐임을 알아차리지 못할 만치 증상이 미미한 이들과 함께 연구한다면, 이 집단이 공통점을 가질 가능성이 낮아짐으로써 하나의 원인을 찾아내거나 모두에게 효과가 있는 치료법을 찾을 수 있는 임상시험이 불가능해진다. 프리스는 이렇게 조언했다. "연구자는 현재 모두 자폐라는 꼬리표가 붙은 개인들의 근원적인 상태들을 어떻게 낱낱이 풀어헤칠지 고심할 필요가 있다. 그런 노력이 없이는 자폐의 원인 연구는 무의미해질 것이다."³⁷ 경증 자폐를 지닌 이들이 "중증" 자폐 같은 용어를 쓰지 말라는 사회적 압력을 강하게 가하고, 과학자들이 모든 자폐인을 단일 집단으로 다루라는 압력을 받고 있다는 점도 문제를 어렵게 만든다. 과학자들이 자폐인들을 더 비슷한 하위 집단별로 나누어서 그들 사이의 공통점을 찾으려는 노력을 하지 못하게 가로막는다.

롱 코비드를 둘러싼 논의는 사회적 압력, 그 피해를 경시하지 말라는 사회적 압력을 통해서 형성되었으며, 자폐 연구에서도 같은 일이 일어나고 있을 가능성이 높다. 2021년 자폐 연구자 사이먼 배런-코언은 자폐의 유전적 원인을 찾고자 스펙트럼 10K라는 유전학 연구 과제에 착수했다. 자폐 분야에서 가장 규모가 큰 유전학 연구가 될 예정이었다. 그러나 몇 주가 채 지나기도 전에 대중의 압력 때문에 연구가 중단되었다.[38] 자폐인들은 자폐 공동체에 유의미한 자문을 미리 구하지 않은 채 연구가 진행되고 있다고 우려를 표명했다. 반대 운동을 펼치는 이들은 그 연구가 사람들의 사생활을 위협하고 우생학적 계획의 출발점이 될 수 있다고 걱정했다. 뒤에서 살펴보겠지만, 이런 집단유전학 연구는 아주 흔하며, 환자들에게 확실히 혜택을 안겨주는 지극히 유용한 결과를 얻는 사례가 많다. 그렇다고 해서 문제가 없다는 말은 아니며, 뒤에서 그런 문제들도 논의할 것이다. 배런-코언의 연구는 반대 운동을 불러일으킨 유일한 연구라는 점에서 특이하다. 이런 반대는 중증 자폐인이나 그 가족이 아니라, 경증이면서 가면을 쓴 집단이 제기했다. 마일스를 비롯한 그들 중 상당수는 "중증"이라는 용어도 거부한다.

이는 자폐의 과잉진단 추세에 관한 내 우려의 핵심을 건드린다. 과잉진단이 캐너의 자폐아와 내가 진료하는 중증 자폐 성인에게 좋지 않은 영향을 미치고 있는 듯하다는 것이다. 지원을 받지 않으면 세상을 살아갈 수 없는 심한 장애를 지닌 이들에게 말이다. 지금 이들은 상태가 훨씬 덜한 이들과 함께 자원을 나눠 받으려고 줄을 서서 대기하고 있다. 중증 자폐를 지닌 내 환자들은 틱톡에 등장하지 않는다. 대신에 틱톡에는 자폐 진단을 받았다고 크게 안도하면서 축하를 하고, 확인 진단을 받으라고 권하고, "스펙트럼", "장애", "손상" 같은 용어를 자폐 사전에서 제거하라고 요구하는 이들이 보인다. 가장 지원을 필요로 하는 이들은 점점 보이지 않고 있다.

❋ ❋ ❋

애거사는 말했다. "돌이켜보면 명확했어요. 대체 왜 알아차리지 못했는지 모르겠어요." 그녀는 아들 일라이저의 이야기를 하는 중이다. 일라이저는 현재 스무 살이다. "아들은 한 살 때 말을 전혀 못 했어요. 손을 계속 파닥거렸죠. 아주 얌전했어요. 우리는 아기가 착해서 정말 다행이라고 생각했죠. 좀더 자랐을 때는 「피터팬 2」를 틀어주면 몇 시간 동안 앉아서 보곤 했어요. 또 아들은 통통 뛰면서 계속 에에에 하는 소리만 질렀어요. 그럴 때면 우리는 얌전한 것만은 아니라고 생각했죠."

일라이저의 누나는 고기능 자폐였다. 그렇게 이미 자폐아를 키우고 있었음에도, 부모는 일라이저의 초기 징후를 알아차리지 못했다. 일라이저는 여전히 말을 하지 못했지만, 애거사는 남아가 여아보다 말을 배우는 속도가 더 느리다고 스스로에게 말했다. 게다가 일라이저는 사랑스럽고 귀여웠다.

"아들은 외톨이가 아니었어요. 자폐라고 하면 으레 그렇게 생각하지만요. 할머니는 손자와 유대감을 형성하기가 어려웠다고 했지만, 나는 아니었어요. 아들을 너무나 사랑해서 그랬겠죠. 사실은 알고 싶지 않아서 징후를 놓쳤을 거예요."

일라이저는 두 살이 되어서도 여전히 말을 하지 못했다. 부모는 아들을 데리고 임상심리학자를 찾아갔는데, 가장 먼저 들은 질문이 아들이 무엇인가를 가리키냐는 것이었다. 아들은 그런 행동을 하지 않았다. 애거사는 가리키기가 상상력을 드러내는 몸짓이고, 그런 행동을 하지 않는 것이 자폐의 초기 징후임을 알게 되었다. 아들의 다른 행동들도 그 설명에 들어맞았다. 일라이저는 장난감들을 꼭 줄 맞춰 놓으려고 했는데, 질서 욕구를 반영하는 행동이었다. 끊임없이 손을 파닥거리고 제자리에서 뛰는 행동은 반복 행동, 즉 스팀에 들어맞았다. 상세한 평가가 이루어진 뒤, 일라이저는 학습 장애와 자폐라는 진단을 받았다.

자라면서 일라이저의 자폐는 더욱 확연해졌다. 아들에게는 틀에 박힌 일과가 매우 중요했다. 아들은 하루에 한 끼만 먹었는데, 식단은 순살 닭고기 튀김과 콩이었다. 먹은 뒤 접시에 케첩이 남아 있으면, 즉시 닦아야 했다. 식당에서 먹을 때에도 마찬가지였다. 아주 사랑스러운 아이였지만, 아들은 중증 자폐인에게서 보이는 감당하기 어려운 행동들을 많이 하기 시작했다. 흥분하면 반복해서 머리를 바닥에 찧거나 주먹으로 머리를 때렸다. 어디에 있든지 간에 왔다갔다 마구 달렸다. 위험 감각도 전혀 없었다. 애거사는 아들과 주변 사람들이 안전한지 끊임없이 지켜보아야 했다. 아들은 욕구가 좌절되면 낯선 사람을 물고 때리기도 했다. 하루 종일 아들을 돌보면서 모든 활동에 도움을 주어야 했다.

애거사는 말했다. "아들은 아주 예뻤어요. 아주 예쁜 곱슬거리는 금발이었고요. 하지만 아들이 누군가의 무릎에 앉을 때면, 나는 그 사람에게 아들이 갑자기 들이받을 수 있으니까 조심하라고 경고해야 했지요."

스무 살이 된 지금도 일라이저는 달라지지 않았다. 두 살 때처럼 여전히 몇 시간씩 제자리에서 뛰고 낯선 사람을 때리기도 한다. 지금은 키가 183센티미터에 체중이 98킬로그램이라는 점이 다를 뿐이다.

"나를 좌절하게 하는 건 **경증인 사람들의 목소리**가 자폐 논의를 전반적으로 주도하고 있다는 거예요. 그 때문에 내 아이는 실질적으로 영향을 받고 있어요. 서비스도 예산 지원도 줄어들어요. 집 근처에 자폐 아동이 다닐 학교가 생겼는데, IQ가 정상이고 정규 교과 과정을 이수할 수 있는 아이들만 받겠다는 거예요. 학교들은 점점 고기능 자폐아만 받고 있어요. 병원에서는 대기자 목록이 너무나 길고요. 일라이저 같은 아이는 외면당하고 있어요."

일라이저는 처음에 일반 학교에 다녔다. 그런데 친구를 사귀지 못했다. 친구가 무슨 뜻인지도 모르는 듯했다. 그래도 학교는 사람들과 함께 지내도록 도움을 주었다. 또다른 아이들이 그와 같은 사람이 있음을 알게 하는 데에도 기여했다. 그는 특수 교사로부터 일대일로 수업을 받았고, 수업 내용도 달랐다. 다른 학생들이 수학을 공부할 때, 일라이저는 수를 세는 법을 배웠다. 그는 산수를 기초 수준까지 배웠고 철자를 읽는 법을 배웠다. 그러나 일곱 살 즈음에는 일라이저와 다른 아이들의 격차가 너무 벌어지는 바람에, 특수 학교로 옮겨야 했다.

스무 살인 지금 일라이저는 많으면 5개의 단어로 이루어진 짧고 단순한 문장을 말할 수 있다. 나를 만났을 때, 그는 고무로 만든 질감이 풍부한 형광색 나비 애벌레 네 마리를 움켜쥔 채 가슴에 가져다대고 있었다. 일라이저는 깨어 있을 때는 대개 두 가지를 손에 쥐고 있다. 애벌레와 아이패드이다. 또 수영, 테니스, 디스코를 좋아한다. 여전히 제자리에서 뛰기를 좋아해서 트램펄린을 가지고 있다. 스타벅스에서 라떼를 사먹는 것을 좋아한다.

일라이저는 일상 생활에 필요한 기본적인 것들을 계속 배우고 있다. 그는 동네의 한 업체에서 과일 바구니를 채우고 식기세척기에서 그릇을 꺼내는 일을 한다. 상점에 가서 몇 가지 물품을 살 수 있다. 모두 보호자가 지켜보는 가운데 이루어진다. 그를 혼자 두었다가는 지나가는 차 앞으로 뛰어들 것이다. 어린이와 똑같은 수준으로 돌봐야 한다.

애거사는 빙긋 웃으면서 말했다. "자기 아마존 계정을 사용하는 법을 배웠어요. 온라인으로 애벌레 인형을 사요. 산 뒤에는 창가로 가서 '택배, 택배, 택배' 하고 계속 중얼거리면서 바라보고 있어요. 올 때까지요."

애거사가 묘사하는 내용은 모두 고전적인 자폐에 들어맞는다. 친구를 사귀는 데 관심이 없다. 틀에 박힌 일과를 보낸다. 무너진 행동을 보인다. 매우 특정한 대상에 집착한다. 일라이저가 유튜브에서 계속 같은 노래나 동영상을 틀어놓는 바람에 애거사는 제발 그만하라고 설득해야 한다. 아니면 온 가족이 미칠 지경에 이른다.

식구들은 일라이저가 가능한 한 정상적으로 살아갈 수 있도록, 갑자기 분출하는 공격적인 행동을 조절하도록 돕기 위해서 무척 노력해왔다. 공공 장소에서 아들이 흥분할 때 진정시키는 방법들도 개발했다. 애거사의 가장 큰 두려움은 아들이 행동을 자제하지 못하게 되면 시설에 수용될지도 모른다는 것이다.

애거사를 비롯해서 중증 자폐인 자녀를 둔 부모는 현재의 자폐 논의가 이 장애를 잘못 대변하고 있으며, 자신들의 자녀를 변두리로 내몬다고 점점 우려하고 있다. "이건 선천적인 신경학적 장애예요. 대중은 미디어에서 떠드는 목소리를 듣고서 자폐가 뭔지 안다고 생각해요. 하지만 그 목소리는 IQ가 정상이고, 자기 생각을 말로 제대로 표현하고, 어지간한 직업이 있고, 회의에 참석하거나 줌으로 회의를 열 수 있는 사람들이 내는 거예요. 이런 경증이면서 스스로 자폐라고 인식한 이들은 일라이저 같은 사람들이 어떤지 전혀 몰라요. 자폐인이 모두 자신들과 좀 비슷하다고 여기지만, 일라이저는 그들과 달라요. 공통점이 아주 조금 있을 뿐이에요."

애거사는 내가 이 책을 쓰기 위해 인터뷰를 하고 미디어에서 자신의 이야기를 하는 자폐인을 지켜보면서 우려했던 바로 그 점을 지적했다. 마일스, 심지어 파피와 이야기를 나눌 때에도 내 마음속에는 한 가지 의문이 계속 떠올랐다. 그들은 고전적인 중증 장애인을 대변한다고 하지만, 과연 그런 사람을 만난 적이라도 있을까? 현재 공공 영역, 기업 이사회, 자선단체와 학술 위원회에서 대변되는 자폐는 돌봄 필요성이 더 적은 이들 쪽으로 심하게 치우쳐 있다. 대부분 가면을 쓸 수 있기 때문에 뚜렷하게 드러나는 자폐 형질이 전혀 없이 정상적인 사회 생활을 하는 사람들이다.

일부 자폐 활동가는 자녀를 위해서 나서는 애거사 같은 비언어 자폐아의 부모를 비판한다. 그들은 자폐인만이 자폐인을 대변할 수 있다고 믿는다. 그들은 일라이저 같은 이들이 자기 행동을 통제할 수 있도록 돕는 전략을 잔인하다고 말한다. 자폐인에게 자신의 자폐 형질을 바꾸라고 요구하는 것은 정체성을 바꾸라고 요구하는 것과 같으므로, 결코 해서는 안 되는 일이라고 주장하면서 말이다. 마일스는 자폐인이 자신의 자폐 형질을 모두 드러내도록 장려하고, 정반대 효과를 내는 모든 의학적 개입에 철저히 반대해야 한다는 견해를 확실히 드러냈다.

"나는 일라이저에게 아기 울음처럼 대처할 수 없는 소리를 견디는 법을 가르쳐야 했어요. 그렇게 가르치지 않았다면, 일라이저의 세상은 좁아졌을 거예요. 트위터나 라디오에서 떠드는 경증 자폐인들의 조언을 받아들인다면, 일라이저는 5명에게 붙들린 채 정맥에 리스페리돈을 주사하면서 재택 간호를 받게 될 거예요." 리스페리돈은 자폐인의 공격적 행동을 통제하는 데 쓰는 강력한 정신병 약물이다.

일라이저를 안전하게 지키기 위해서 애거사는 사람들에게 아들의 정신 연령이 네 살이라고 말한다. 그녀는 그를 돌볼 모든 사람에게 아들이 어른처럼 보이지만 여전히 아이의 욕구를 지닌다는 점을 알리고 싶다. 그러나 아들을 그런 식으로 말할 때, 그녀는 아들을 아기처럼 대한다는 비난을 받아왔다.

"경증이면서 스스로 자폐인이라고 말하는 이들이 자폐에 관한 대화를 주도하는 방식이 내게는 마치 그들이 지적 장애를 혐오하는 것처럼 느껴져요. 사람들은 자녀의 IQ가 낮다거나 평균 아래라고 믿고 싶어하지 않아요. 그 안에 영리한 아이가 숨겨져 있다고 믿고 싶어해요. 그러나 나는 일라이저를 있는 그대로 사랑해요. IQ가 50이 안 되는 아이를요. 선생님과 나는 읽는 법을 쉽게 배웠지만, 일라이저는 단어 하나하나를 아주 힘들게 배웠기에 아주 소중해요. 나는 어떤 환상을 품고 있는 게 아니라, 그 지능의 아들 자체가 소중해요."

일라이저는 돌봄이 몹시 필요하며, 그가 이룬 발전 하나하나는 그와 가족이 힘들게 싸워 얻은 것이다. 신경과 의사로 일하면서 나는 일라이저 같은 사람들을 많이 만난다. 애거사 같은 부모들이 중증 장애가 있는 성인 자녀와 상호작용하는 모습도 자주 접하며, 때로 경외심을 느끼기도 한다. 그들은 말이 서툰 자녀와 가장 친밀한 방식으로 상호작용하면서 표정과 기분의 미미한 변화로부터 욕구를 읽어낼 수 있다.

"대중은 자폐 스펙트럼의 일라이저 쪽을 사실상 이제는 더 이상 인정하지 않아요." 애거사는 잠시 뒤 말을 이었다. "우리는 아들이 정신을 놓을 때를 대비해 절차도 마련했어요. 머리에 들이받히지 않도록 거리를 두고 아주 단호하게 말해야 해요. '진정해.' 그 말을 계속해요. 상황이 심각하니까 자제력을 회복해야 한다는 걸 알아차리도록 보여줘야 해요. 최근에 버스에서 이 절차대로 하는데, 승객들이 모두 나를 쳐다보고 있더라고요. 관객이 생긴 거죠." 그녀는 빙긋 웃으면서 계속했다. "그래서 그들을 돌아보면서 말했어요. 이게 바로 자폐예요. 여러분이 어젯밤에 텔레비전에서 본 게 아니라요!"

"사람들이 뭐라고 하던가요?"

"그냥 고개를 돌리더군요."

4

암 유전자

나는 과잉진단과 우리의 고통을 확인하고 때로는 악화시키는 꼬리표의 힘에 초점을 맞춘 책에서 자폐, 롱 코비드, 만성 라임병 같은 장애를 접한다고 해도 많은 독자들이 놀라지 않을 것이라고 생각한다. 의학과 건강의 특정 측면들에는 누구나 인정하는 회색 지대가 있다. 정신건강 장애는 어디가 "정상"이 끝나고 "비정상"이 시작되는 지점이라고 말할 객관적인 척도가 전혀 없기 때문에 늘상 적어도 어느 정도 논란이 있기 마련이다.

그러나 아마 짐작했겠지만, 가장 격렬한 과잉진단과 과잉의료화 논쟁은 정신의학 분야뿐 아니라 암과 유전자 진단이라는 첨단 기술의 세계에서도 벌어진다. 암 예측 진단 검사가 개발된다면, 아마 대다수가 받고 싶어 할 것이라고 예상할지 모르겠다. 그리고 머지않아 실제로 가능해질 수도 있다. 앞서 제1장에서는 헌팅턴병 예측 진단 검사로부터 배운 내용을 기술했다. 다음 단계는 더 많은 사람들에게 훨씬 더 다양한 질환들의 첨단 검진을 제공하는 것이다.

그런 제안을 받는다면, 나는 지금까지 배운 교훈들을 모두 염두에 두라고 조언하고 싶다. 진단은 무엇보다도 임상 기예이다. 건강함, 아픔, 질병을 가르는 선은 흐릿할 때가 많다. 진단이 옳아도, 치료 자체는 득보다 실이 더 많을 수도 있다. 이제 살펴보겠지만, 이 법칙은 최첨단 진단에도 적용되기 때문이다.

***

유방암 이야기는 내가 의과대학에 들어간 이래로 40년간 아주 많은 변화를 겪었다. 당시 유방암은 불가피한 사망 선고처럼 여겨질 때가 너무나 많았다. 막 의사 자격증을 땄을 때 외과 병동에서 만난 젊은 유방암 말기 여성이 특히 생생하게 기억난다. 30대 초반의 건축가였는데, 지인들은 모두 그녀를 구하려고 필사적이었다. 그녀는 결혼을 앞두고 있었고, 약혼자가 올 때마다 반짝이는 다이아몬드 약혼 반지를 가져와서 잠시 동안 끼고 있었다. 앓으면서 체중이 너무 빠져서 반지가 무척 커 보였다. 혹시 잃어버릴지 몰라서 그는 병문안을 끝낼 때면 반지를 다시 가지고 갔다. 진단을 받았을 무렵에는 이미 암이 온몸으로 퍼진 상태였다. 당시 나는 20대였는데, 나와 나이 차이가 별로 나지 않으면서 내가 바라마지 않는 유형의 삶을 살던 사람이 그렇게 쇠약해진 모습을 가까이에서 보고 있자니 정말로 겁이 났다.

지금과 달리 1990년대에는 상당히 진행된 유방암의 치료 성공률이 그리 높지 않았다. 그녀는 수술, 화학요법, 방사선요법을 다 힘겹게 받았지만, 그런 치료들이 그녀의 목숨을 구할 가능성은 사실 전혀 없었다. 나는 그녀의 나이가 더 많았더라면 덜 공격적인 형태로 치료가 이루어지지 않았을까 추측한다. 아마 종합병원의 병실이 아니라, 자택이나 호스피스 병원이나 다른 더 편안한 곳에서 삶을 마무리할 수도 있었을 것이다. 그러나 그녀는 처음 입원한 뒤로 단 한 번도 병원을 떠날 기회를 얻지 못했다. 매우 젊고 앞날이 창창했기 때문에, 자기 자신, 약혼자, 가족, 의사 모두 이 불가능한 상황에서도 가능한 한 삶을 연장시키고자 필사적이었다. 그녀는 거의 마지막 날까지 화학요법을 받았고, 병원에서 결혼식을 올렸다. 그 직후에 세상을 떠났다. 많은 직원들은 그 결혼식을 낭만적이라고 이야기했지만, 나는 견디기 힘들 만치 마음이 아팠다.

그 젊은 여성의 가족력에는 유방암이 있었다. 엄마도 40대에 유방암으로 사망했다. 그 무렵에는 가족성 암familial cancer의 존재가 널리 알려졌기 때문에, 그녀는 진단을 받기 오래 전부터 자신이 유방암에 걸릴 위험이 있음을 알고 있었지만, 예방을 위해서 할 수 있는 일은 딱히 없었다. 그녀는 1992년에 사망했다. 그로부터 2년 뒤, 몇 년 일찍 발견되었더라면 그녀의 목숨을 구할 수도 있었을 과학적 돌파구가 열렸다.

1990년에 유방암 유전자가 17번 염색체에 있을 가능성이 높다는 것이 밝혀지기는 했지만, 정확한 위치는 몰랐다. 그러다가 1994년에 17번 염색체에서 BRCA1 유전자가 발견되었다. 1년 뒤에는 13번 염색체에서 BRCA2가 발견되었다. 사람들은 BRCA1과 BRCA2를 "암 유전자cancer gene"라고 생각하지만, 실제로는 정반대이다. 이 유전자들은 모든 사람에게 있으며, 건강할 때에는 DNA의 수선을 촉진하고 종양 발달을 억제한다. 그러나 이 유전자 중 하나에 변이체(즉 돌연변이)가 있으면, 이 보호 효과를 잃을 수도 있다. 이런저런 암의 위험을 증가시키는 유전자 변이체는 많지만, 그중 가장 잘 알려진 것이 바로 BRCA 변이체들이다. 지금까지 BRCA1과 BRCA2에서 발견된 고위험 암 변이체는 4,900가지가 넘는다.[1] 이것은 유방암, 난소암, 자궁관암, 복막암 발생 위험을 증가시키며, 더 약하기는 하지만 전립샘암과 췌장암, 흑색종과도 관련이 있다.

헌팅턴병 유전자처럼, BRCA 변이체도 발병하기 훨씬 이전에 건강한 사람에게 예측 진단을 내리는 데 쓰인다. 그러나 BRCA 변이체와 헌팅턴병 유전자의 예측 가치는 동일하지 않다.[2] 헌팅턴병 가족력이 있는 사람은 그 유전자가 있으면, 충분히 오래 살 때 그 병에 걸릴 것이 확실하다. 반면에 BRCA 변이체는 그저 위험 인자일 뿐이다. 특정한 암에 걸릴 확률을 대폭 높이지만, 그럼에도 암 변이체를 지닌 이들이 모두 암에 걸리는 것은 아니다. BRCA의 변이체마다 위험 수준이 다르며, 더 치명적인 변이체도 있다. 그 뒤로 수십 년간 이 암 유전자를 연구한 끝에 유전학자는 수천 가지 변이체 각각의 위험 예측 모델을 개발할 수 있었다. 모든 여성 중 약 12퍼센트는 생애에 유방암에 걸릴 것이다. 특정한 BRCA1 변이체를 지닌 여성은 이 확률이 60-85퍼센트로 증가하며, 특정한 BRCA2 변이체를 지니면 40-65퍼센트로 증가한다. 여성들 중 2퍼센트는 생애에 난소암에 걸릴 것이다. 고위험 BRCA1과 BRCA2 변이체를 지니면 이 확률이 각각 39-58퍼센트와 13-29퍼센트로 증가한다.[3]

헌팅턴병과 유방암의 또 한 가지 중요한 차이는 헌팅턴병은 치료가 불가능하다는 것이다. 반면에 BRCA의 고위험 변이체를 지닌다고 알려진 여성은 유방암 예방 조치를 취할 수 있다. 최우선 수단은 위험을 줄이는 수술이다. 암이 자리를 잡기 전에 건강한 유방, 난소, 자궁관을 떼어낸다는 뜻이다.

✱ ✱ ✱

로이진은 할머니가 난소암 진단을 받고 엄마가 유방암 진단을 받았을 때 겨우 여덟 살이었다. 그녀는 두 사람이 동시에 화학요법을 받는 모습을 지켜보아야 했다. 너무나 힘들었고, 당시 30대에 불과했던 로이진의 엄마는 더욱 그랬다. 엄마는 약물 때문에 일주일 동안 혼수상태에 빠졌고, 가족은 이것이 마지막일지도 모른다고 생각했다. 그러나 엄마는 살아남았고, 할머니는 그렇지 못했다. 할머니는 진단을 받은 지 4년 뒤에 50대의 나이에 세상을 떠났다.

그 일은 로이진 가족이 겪을 암 여정의 시작에 불과했다. 12년 뒤 로이진이 스무 살에 첫 아이를 임신했을 때, 엄마는 주방 식탁에서 자신이 난소암 3기라고 딸에게 선언했다. 할머니의 목숨을 앗아간 바로 그 암이었다. 다행히 엄마는 그 암도 이겨냈지만, 몇 년 뒤에는 유방암이 재발했다. 엄마는 이번에도 이겨냈다. 현재 그녀는 50대이며, 건강하고 행복하게 지낸다. 많은 일을 함께 이겨낸 모녀는 더할 나위 없이 친밀하다.

유방암의 5–10퍼센트, 난소암의 5–15퍼센트만 유전적 원인으로 생긴다. 그러나 로이진의 가족처럼, 유방암과 난소암이 둘 다 40세 이전에 발병하는 집안이라면, 유전적 원인으로 생길 가능성이 매우 높으며 유전자 검사가 권장된다. 예측 유전자 검진은 18세 미만의 건강한 사람에게는 권하지 않는다. 로이진은 스물다섯 살까지 기다렸다가 검사를 받았다. 헌팅턴병 예측 검진은 대개 최소한 영국에서는 3회기, 미국에서는 2회기의 상담 과정을 거쳐야 하는데 종종 지연될 때가 많다. 반면에 암은 예방과 치료가 가능하므로, 검사가 훨씬 더 빨리 진행된다. 로이진이 유전상담사를 딱 한 번 만난 이유도 그 때문이다. 그 한 차례 상담을 끝내고 로이진은 혈액 시료를 제공했고, 다시 일상생활로 돌아왔다. 몇 주일 뒤 일을 하고 있는데, 모르는 번호로 전화가 왔다. 상담사로부터 온 것이었는데, 그녀가 고위험 BRCA1 변이체를 지니고 있어서 유방암에 걸릴 가능성이 87퍼센트이고 난소암에 걸릴 가능성은 60퍼센트라고 했다.

내가 로이진을 만난 것은 그로부터 10년 뒤였다.

"돌이켜보면 모든 것이 너무 빨랐어요."

로이진은 결과를 어느 정도 예상하기는 했지만, 그래도 너무나 갑작스러웠다. 식구들은 황망했다. 누구보다도 로이진의 엄마가 더 그랬다. 자신이 그 유전자를 딸에게 물려주었음을 알게 되었으니까. 로이진이 암에 걸릴 것이라는 사실을 알자마자 모녀는 몹시 겁에 질렸다. 하룻밤 사이에 로이진은 완벽하게 건강한 사람이었다가 암이 생겼는지 늘 살펴야 하는 사람이 되었다. 양성 판정이 나온 지 8개월 뒤에 로이진이 스물여섯의 나이에 양쪽 유방 절제술과 재건 수술을 받은 것도 바로 그 때문이었다. 즉흥적인 결정이었고, 그 뒤로 매우 힘든 후유증에 시달려야 했다. 수술하면서 겪은 모든 일들이 마음에 상처를 입혔다. 로이진은 외과 의사가 건강한 유방을 떼어내겠다는 결심이 얼마나 어려운 것이었는지를 이해하지 못한다고 느꼈다. 의학은 로이진의 몸에 난 상처를 치료하는 쪽으로는 탁월했지만, 그녀가 심리적 고통을 헤쳐나가도록 돕는 쪽으로는 거의 도움을 주지 못했다. 아마 그래서였을 것이다. 로이진은 18개월 뒤 둘째를 임신했을 때에야 비로소 자신의 결정이 어떤 결과를 가져왔는지를 처음으로 실감하게 되었다.

"어느 임신부 강좌를 들으러 가든 간에 **모유가 최고**라고 말하는 거예요! 그래서 너무 외로웠어요. 모유 수유가 아기와 유대감을 형성하는 방법이라는 말도 계속 들었고요. 그러면 나는 아기와 어떻게 유대감을 형성해야 할까요?"

로이진은 남들이 보이는 반응 때문에도 힘들어했다. 한 아주머니는 유방 절제술을 놓고 한 소리 했다. "대체 왜 스스로 그런 짓을 한 거야?" 용감하다고 말하는 이들도 있었지만, 그녀는 들을 때마다 울컥했다. 용감한 일을 한 것이 아니라, 어쩔 수가 없어서 그런 과격한 조치를 취한 것이었기 때문이다. 수술을 후회해서가 아니었다. 그녀는 엄마가 세 번이나 암과 맞서 싸워서 이겨내는 모습을 지켜보았다. 또 할머니가 세상을 떠나는 모습도 지켜보았다. 수술하자는 결정은 자신의 목숨을 구하려고 내린 것이었지만, 그 결정을 안고 살아가는 일은 믿기 어려울 만치 힘들었다. 그녀의 인간관계에도 영향이 미쳤다. 남편은 그녀에게 더 이상 매력을 못 느낀다는 식으로 말했다. 둘째 딸이 태어난 직후, 로이진은 그와 헤어졌다. 그런 식으로 헤어지자, 그녀는 앞으로 어떤 남자도 자신에게 매력을 느끼지 못할까 봐 상심했다. 아기와 함께 있어도 행복하지 않았다. 나중에 그녀는 다시 유방 재건 수술을 받았다. 외과 의사가 원래 했던 재건 수술에 아무 문제도 없는데 굳이 해야겠냐고 말리자, 로이진은 강력하게 밀어붙여야 했다.

"수술 전에는 몸이 어떻다고 느꼈어요?"

"가슴이 꽤 컸어요! 아주 맘에 들었죠. 수술실에서 깨어났을 때 대체 뭔 짓을 저지른 거야 했던 기억이 나요. 첫째 때 수유가 정말 힘들었어요. 그래서 둘째 때는 더 낫겠지 하고 늘 생각했거든요. 그런데 수유가 불가능해졌어요. 새 유방은 정말 싫었어요. 그냥 붙여놓은 것 같았죠."

로이진은 다시 재건한 유방도 사실 마음에 들지 않았다. 부자연스럽게 느껴졌고 유두도 없었다. 미용상의 이유로 유두와 유륜을 남기는 쪽을 택하는 여성도 있지만, 암을 예방하려면 떼어내는 쪽이 더 낫다. 그래서 로이진은 제거했다.

"좋아하자고 열심히 스스로를 다독이고 있어요."

로이진은 서른이 되었을 때 난소, 자궁, 자궁관, 자궁경부도 떼어냈다. 더욱 힘든 결정이었다. 그 수술이 더 이상 아이를 가질 수 없음을 의미한다는 것을 알았지만, 이번에도 그녀는 수술을 한 뒤에야 비로소 그 현실을 실감했다.

"나는 아이를 더 가질 일은 없을 거라고 봐요. 하지만 앞일을 누가 알겠어요."

두 번째 수술 때에도 그녀가 받은 진료는 모두 수술의 신체적 측면들과 암 예방에 초점이 맞추어져 있었고, 그녀의 선택에 따라붙기 마련인 심리적 충격은 거의 언급조차 되지 않았다. 그녀는 이번에는 심리학자의 도움을 받아보기로 했다. 또 갱년기 지원단체 모임에도 가보았다. 그녀는 다른 이들보다 20년은 더 어렸다. 그들은 그녀를 환영했지만, 그녀는 딱히 환영받는 느낌을 받지 못했다. 아니, 아마 소속감을 느끼지 못했을 것이다.

"하룻밤 사이에 완경이라고 하니까 자연스럽게 완경에 이른 사람들은 이해하기 힘들 거라고 생각했어요."

수술 완경은 정상적인 완경보다 훨씬 더 갑작스럽다. 보통 몇 년에 걸쳐 서서히 일어남으로써 여성에게 적응할 시간을 주는 신체적인 변화가 한번의 수술 뒤에 일어난다. 로이진은 수술실에 들어가기 전에 의사에게 호르몬 대체요법 패치를 주면서, 수술이 끝나자마자 붙여달라고 요청했다. 그러나 그것이 완경의 모든 증상을 막아주는 것은 아니었다.

로이진은 웃음을 터뜨렸다. "지금 나는 빈 통이나 마찬가지예요. 싹 떼어냈으니까요."

"그래도 두 번의 수술 다 옳은 선택을 했다고 느끼는 거죠?"

로이진은 한참을 생각한 끝에 대답했다. "두려워서 그랬어요. 평생을 암에 둘러싸여 살았으니까요. 엄마는 암 때문에 몇 번이나 거의 죽을 고비를 넘겼고, 그래서 너무 무서웠어요. 수술을 받으라는 압박을 느꼈죠. 지금도 그게 과연 내 결정이었는지 확신이 안 서요. 하지만 맞는 일을 한 거겠죠?" 그녀는 다시 의자 등받이에 몸을 기대면서 생각에 잠겼다. "맞아요, 암에 걸릴 거라는 끊임없는 두려움이 사라졌으니까 그렇게 한 건 잘한 일이라고 생각해요……음, 완전히 사라진 건 아니지만요……." 그녀는 웃음을 지으면서 계속했다. "유방 조직이 모조리 사라진 건 아니니까 여전히 유방암에 걸릴 수 있어요. 그리고 최근에 BRCA가 췌장암을 일으킬 수 있다는 뉴스를 읽었는데, 췌장은 떼어낼 수 없으니까요."

　유방 절제술과 자궁관-난소 절제술은 해당 암들의 위험을 95퍼센트까지 줄인다.[4] 로이진은 다시 선택을 한다고 해도 여전히 수술을 받을 것임을 안다. 이제 그녀는 암을 덜 두려워하며, 그녀의 삶은 긍정적인 방향으로 나아가고 있다. 그녀는 새로운 짝을 만났고, 곧 결혼할 예정이다. 그가 자신의 몸을 사랑한다고 말했다. 그녀는 그 수술에 관해 종종 농담을 하지만, 그는 그런 농담이 함께 있을 때 신경을 써달라는 뜻임을 이해하며 늘 그렇게 한다. 그녀에게는 사랑스러운 두 딸이 있다. 딸들도 암 변이체를 지닐 수도 있지만, 아직 너무 어려서 검사를 받을 수 없다. 로이진은 딱히 걱정하지 않는다. 어차피 수술 여부를 결정할 때 말고는 아무런 도움도 줄 수 없기 때문이다. 의학이 발전해서 수술이 필요 없는 방법을 내놓기를 바라기는 하지만 말이다. 현재 쉰여덟 살인 그녀의 엄마는 세 차례 암에 걸리고도 생존했으며, 모녀는 서로에게 든든한 버팀목이 되고 있다. 아빠도 늘 그녀 곁에 있으며, 과묵한 스코틀랜드인인 그는 아내와 딸이 크나큰 시련을 헤쳐나오는 과정을 곁에서 지켜보았다. 로이진의 오빠도 고위험 BRCA1 변이체를 물려받았다. 그 변이체는 그의 유방암 위험을 0.1퍼센트에서 1퍼센트로 증가시키며, 전립샘암과 췌장암 위험도 높인다. 이 비정상 유전자는 그의 가계로 대물림될 수 있다. 그의 약혼녀는 첫 아이를 임신 중이다. 로이진의 이모와 삼촌 중에도 이 변이체를 물려받은 이들이 있다.

　로이진은 작별 인사를 할 때 말했다. "우리가 아주 슬픈 가족인 양 말했네요. 실제로는 아주 행복해요."

그리고 바로 그것이 그녀와 만났을 때 내가 받은 인상이었다. 그 모든 일을 겪었음에도 행복해 보였다.

*　*　*

유방암이 집안에 대물림될 수 있다는 개념은 1866년 해부학자 폴 브로카가 처음 제기했다. 그는 뇌의 왼쪽 이마엽에 표현 언어 기능이 있음을 밝혀낸 의사로 가장 잘 알려져 있지만, 암도 연구했다. 아내가 젊은 나이에 유방암에 걸리자, 그는 그녀의 집안을 4대까지 거슬러 올라가면서 그 병의 연원을 추적했다. 나중에 그는 그 병이 유전될 수 있음을 시사하는 보고서를 썼는데, 당시의 견해는 회의적이었다. 아마 유방암에 걸린 여성 대부분은 같은 병에 걸린 가족이 없었기 때문일 것이다.

위험을 줄이는 유방 절제술과 자궁관-난소 절제술은 1970년대 초부터 시작되었지만, 당시에는 거의 드물었다. 유전자 검사가 등장하기 전이었으므로 암에 걸리는 부모의 성향을 물려받았는지를 알기가 불가능했기 때문에, 이 수술은 도박에 가까웠다. 게다가 초기 유방 절제술은 유방 조직을 충분히 제거하지 않아서 암을 완전히 막기도 어려웠다. 1990년대에 BRCA 유전자가 발견되는 한편으로 수술 기법도 서서히 발전하면서 예방 수술을 향한 문이 열렸다.

위험을 줄이는 수술은 상당한 부담이기는 하지만, 그래도 시간을 되돌릴 수 있다면 로이진 같은 여성들은 대부분 여전히 수술을 받는 쪽을 택할 것이다. 수술 뒤에 합병증을 겪는 사례가 흔함에도 말이다. 수술을 받은 여성 중 50퍼센트는 신체 이미지와 성욕에 부정적인 영향을 받으며,⁵ 추가 수술이 필요한 여성도 많으면 56퍼센트에 달한다.⁶ 유방 절제술은 심리적 안녕과 성관계에 영향을 미친다. 난소 절제술은 성기능 장애 및 기분 장애를 일으킬 수 있는데, 호르몬 대체요법으로 어느 정도만 완화할 수 있을 뿐이다. 에스트로겐 감소는 심혈관 질환, 고지혈증, 고혈압, 골다공증, 우울증의 원인이 될 수 있다.⁷

수술의 부정적인 결과는 이 수술을 받은 여성들 중에는 결코 암에 걸리지 않을 이들도 있다는 사실을 생각할 때면 특히 안타깝다. BRCA 변이체 중 암 위험이 100퍼센트인 것은 전혀 없다. 누가 운 좋게 벗어날지 벗어나지 못할지를 아무도 알 수 없으므로, 수술은 더 많은 이들을 암으로부터 구하기 위해서는 불필요한 수술을 받는 여성도 적은 비율로 존재한다는 것을 전제하고서 이루어진다. 로이진이 지닌 것과 같은 가장 고위험 변이체 중 일부만 고려한다면, 예방적 유방 절제술을 받는 여성 중 10-15퍼센트와 자궁 절제술을 받는 여성 중 40퍼센트는 그냥 두어도 암에 걸리지 않는다는 의미이다. 위험 수준이 더 낮은 변이체를 지닌 여성에게는 대개 수술을 권하지 않는다. 불필요한 수술일 가능성이 50퍼센트를 훨씬 넘는 이들도 있기 때문이다. 그런데도 확률이 낮은 여성들 중에서도 수술을 택하는 이들이 있다. 로이진처럼 그들도 어머니, 할머니, 자매, 이모, 친척이 암으로 죽는 것을 지켜보았기 때문이다. 그들은 자신이 암에 걸릴 운명인지 여부를 알게 될 때까지 기다리고 싶어하지 않는다.

치료 쪽에서 이루어지는 혁신은 대부분 소수의 사람들을 대상으로 한 임상시험을 거쳐 더 많은 이들을 대상으로 한 임상시험, 이어서 대규모

이중 맹검, 속임약 대조군 임상시험으로 이어진다. 그러나 위험을 줄이는 수술은 결코 그런 식으로 도입될 수 없을 것이다. 고위험 BRCA 변이체를 지니면서 위험을 줄일 수술을 받는 여성과 받지 않는 여성을 비교하는 무작위 임상시험을 할 방법은 전혀 없다. 그런 시험은 일부 여성에게는 수술을 받도록 하고 다른 여성에게는 수술을 거부하도록 해야 할 것이다. 그런 시험이 현실적으로도 윤리적으로도 불가능하므로, 수술은 그저 그렇게 하는 것이 옳다는 가정을 토대로 시작해야 했다. 더 최근에는 여성들의 선택에 도움이 될 통계가 나왔지만, 이런 통계는 예전에 없었기 때문에 예측 진단 검사가 나온 초기에 위험을 줄이는 수술을 받은 여성들이 얼마나 용감했는지를 느껴야 한다. 당시 수술을 받은 여성들은 엄청난 신념의 도약을 해야 했다.

그 뒤로 30년이 흐르는 동안 유전학자는 위험 평가의 정확도를 높였고, 외과 의사는 다양한 수술 기법을 완성했다. 그러나 암과 수술에서는 30년조차도 그리 긴 기간이 아니다. 무작위 임상시험 없이 도입된 모든 혁신은 그보다 훨씬 더 오랜 시간 불확실성에 시달리게 될 것이다. 예측 의학은 매우 새로우며 불확실성이 만연해 있다. 로이진은 수술 과정에서 분명히 심리적 외상을 입었지만, 수술로 목숨을 구했다고 확신하므로 할 가치가 있다고 느꼈다. 그런데 정말로 수술이 그녀의 목숨을 구했을까? 암 예방 수술이 수명을 늘리는지 판단하는 일은 생각보다 훨씬 어려우며, 바로 그것이 요점이다. 암이 생길 기회가 아예 없도록 많은 이들이 수술을 받는다면, 그들 중 거의 어느 누구도 암에 걸리지 않는다는 의미일 것이다. 그러나 그들의 생존을 둘러싼 한 가지 의문이 계속 남아 있다. 그 치료를 받지 않았다면, 얼마나 많은 이들이 살아남았을까? 정의상, 치료 없이도 살아남았을 이들은 모두 과잉진단을 받은 셈이다.

암 선별 검진 사업을 둘러싼 논쟁은 그 문제를 잘 보여준다.

***

양질의 보건의료 서비스를 제공하는 나라에 사는 사람이라면 정기적으로 암 검진을 받으라는 권유를 받을 것이다. 검진은 건강해 보이지만 특정한 질병에 걸릴 위험이 더 높은 사람을 찾아내는 방법이다. 암 검진은 아직 증상이 나타나기 전에 암을 찾아내려는 목적으로 시행하며, 대개 중년부터 시작한다. 유방암 검진은 1970년대 중반부터 전 세계에 단계적으로 도입되었다. 따라서 위험 저감 수술보다 그 장점과 약점을 이해할 시간이 훨씬 더 많았다.

BRCA 변이체를 지닌 사람의 예방 수술과 마찬가지로, 검진 사업도 신약 개발에 필요한 엄격한 규제 없이 도입되었다. 대체로 우리에게 좋고, 암을 미리 검출함으로써 사망자를 줄이고, 전반적으로 생명을 구할 것이라고 가정된다. 언뜻 볼 때는 매우 타당하지만, 바로 그 점이 문제이다. 여러 다양한 암 검진 사업에서, 이런 가정이 틀렸음이 반복해서 입증되어왔다. 암 검진 사업이 반드시 암 사망률이나 전반적인 사망률을 줄이는 것은 아니다. 사망률에는 아무런 영향도 미치지 못한 채 암 진단을 받고 암 치료를 받는 사람들만 증가시키는 경우도 있다.

가장 먼저 이해해야 할 점은 모든 암세포가 자라서 질병이나 사망으로 이어지는 것은 아니라는 사실이다. 검진에서 발견된 암과 증상을 일으키거나 자가 진단을 통해서 알게 된 암은 구별해야 한다. 후자는 이미 성장의 징후를 드러낸 암이지만, 검진으로 찾아낸 암은 의학적 검사로만 검출할 수 있고 결코 증식해서 증상을 일으키지 않을 비정상 세포들의 소규모 집합에 불과할 수도 있다. 많은 이들은 존재하는지조차 모른 채 유달리 느리게 성장하거나 무증상인 암을 지니고 살아간다.

두 번째로 이해해야 할 것은 과학자들이 건강 문제를 일으킬 암과 느리게 성장하는 암을 구별할 방법을 아직 모른다는 것이다. 우리는 초기 단계의 암세포를 검출할 만치 민감한 기술을 최근에야 갖추었기 때문에, 암세포의 자연사를 장기적으로 추적한 적이 없다. 검진 사업은 모든 암이 성장해서 악성을 띠고 목숨을 위협한다고 가정하므로, 발견된 암을 모두 똑같이 공격적으로 치료한다.

디트로이트에서 이루어진 한 연구는 이 점을 잘 보여준다. 전립샘암이 아닌 다른 이유로 사망한 남성들을 부검했더니, 50대는 45퍼센트, 60대는 거의 70퍼센트가 전립샘암 초기임이 드러났다.[8] 미국에서 전립샘암의 생애 위험도lifetime risk는 13퍼센트이다. 부검 때 검출되는 이 암의 대부분이 우연히 발견되었을 뿐이고 평생에 그 어떤 유의미한 건강 문제도 결코 일으키지 않을 것임을 의미한다. 그러나 이 암이 검진에서 발견되었다면, 어느 누구도 그것이 양성일지, 악성으로 자랄지 여부를 말할 수 없을 것이므로, 모두 불필요한 침습 치료에 노출되었을 가능성이 있다. 전립샘 수술은 큰 수술이다. 다른 후유증들을 떠나서, 남성 3명 중 1명에게 발기부전을 일으킨다.

모든 암 검진 사업이 직면한 어려움은 가능한 한 빨리 자라는 극소수의 암을 놓치는 것(과소진단)과 그냥 두어도 결코 건강 문제를 일으킬 만치 성장하지 않을 너무 많은 초기 암세포를 검출하지 않는 것(과잉진단) 사이의 균형을 잡는 것이다. 대다수의 검진 사업이 과잉진단 쪽에 상당히 더 치우쳐 있다는 것은 많은 검진 사업의 결과가 보여준다. 성공적인 검진 사업은 말기암, 암 사망률, 전반적인 사망률을 예방해야 하지만, 그런 식으로 작동하지 않을 때가 많다.

1980년대에 갑상샘암의 검사 도구인 목 초음파 검사가 등장한 뒤, 갑상샘암 진단율이 전 세계에서 급증했다. 그러나 말기 감상샘암의 비율과 갑상샘암의 사망률을 상세히 조사했더니 변화가 전혀 없었다. 미국에서 갑상샘암 치료를 받는 이들은 거의 4배 증가했지만, 목숨을 구했다거나 심지어 연장했다는 증거도 전혀 없었다.[9,10] 이 결과는 검진에서 발견된 암의 대다수가 굳이 치료할 필요가 없음을 강하게 시사한다. 과잉검출을 통해서 과잉진단된 사례이다.

유방암, 전립샘암, 흑색종 검진 사업은 모두 이 문제를 겪어왔다. 초기 암을 치료받는 사람은 더 늘어났지만, 말기암 환자나 사망자 수는 전혀 줄어들지 않았다. 최근의 한 임상시험은 검진으로 전립샘암이 발견된 환자 약 6명 중 1명이 과잉진단임을 보여주었다.[11] 오스트레일리아에서는 현재 흑색종 진단율이 최대 76퍼센트로, "우려할" 수준으로 과잉진단이 이루어진다고 여겨진다.[12,13] 유방암 과잉진단의 비율을 더 현실적으로 추정한 값은 10–30퍼센트이다. 2023년 미국의 한 연구에서는 70세 이상인 여성들의 유방암 과잉진단율이 30퍼센트를 넘을 수 있고, 80대 이상에서는 54퍼센트에 달할 수 있다고 말한다.[14] 코크란 리뷰는 과잉진단율 30퍼센트가 실질적으로 암 검진을 받은 여성 2,000명 중 1명이 목숨을 구할 것이고, 10명은 불필요할 수도 있을 암 치료를 받는다는 것을 의미한다고 추정했다.[15] 불필요한 유방 절제술, 방사선요법, 화학요법을 뜻한다.

물론 암 검진에서 그렇게 높은 비율로 과잉진단이 이루어진다는 데에 모두가 동의하는 것은 아니다. 만일 그렇다면, 보건 당국이 검진 사업에 그렇게 애쓰지 않을 것이다. 2022년 영국의 국가보건 서비스 환자들을 조사하니, 검진으로 찾아낸 암 환자 1,000명 중 단 3명만이 과잉진단된다고 추정되었다.[16] 암 검진 사업의 성공률을 측정하기란 놀라울 만치 어려우며, 과잉진단의 추정값이 다양하게 나오는 이유가 바로 그 때문이다. 과잉진단의 정확한 비율을 얻는 확실한 방법은 검진을 통해서 검출한 모든 초기 암을 그냥 두고서 어떻게 되는지 지켜보는 것뿐이다. 그러나 쉽게 할 수 있는 일이 아니므로, 검진에서 비롯되는 과잉진단 문제는 해결이 쉽지 않다.

일반적으로 암 검진 사업의 성공률은 주로 두 가지 결과로 평가하는데, 암 사망률과 전체 사망률이다. 암 사망률은 검진에서 검출된 암 때문에 사망한 이들만 따지며, 전체 사망률은 모든 원인으로 사망한 이들을 말한다. 암 검진 사업이 가치가 있는지 여부는 이 두 척도 중 어느 쪽에 더 중점을 두어 살펴보느냐에 따라서 달라진다.

검진 사업의 후속 연구는 대부분 암 사망률만 살펴본다. 그런데 자세히 검토하지 않는다면 이 척도는 지나치게 낙관적인 결과를 낳을 수 있기 때문에 문제가 있다. 과민한 검진 사업은 결코 악성으로 발전하지 않을 많은 암을 검출할 것이다. 이는 사람들이 불필요한 암 치료를 받을 것이라는 뜻이다. 사실상 치료가 필요 없는 암을 지닌 이들을 많이 치료한다면, 생존율 수치를 사실상 인위적으로 늘림으로써 암이 있는 사람들이 전보다 더 오래 사는 것처럼 보이게 할 수 있다. 암 사망률 척도는 그냥 두어도 살아남았을, 과잉진단된 이들을 파악할 방법이 전혀 없다. 게다가 암에 대한 과잉진단을 받은 이들은 모두 자신이 그렇다는 사실을 모르므로, 암을 성공적으로 제거하면 자신이 아주 운이 좋다고 느낄 가능성이 높다. 따라서 과잉진단을 하는 암 검진 사업은 환자의 만족도가 높고 암 생존율이 높다고 오해하게 만든다. 이는 조기 진단이 언제나 최선이라는 원래의 가정이 옳다는 신화를 계속 부추길 뿐이다. 암 검진은 엄청난 성공으로 여겨지며, 사업은 확장되고 있다. 화학요법, 방사선요법, 수술, 암 진단의 심리적 및 경제적 부담의 여파는 암 사망률이라는 척도로 포착하지 못할 때가 많다.

암 검진에 전체 사망률, 즉 모든 원인으로 일어나는 사망률을 적용하면, 결과는 대개 덜 낙관적이며 때로는 조금 우울하기까지 하다. 2023년 「미국 의학회지*Journal of American Medical Association*」에 암 검진 사업의 메타분석 결과가 발표되었다. 암 사망률을 살펴보는 대신에 **전체** 사망률이 검진을 통해서 개선되었는지를 물었다. 이 연구에서는 전립샘암, 유방암, 대장암 등 다양한 암의 검진을 받은 200만 명 이상을 조사했다. 대장암은 검진을 통해서 총수명이 110일 늘어났지만, 다른 모든 암에서는 검진으로 초기 암을 발견함으로써 수명이 더 늘어났다는 증거가 전혀 없었다.[17]

더 단순하게 말하자면, 이 200만 명 중에는 검진에서 암이 발견되어 조기에 치료를 받음으로써 더 오래 살 이들도 일부 있을 것이다. 따라서 그들은 목숨을 구한 것이다. 그러나 필요하지 않은 치료를 받는 이들도 있기 때문에, 집단 **전체의** 생존율(전체 사망률)은 나아지지 않는다. 그들 중 일부는 암이 발견되지 않았더라도 어쨌든 살았을 것이므로, 그들의 생존은 전체 사망률에 영향을 미치지 않는다. 반면에 일부는 불필요한 치료로 수명이 짧아졌을 수도 있으며, 그 결과 목숨을 구한 이들의 늘어난 수명을 상쇄한다. 검진으로 더 나빠지는 사람도 수명이 늘어난 사람보다 설령 더 많지 않더라도 비슷한 수준일 수 있다. 한 사람이 목숨을 구할 때, 다른 한 사람은 목숨을 잃을 수도 있다. 전체 사망률 통계가 시사하는 것은 우리가 과소진단과 과잉진단 사이에서 올바른 균형을 잡지 못하고 있다는 것이다.

물론 검진을 장려하는 이들은 다른 주장을 펼친다. 전체 사망률 임상시험이 그저 참가자 수가 적었고, 그 때문에 생존율이 높아진 것이 드러나지 않았을 뿐이라고 말한다. 그러나 그 주장은 지금까지 이루어진 적이 없는 임상시험을 믿거나, 많은 검진 사업이 전체 사망률에 미치는 효과가 없다는 기존 증거를 무시하라고 요구하는 것이다. 의학계는 이 문제를 잘 알기에, 과잉진단이 너무 많아지지 않도록 검진 사업을 끊임없이 수정하고 개선한다. 그러나 세밀하게 조정된 검진 사업조차도 사람들의 목숨을 구하기 위해서, 결코 치료를 받을 필요가 없는 이들까지 치료할 수밖에 없다.

고위험 BRCA 변이체가 있다는 사실을 알게 되어 유방 절제술을 고려하는 여성도 정말로 자신의 목숨이 수술 여부에 달려 있을까 하는 정확히 같은 의문을 품게 된다. 유방 절제술은 유방암 위험을 줄이지만, 실제로 많은 여성들이 짐작하는 방식으로 수명을 늘린다는 증거는 거의 없다.

난소암 예방을 위해서 받는 위험 저감 자궁관-난소 절제술은 분명히 전체 사망률을 개선하는 것으로 드러났으므로, 목숨을 구한다고 볼 수 있다. 난소암은 빨리 퍼진다. 검진으로 이미 전이된 말기 암이 드러날 때도 많다. 즉 검진으로 암이 발견된다고 해도 치료 가능성이 낮다는 의미이다. 따라서 수술이 적극 권장되며, 남은 주된 질문은 시기이다. 갱년기 여성이라면 수술 결정이 그다지 복잡하지 않다. 난소가 더 이상 기능을 하지 않기 때문이다. 대다수는 수술의 혜택이 수술의 심리적 외상과 신체 합병증을 상쇄한다. 완경 이전의 여성은 훨씬 더 힘든 결정에 직면한다. 암에 걸릴 높은 확률과 수술로 완경에 이르고 더 나아가 아이를 낳을 수 없음을 받아들이는 것 사이에서 균형을 잡아야 한다. 아이를 가질 수 있도록 수술을 얼마나 지연시킬지는 여성 각자가 내려야 하는 지극히 개인적인 결정이다. BRCA1 변이체를 지닌 여성은 35세에 자궁관-난소 절제술, 위험도가 더 낮은 BRCA2 변이체를 지닌 여성은 45세에 수술을 받도록 권한다.

그러나 위험 저감 유방 절제술을 받는다는 결정은 여러 면에서 더 어렵다. 유방암 검진은 초기의 국소암을 더 잘 찾아내며, 이는 난소암과 달리 검진에서 발견되는 암이 대개 치료가 가능하다는 뜻이다. 위험 저감 유방 절제술을 받자는 결정이 반드시 생명을 구하는 결정이라고 할 수 없는 이유가 바로 이 때문이다.

난소암과 달리 유방암 위험이 높은 여성은 대안이 있다. 수술 대신에 추적 관찰을 택할 수도 있다. 영상 기술과 정기 검사를 통한 집중적인 검진으로 가장 초기 단계의 암을 검출한다는 뜻이다. 약 25세부터, 또는 변이체 유전자 검사에서 양성이 나온 때부터, 해마다 유방 MRI를 찍고 40-50세에는 유방 촬영도 추가한다.

고위험 BRCA 변이체에 어떻게 대처할지를 결정하는 여성은 암 추적 관찰 및 암의 두려움을 안고 살아가는 부담 대 큰 수술이라는 형태로의 직접적인 명확한 해결책 사이에서 더 현실적인 선택을 해야 한다. 해마다 영상을 찍으면서 암이 생기는지 추적 관찰하고 암이 발견되면 화학요법을 받을 확률 64퍼센트를 받아들이는 것과 이 모든 것을 예방하기 위해서 건강한 유방을 제거하는 것 사이에서 선택해야 한다. 어느 유형의 스트레스를 더 잘 견딜 수 있다고 생각하는가의 문제라고도 할 수 있다. 추적 관찰을 선택한다는 것은 암이 결코 검출되지 않아서 유방 절제술을 결코 받을 필요가 없음을 의미할 수도 있다. 그러나 평생 검진을 받는 스트레스를 결코 과소평가해서는 안 된다. 헌팅턴병 유전자를 지닌다는 두려움이 밸런티나를 너무나 힘들게 한 것과 똑같은 방식으로 피폐해질 수 있다. 게다가 MRI 영상 10번 중 1번은 경계선상의 변화를 보여주는데, 아무것도 아닐 수도 있지만 그래도 추가 검사로 이어지고 불가피하게 불안을 야기할 것이다. 20대나 30대에 추적 관찰을 시작한 여성은 연간 촬영을 할 때 적어도 두 차례의 거짓 경보를 받을 수 있다.

내게는 암 유전자 이야기의 바로 이 부분이 가장 충격적으로 와닿았다. 이 과학이 매우 새로운 것이며, 이런 엄청난 결정을 내릴 때 여성들이 믿을 만한 정보가 거의 없다는 점 말이다. 또 더 명확한 답을 제공할 과학을 기다려야 하는 상황에서 이 문제에 너무나 공격적으로 대처해왔다는 사실에도 놀랐다. 여성의 암 위험은 통계 모델을 이용해서 추정한다. 그러나 위험의 가장 정확한 통계 모델은 2017년 이후에야 쓸 수 있었다. 15년 전에는 BRCA1 변이체를 지닌 여성들은 대부분 자동적으로 유방암 위험이 85퍼센트라는 말을 들었다. 최악의 확률이라고 할 수 있었다. 그 뒤로 더 다양한 사람들을 대상으로 더 많은 검사가 이루어지면서 예측 모델은 크게 개선되었고, 개인별 확률을 더 정확히 계산할 수 있게 되었다. 위험 저감 수술은 1990년대 말부터 꾸준히 증가하기 시작했다. 아직 이런 개인별 위험 추정 모델이 등장하기 한참 전이었다. 15년 전에 위험 확률이 85퍼센트라고 나온 여성들 중 상당수는 현재 모델로는 훨씬 더 낮게 나올 것이다. 즉 아마도 수술이 실제로 필요한 수준보다, 지금이라면 택할 수준보다 더 많이 이루어졌을 것임을 의미한다.

또 위험 저감 유방 절제술 대 추적 관찰의 생존율을 비교할 좋은 자료도 거의 없으며, 2024년까지도 자신이 내려야 했던 선택에 만족감을 느낀 환자가 얼마나 되는지를 직접 살펴본 비교 연구도 전혀 없다. 따라서 많은 여성은 수술과 추적 관찰 중 어느 쪽이 더 나을지 제대로 판단할 수 없는 상태에서 이 두 대안을 놓고 선택을 할 수밖에 없었을 것이다.

두려움에 시달려서 그리고 아마 사회적 분위기에 휩쓸려서 수술을 받기로 결심한 여성들도 있음을 시사하는 증거가 있다. 2013년 배우 앤젤리나 졸리가 BRCA1 변이체를 가지고 있으며 위험 저감 수술을 받았다는 사실이 드러난 뒤로, 전 세계에서 유전자 검사와 수술을 받는 비율이 증가했다.[18,19] 미국의 국가 지침은 암 위험이 중간 수준(평균 위험의

2-4배)인 여성에게 유방 절제술을 권고하지 않지만, 그런 여성들도 고위험 여성들과 비슷한 수준으로 수술을 받아왔다. 즉 수술을 받는 이들의 비율이 권고하는 수준이나 엄밀하게 필요한 수준보다 더 많음을 시사한다. 그래서 위험 저감 수술의 빈도가 불필요하게 증가했으며, 사실 자체가 아니라 두려움에 더 기반을 두고 있다는 우려도 점점 더 제기되어왔다.[20,21]

미국과 영국은 수술을 받는 비율이 각각 50퍼센트와 40퍼센트로 세계에서 가장 높다. 대조적으로 독일에서는 이 선택에 직면한 여성 중 11퍼센트만 수술을 선택했다.[22] 프랑스와 폴란드는 5퍼센트에 불과했다.[23] 진료 관행은 나라에 따라 그리고 각 의료 분야의 문화에 따라 달라지지만, 이 차이는 놀라운 수준이며 몇 가지 중요한 의문을 불러일으킨다. 영국과 미국이 수술을 너무 많이 하는 것일까, 아니면 프랑스, 독일, 폴란드가 너무 적게 하는 것일까? 답은 자료에서 명확히 드러나야 한다. 프랑스, 독일, 폴란드가 유전암을 훨씬 덜 공격적으로 관리하는 것이라면, 말기에야 발견되어 암으로 사망하는 여성이 더 많다는 의미일까? 아니면 이 나라들이 추적 관찰을 더 잘하기 때문에, 예방 수술이 필요하지 않다는 뜻일까? 추적 관찰의 불확실성은 이 여성들에게 어떻게 영향을 미칠까? 나는 이런 질문들에 답할 수가 없는데, 연구가 이루어진 적이 없기 때문이다. 내가 이 결정을 내려야 하는 상황에 처한다면, 나는 단연코 그 답을 알고 싶을 것이다. 그러나 이 의학 분야는 증거보다 개입이 더 앞서는 경향이 있다.

유방암을 비롯한 부인과 암과 다른 유전암들을 비교한 흥미로운 연구도 있다. 린치 증후군은 유전성 대장암을 일으킨다. BRCA1 변이체와 유방암처럼, 일부 유전자 변이체는 잘록창자암을 일으킬 확률이 85퍼센트에 달한다. 그러나 이 고위험인 사람들에게 예방적 잘록창자 절제술을 받으라고 제안하는 사람은 아무도 없는 듯하며, 수술을 받게 만드는 사회적인 분위기도 없는 듯하다. 잘록창자암을 예방하는 수술은 로이진이 겪었던 여러 번의 수술 못지않게 합병증을 일으킨다. 유방암 검진은 잘록창자암 검진보다 덜 침습적이고 덜 불쾌하다. 그러나 잘록창자암 쪽에서는 의사와 환자 모두 수술보다는 추적 관찰이 더 낫다고 판단하는 듯하다. 이유가 무엇일까?

이 모든 불확실성은 이중으로 중요하다. 머지않아 훨씬 더 많은 이들이 로이진이 직면했던 것과 같은 결정에 직면할 수도 있기 때문이다. 의료계에서는 새로운 기술이 나오면, 먼저 소규모 집단에 적용해본 뒤 서서히 범위를 넓혀가는 것이 추세이다. 무엇인가가 누군가에게 가치가 있음이 입증되면 모두에게 가치가 있을 것이라고 가정하기 때문이다. 그러나 우리는 새로운 유형의 진단을 열광적으로 받아들일 때, 모든 신기술을 관리하는 법을 알아가는 과정이 학습 곡선을 따른다는 사실을 제대로 인식하지 못한 상태에서 그렇게 한다.

건강한 사람들에게 BRCA 검사를 어떤 식으로 하라고 CDC와 NICE가 내놓은 지침은 대체로 비슷하다. 현재는 양쪽 다 가까운 가족 구성원에게서 고위험 암 병력이 있을 때에만 검사를 하도록 정하고 있다. 그러나 변화가 일어나고 있다. 곧 암 가족력이 없는 이들도 암 유전자 검사를 받을 수 있게 될 것이다. 특정 집단을 대상으로는 이미 그렇게 하고 있다. 그러므로 유전학자가 사용하는 암 위험 예측 모델이 오로지 BRCA 변이체가 어느 암과 관련이 있는지를 지켜보고서 만든 것이 아님을 이해하는 일이 중요하다. 개인의 암 가족력도 그 알고리즘에 입력된다. 암 가족력이 **없는** 사람의 위험을 평가할 때에는 전혀 다른 예측 집합이 도출될 가능성이 높을 것이다. 유전자 검사를 새로운 집단에까지 확대하는 것은 불확실성으로 가득한 세계로 들어가는 것이나 다름없다.

유전암에 더 잘 걸리는 특정 집단이 있다는 것은 오래 전부터 알려져 있었다. 아슈케나지 유대인 집단은 40명 중 1명꼴로 병을 일으킬 BRCA 변이체를 지닌다. 그런 이유로 유대인 혈통에게는 BRCA 검사의 문턱이 늘 더 낮았다. 이 집단 출신인 사람은 CDC와 NICE 지침에서 정한 검사 기준을 모두 충족시키지 못하더라도 검사를 받을 수 있다. 더 최근에 이런 위험을 염두에 두고서 잉글랜드 지역의 국가보건 서비스는 조부모 중 한 명 이상이 유대인이라면 18세를 넘은 사람은 누구나 무료로 BRCA 변이체 검사를 받을 수 있도록 했다. 암 가족력이 없어도 상관없다.

언뜻 생각하면, 아주 단순해 보일 수도 있다. 내가 로이진과 같은 BRCA 변이체를 지녔다면, 나도 유방암에 걸릴 확률이 87퍼센트이고 난소암에 걸릴 확률이 60퍼센트라는 것이 분명하지 않나? 그러나 실제로는 그렇게 단순하지가 않다. 라임병 검사와 자폐 평가가 맥락을 고려해야 하듯이, 유전자 검진도 첨단 기술이라는 현란한 겉모습을 하고 있지만 마찬가지이다. 모든 검사 결과는 어느 정도 임상적 해석을 필요로 하며, 유전자 검사도 다를 바 없다.

아네케 루카센은 NHS의 유전체의학 교수이다. 암 가족력이 없는 여성들에게까지 BRCA 검진을 확대하는 것을 어떻게 생각하냐고 물었더니, 그녀는 그 문제를 매우 간결하게 요약했다.

그녀는 웃으면서 말했다. "대답해보세요. 선생님은 환자에게 전신 MRI 촬영을 검진으로 권하겠어요?"

아니, 나는 그렇게 하지 않을 것이다. 진단용 검사를 일반 건강 검진 도구로 삼는 것이 바람직한 경우는 거의 없다. MRI에서 발견되는 것들은 환자의 증상에 비추어 해석해야 한다. 어떤 환자가 갑자기 극심한 두통이 생겨서 찾아오면 나는 뇌 MRI 촬영을 의뢰할 것이고, 동맥류(혈관이 약간 부풀어오른 곳)가 발견된다면 그 동맥류가 원인이라고 합리적으로 가정할 것이다. 동맥류는 갑작스러운 두통을 일으키며, 이는 영상 판독 결과와 증상이 상응한다는 뜻이다. 그 영상은 진단에 고려할 수 있고, 나는 환자에게 동맥류의 방사선 치료나 수술 치료를 권할 수 있다.

반면에 뇌 동맥류가 건강 검진의 일환으로 찍은 영상에서 발견된다면, 나는 전혀 다른 식으로 반응할 것이다. 동맥류는 아주 크거나 누출이 일어남을 시사하는 증상이 없다면 굳이 치료할 필요가 없다. 건강 검진의 일환으로 찍은 영상에서 발견된 무증상 동맥류는 그저 우연한 발견이라고 여길 것이다. 동맥류는 MRI 영상에서 꽤 흔히 발견되며, 건강한 집단에서 많으면 3퍼센트까지 발견된다고 추정된다. 동맥류의 치료는 위험이 매우 크며, 아무런 문제도 일으키지 않는 동맥류를 무조건 치료하겠다고 나서지 않는 이유가 바로 그 때문이다. 우리는 겉모습뿐 아니라 몸속도 개인마다 다르다. 내장에 덩어리와 혹, 낭종이 있지만 아무런 문제도 일으키지 않으니, 굳이 치료할 필요가 없는 이들도 많다.

마찬가지로 유전학자가 유전자 검사의 결과를 제대로 이해하려면 온전한 임상적 맥락이 필요하다. 유전학자에게 가족력은 그 맥락의 중심에 놓인다. 많은 연구들을 통해서 우리는 특정한 변이체가 암 가족력이 있는 사람들에게 그 암에 걸릴 위험을 증가시킨다는 것을 알게 되었지만, 같은 변이체가 가족력이 없는 사람들에게 어떤 영향을 미치는지를 알려줄 포괄적인 연구는 아직까지 거의 이루어진 적이 없다. 아마 BRCA 변이체는 사람마다 미치는 영향이 다를 것이다. 사실 변이체와 관련된 암이 모두에게 똑같이 위험한 것이 아님을 시사하는 증거가 일부 있다.

루카센은 설명했다. "영국의 바이오뱅크Biobank 참여자 집단을 생각하면, 그 문제를 이해할 수 있을 거예요. 그 집단의 60-70대를 보면 암에 걸리지 않았으면서 고위험 BRCA 변이체를 지닌 사람이 많아요. 그 말은 가족력이 있는 사람들에게서 암으로 발전할 확률인 60-85퍼센트가 일반 집단에도 반드시 그대로 적용되는 건 아니라는 뜻이죠. 유전암호가 우리가 예상하는 것만큼 예측적이지 않다는 점을 깨닫는 순간이에요."

영국 바이오뱅크는 참여한 영국인 50만 명의 유전 정보와 건강 정보를 담은 데이터베이스이다. 세계에서 가장 포괄적이고 널리 쓰이는 생명의학 데이터 집합이며, 전 세계에서 보건 연구에 아주 많이 활용되고 있다. 이 데이터 집합은 완벽하지 않다. 참여자 대부분이 백인이며 연구에 자원할 만치 건강하고 부유하다. 그러나 다른 어떤 연구가 내놓은 것보다 더 많은 유전체 서열이 분석되어 있고, 모든 참여자의 건강 기록도 포함되어 있기 때문에 매우 가치 있는 데이터베이스이다. 루카센이 지적했듯이, 바이오뱅크에는 특정한 질병 성향을 부여한다고 알려진 유전자 변이체를 지니고 있지만, 어떤 이유에서인지 발병하지 않은 건강한 이들이 많다. 이 발견은 유전학자들이 오래 전부터 품고 있던 의구심, 즉 발병하려면 질병 유전자만이 아니라 또다른 무엇인가가 필요하다는 의구심을 확인해주었다.

질병 유전자에 관해서는 많이 알려져 있지만, 누군가가 암에 걸리는 것을 막는 이 요인들이 무엇인지는 훨씬 덜 알려져 있다. 사람 유전체는 사람 DNA의 집합 전체이다. 지금까지 사람 유전체 중 해독된 부위는 일부에 불과하다. 질병을 일으키는 유전체 변이체만이 아니라 발병을 막는 다른 변이체도 있을 수 있다. 다른 유전적 및 비유전적 요인들이 작용하기 때문에 동일한 변이체를 지닌 모든 이들이 동일한 위험에 처하는 것은 아니다. 그리고 이 요인들은 아직 다 밝혀지지 않았다.

가족성 당뇨병도 이 점을 잘 보여준다. 당뇨병에 걸릴 위험을 대폭 높이는 유전자 변이체가 있다. 당뇨병의 가족력이 강한 집안의 사람에게서 이 변이체가 발견되면, 그 사람은 당뇨병에 걸릴 위험이 75퍼센트이다. 그러나 똑같은 변이체가 일반 집단의 10퍼센트에서도 발견되며, 당뇨병 **가족력이 없는** 이들은 이 변이체를 지닌다고 해도 위험이 전혀 높아지지 않는다.[24]

암 유전자도 이 당뇨병 유전자와 동일한 양상을 띠는 것으로 드러난다면, 암 가족력이 없는 사람에게 BRCA 검사를 해서 나온 결과는 해석하기가 무척 어렵다는 의미가 될 수 있다. 일반 집단에서 얼마나 많은 이들이 고위험 BRCA 변이체를 지닐지 아무도 모른다. 집단 수준에서의 검사가 결코 이루어진 적이 없기 때문이다. 암에 걸리지 않고 암 가족력도 없지만 BRCA 변이체를 지닌 사람은 우리가 짐작하는 것보다 훨씬 더 많을 수 있다. 암 가족력이 없는 여성들을 검사한다는 것은 딱히 필요 없는 근치根治 수술을 훨씬 더 많은 여성이 받게 된다는 것을 의미할 수 있다. 2017년 이전, 즉 위험 평가 모델이 지금만큼 정확하지 않던 시기에, BRCA 변이체를 지닌 여성 대다수는 자동적으로 암 위험이 85퍼센트라는 통보를 받았다. 더 후속 모델들에서는 더 낮게 나왔을 이들도 있었다. 이런 일은 얼마든지 되풀이될 수 있다. 그리고 자기 영속성을 띤 현상일 수 있다. 불필요한 수술을 받은 여성들이 모두 암에 걸리지 않을 때, BRCA 검진 사업은 성공한 양 보일 수 있다. 그 여성들 중 상당수가 애당초 암에 걸릴 운명이 아니었을지라도 말이다. 그러면 도미노 효과가 일어나서 검진 사업은 더 장려되고 더 많은 이들이 수술을 받을 수도 있다. 그리고 그 여성들 중 누구도 자신이 과잉의료를 받았을 수도 있다는 사실을 알지 못할 것이다.

★ ★ ★

"그 BRCA 유전자가 있다는 이메일을 받았을 때, 누가 내 발밑의 깔개를 확 잡아당긴 것 같았어요." 주디스는 말했다. "내 인생 최악의 날이었죠. 그게 없다고 진심으로 믿었기 때문에 검사를 받았거든요. 그냥 있자니 편집증에 걸릴 것 같으니까, 검사를 받으면 안심할 수 있겠지 생각했죠."

현재 BRCA 검사는 의사의 처방 없이도 할 수 있으며, 비용은 129파운드나 148달러, 148유로이다. 소비자 직접 의뢰 검사(DCT)라고 하는

데, 23앤미, 랜덕스헬스 같은 민간 기업이 성인에게 혈통과 질병 검사를 제공한다. 크리스마스와 생일 선물로 이런 검사를 해주라는 광고도 한다. 가족 모두의 행복을 위해서. 광고에는 과학을 설명하는 쾌활한 만화 캐릭터도 등장한다. 그리고 꽤 인기가 있다. 2023년에 민간 부문에서 유전자 검사를 받은 사람은 2,600만 명이 넘는다고 추정되었다.[25] 공식적인 동의나 상담 과정도 없이 민간 부문에서 이렇게 의학 질환에 대한 유전자 검사가 이미 이루어지고 있는데, 보건의료 부문 내에서 유전자 검사가 너무 급속히 확대되고 있다는 나의 우려가 조금은 우스꽝스럽게 보일 수도 있다.

로스앤젤레스에 사는 언론인인 주디스는 심리치료사의 권유로 한 민간 기업에서 혈통과 질병 검사를 받기로 했다. 심리치료사는 유전자 검사가 그녀가 앞으로 어떤 식으로 운동을 하면 좋을지 결정할 때 도움이 될 수도 있다고 보았다. 주디스는 별 생각 없이 BRCA 검사 항목에도 표시를 했다. 유방암으로 사망한 고모가 한 명 있었지만, 주디스는 집안에 BRCA 변이체가 있는지 알지 못했다. 검사 결과는 이메일로 받았다.

"아무런 걱정 없이 이메일을 열었어요. 처음에는 와! 했어요. 내 조상들이 모두 같은 지역 출신이라고 적혀 있었어요. 또 와! 내가 고수를 좋아한다고! 결과 하나하나에 그렇게 감탄사를 연발하면서, 별 생각 없이 그냥 계속 눌렀죠. 이윽고 마지막 장이 나왔는데, 이렇게 적혀 있었어요. 귀하는 BRCA 돌연변이, BRCA1을 가지고 있습니다."

DCT 건강 검사 업체들은 자신들이 하는 일을 진단이 아니라 유전자 건강 위험 평가라고 말한다. 그럼으로써 보건 서비스 내에서 유전자 검사를 할 때면 대개 요구되는 상담 절차와 검사 결과의 직접 수취라는 규정의 적용을 받지 않는다. 업체는 온라인으로 문서와 동영상 형식의 교육 정보를 제공한다. 건강에 유전 인자 못지않게 생활습관 인자도 중요하다고 상기시키는 내용도 있다. 대다수 기업은 유전자 검사가 가족 전체에 폭넓게 영향을 미칠 수 있다고 주의 사항도 알린다. 건강 검진을 받기 전에 유전상담사와의 면담을 권하는 기업도 있다. 그러나 물론 유전상담사를 만나는 일이 DCT만큼 저렴하고 쉽다면, 사람들이 굳이 그 저렴한 직접 의뢰 검사를 택하지 않을 것이다.

분석할 침 시료를 보낼 때, 의뢰인은 제공된 모든 정보를 읽고 듣고 이해했다고 가정된다.

주디스는 인정했다. "나는 그냥 마우스를 눌러서 다 넘겼어요."

"상담을 먼저 받으라고 권하는 웹사이트도 있어요. 본 적 있나요?"

"'의사와 상담하세요'라고 나와 있었을지도 모르죠. 하지만 솔직히 전혀 신경도 안 썼어요. 귀여운 캐릭터가 유전학 이야기를 떠들던 건 기억해요. 모두 첨단 기술 분위기를 풍겼죠. 그 검사의 그쪽 측면에는 전혀 신경도 안 썼던 것 같아요."

주디스는 교양 있고 지식이 풍부했고, 언론인이므로 대체로 취재를 시작하면 깊이 파고드는 성향이 있다. 그러나 이번에는 그냥 이런저런 조항과 규정에 동의하라고 할 때, 우리 대다수가 하는 것처럼 했다. 별 생각 없이 그냥 죽 훑으면서 서류에 아주 작은 글씨로 적힌 표시하라는 네모칸에 전부 표시를 했다. BRCA 양성이라는 결과를 받았을 때, 그녀는 미처 준비가 되지 않은 상태였다. 그녀만 그런 것이 아니었다. DCT를 위해 시료를 보낸 사람의 38퍼센트는 부정적인 결과가 나올 가능성조차 고려하지 않았다는 연구 결과가 있다.[26]

누구에게 조언을 받아야 할지 몰랐던 주디스는 자주 다니던 부인과 의사에게 전화했다.

"이렇게 말하더군요. '정말 희소식이네요!'" 주디스는 낄낄 웃었다. "말 그대로 내가 지금까지 들었던 최악의 소식이었는데, 의사가 그런 반응을 보인 거예요. 왜 그렇게 말했는지 이해하기까지 정말 오랜 시간이 걸렸어요. 의사인 그녀는 많은 환자들이 암에 걸리고 화학요법을 받다가 죽는 모습도 많이 봤을 거예요. 나는 그녀에게 이렇게 말하는 환자였어요. '내 검사 결과가 나왔으니까, 난 그런 일을 겪을 필요가 없어요.'"

민간 부문에서 사용하는 서열 분석 기술은 임상 등급이 아니며, 거짓 양성률이 무려 최대 96퍼센트에 달한다고 한다.[27] 이런 유형의 검사는 "진단"이라고 하지 않으므로, 중요한 BRCA 변이체 검사에서 양성이 나온다고 해서 진정으로 받아들이고 그에 따라 행동을 취하라는 의미는 아니다. 결과가 양성이라면 의사를 찾아가서 더 정확한 유전자 검사를 포함한 검진을 받아야 한다. 그러나 인쇄물에 적힌 내용을 꼼꼼히 읽어야만 그렇다는 것을 알 수 있다.

다행히도 주디스는 의사와 보험사 양쪽에서 지원을 받았다. 유전상담사를 만나서 상담을 받고 검사도 다시 했다. 임상 등급의 검사에서도 병을 일으킬 BRCA1 변이체 양성이라고 나왔다. 주디스는 아슈케나지 유대인 혈통이었고, 아주 이른 나이에 유방암에 걸린 고모도 있었기 때문에, 결국 주디스의 변이체는 진정으로 암 위험이 높음을 시사한다는 판단이 나왔다. 로이진처럼 그녀도 조치를 취해야 한다는 강한 압박을 느꼈다.

"나는 본래 걱정이 많은 사람이에요. 내 몸 상태를 계속 지켜보면서 살아갈 만한 사람이 아니죠. 당시 나는 마흔여덟 살이었고, 두 아이를 키우고 있었고, 완경이 가까워지고 있었어요. 그러니 수술을 받겠다는 결정이 그리 어렵진 않았어요. 먼저 난소를 떼어냈어요. 큰 수술처럼 느껴지지 않았어요. 복강경으로 했는데, 맛보기로 하는 수술처럼 느껴졌어요. 하지만 유방 수술은 받을 생각을 하니 겁이 났어요. 수술 전에 너무 겁나서 울기도 했죠. 내게는 엄청난 일이지만, 수술하는 의사에게는 그저 평범한 화요일이겠거니 생각하니 그나마 좀 진정이 되더라고요."

주디스가 BRCA 변이체를 지닌다는 사실이 드러나자, 집안 전체에도 엄청난 파장이 미쳤다. 부모, 형제자매, 조카, 삼촌과 고모, 사촌 모두 그 유전자를 지닐 수 있었고, 연장자들은 모두 주디스의 검사 결과를 알 필요가 있었다. 그 뒤에 검사를 받은 사람도 있고, 받지 않은 사람도 있다. 주디스의 아들과 딸은 10대여서 아직은 몰라도 되지만, 머지않아 알려주어야 할 것이다.

DCT는 자신의 유전적 미래를 알지 **않을** 권리를 쉽게 짓밟는다. 나와 이야기를 나눈 한 캐나다 여성은 부모가 모두 DCT를 받았는데, 치매 위험을 높이는 APOE e4 유전자 변이체를 엄마는 쌍으로, 아빠는 하나를 가지고 있다는 결과가 나왔다고 했다. 이는 자신이 그 고위험 유전자를 적어도 하나 물려받았으며, 따라서 일반 집단보다 치매에 걸릴 위험이 더 높다는 의미였다. 그녀 자신은 결코 검사를 받을 생각이 없었지만, 부모가 받음으로써 어쩔 수 없이 자신도 알게 되었다.

또한 민간 기업에는 개인 정보 보호와 비밀 유지 문제도 있다. DCT를 받은 2,600만 명 중 800만 명은 자신의 데이터를 기업이 익명으로 다른 용도로 사용해도 좋다고 동의했는데, 그 말이 실제로 어떤 의미인지 아는 사람은 아무도 없다. 그들은 무엇에 동의한 것일까? 그들은 자신의 정보가 어디로 갈지도 전혀 모른 채 그 정보를 내주었다. 그 데이터가 어떻게 쓰일지, 침해로부터 얼마나 잘 보호될지 아는 사람은 아무도 없다.

그러나 주디스는 검사를 하고 수술을 받은 것에 감사한다. 이 일은 기이한 방식으로 그녀가 유전자 검사를 받기로 결정하기 전에 가졌던 한 가지 문제를 건드렸다. 주디스는 오래 전부터 자신이 일찍 죽을 것이라는 두려움을 가지고 있었다. 엄마는 주디스가 열네 살일 때 다발경화증 진단을 받았다. 이모는 크론병으로, 고모는 유방암으로 세상을 떠났다. 주디스는 자신도 비슷한 운명을 맞이할까 봐 두려웠다. 암을 예방하는 조치를 취할 기회를 접하자, 그녀는 낯선 선물을 받은 것처럼 느꼈다. 주디스는 다른 측면에서도 자신이 운이 좋다고 느낀다. 그녀에게는 뜻밖의 상황에 대처할 자원이 있었다. 보험사는 심리학자에게 상담을 받는 것도 포함해서 모든 비용을 댔다. 또 그녀는 기자로 일하고 있어서 자신이 어떤 상황인지를 조사할 능력도 갖추고 있었다. 주디스는 위험 저감 수술을 받은 여성들을 거의 30명이나 만나 이야기를 나눈 뒤에 수술을 받기로 결심했다. 좋은 이야기와 좋지 않은 이야기를 다 들었고, 가능한 모든 결과들을 파악한 뒤에야 마음을 굳혔다. 그럼에도 그녀는 경제적 여건이 더 충분하지 못한 여성들과 이런저런 질병을 대상으로 하는 민간 유전자 검사의 미래를 우려한다.

"나는 보험이나 잘 아는 부인과 의사가 없는 여성들이 결과를 숨기지 않을까 걱정이 돼요. 전화할 수 있는 사람이 있어야 해요. 결과를 받았을 때 사무실에 혼자 있었는데, 방금 무슨 일이 일어난 거지?라고 생각했던 게 기억나요. 그래도 적어도 나는 전화할 사람이 있었어요."

DCT에서 상담도 할 수 있게 되지는 않을 듯하다. 고객을 끌어모으지 못할 만치 검사 비용이 치솟을 것이기 때문이다. 사람들이 검사의 양성 판정에 어떻게 반응하는지를 살펴본 후속 연구는 전혀 없다. 그 부문을 규제하려는 시도가 이루어지고 있지만, 현재로서는 유전자 검사 분야는 법의 테두리를 벗어나 있다. DCT는 BRCA 검사에서 거짓 양성이 나올 가능성이 매우 높을 뿐 아니라, 거짓 음성률도 매우 높다. 암과 관련된 BRCA 유전자 변이체는 수천 가지에 달하지만, DCT는 그중 매우 한정된 범위만을 살펴본다. 아슈케나지 유대인에게 나타나는 것은 포함되지만, 다른 것들은 종종 제외된다.

주디스는 이렇게 말했다. "나는 BRCA 돌연변이가 사전과 비슷한데, 민간 검사가 그 사전의 겨우 세 쪽만 살펴볼 뿐이고, 그 세 쪽에 적힌 것이 아슈케나지 유대인의 변이체라는 것을 알게 되었어요. 그러니 나는 무척 운이 좋은 거였죠. 내가 흑인이나 의료계에서 소홀히 여기는 쪽의 사람이었다면, 결과가 전혀 다르게 나왔을 수도 있어요."

아주 많은 의학 연구 분야가 그렇듯이, 현재의 유전학 지식은 다른 인종이나 문화에 속한 이들보다 유럽 백인을 훨씬 더 잘 대변한다. 민간 BRCA 검사에서 양성이라고 나온 사람이 그 결과를 신뢰해서는 안 되는 것처럼, 음성 판정을 받은 사람이라고 해서 안도할 이유는 전혀 없다. 그렇다면 이런 의문이 든다. 대체 그 검사를 왜 할까?

DCT의 건강 검진이 암 유전자 검사보다 더 내세우고 있는 장점은, 흔한 질병에 걸릴 위험이 높은 사람들에게 그 정보를 토대로 생활습관을 바꾼다면 어느 정도 위험을 줄일 수도 있다고 미리 알려준다는 것이다. 이 검사는 다유전자 위험 점수(PRS)를 평가한다.

지난 몇 년 사이에 엄청나게 많은 사람들의 유전암호 전체를 이용하여 변이체들의 조합이 흔한 질환에 어떻게 기여하는지를 알아내는 대규모 연구가 이루어져왔다. 어떤 질병에 걸린 사람들의 유전자 변이체 범위를 그 병에 걸리지 않은 이들의 것과 비교하면 고위험 유전자 패턴을 파악할 수 있다. 그런 뒤 이 정보를 활용해서 심장병과 당뇨병 같은 흔한 질환이 생길 위험을 추정하는 PRS를 계산한다. PRS는 아주 많은 유전자가 관여하기 때문에 BRCA 변이체의 통계 모델보다 질병 위험 평가의 신뢰도는 훨씬 떨어진다. PRS를 써서 건강을 도모하자는 이들은 특정한 질병에 걸릴 위험이 높은 이들을 파악함으로써 예방 조치를 취할 수 있다는 것을 장점으로 든다. 예를 들어, 자신이 심장병 위험이 평균 이상임을 안다면 그 위험을 증가시킬 다른 요인들을 최소화하는 방향으로 생활습관을 바꿀 것이라는 개념이다. 반면에 PRS의 비판자들은 그 점수가 주장하는 수준의 예측력을 결코 지니지 못한다고 말한다. 질병의 유전적 요소를 과대평가하는 반면, 아직 제대로 이해되지 않은 유전적 변수들은 말할 것도 없이 환경과 생활습관이라는 훨씬 더 중요한 기여 요인을 제대로 고려하지 않는다는 것이다.

루카센은 내게 말했다. "유전적 요소는 대다수 질병의 위험 중 작은 부분을 차지할 뿐이에요. 다유전자 위험 점수는 현재 매우 논란거리이지만, 태어난 지역의 우편번호도 유전암호만큼 암이나 심장병에 걸릴지 여부를 판단하기에 좋은 예측 지표일 거예요."

우리는 유전자 조성의 노예가 아니다. 행동과 환경은 우리 유전자가 발현되는 방식을 바꿀 수 있으며, 이는 우리가 자신의 유전적 질병 취약성을 어느 정도 통제한다는 의미이다. 식단, 운동, 수면 같은 요인들은 유전자를 켜고 끌 수 있다. 유전암호 자체는 변하지 않지만, 몸이 그 암호를 읽는 방식은 변한다. 이를 후성유전epigenetics이라고 한다. 예를 들면, 흡연은 세포의 성장 조절에 중요한 유전자의 기능을 바꿀 수 있으며, 그 결과 암 위험을 높인다. 그러나 금연을 하면 기능이 다시 회복될 수 있고, 유전자는 다시 비흡연자에게 있는 것처럼 행동한다. 동일한 DNA를 지닌 세포들이라도 후성유전을 통해서 서로 다르게 유전자가 조절됨으로써 전혀 다르게 행동할 수 있다. DNA에 있는 문자들의 순서인 유전암호만이 우리의 미래를 절대적으로 통제하는 것은 아니라는 뜻이다.

대다수 유전자는 감수성susceptibility 인자이다. 질병의 원인이 아니다. 질병의 다유전자polygenic 기여분은 다른 비유전자non-genetic 인자들에 비하면 미미할 때도 많다. 유전자 검사의 기술적 토대와 새로움에 혹해서 사람들은 그 점수를 원래 받아 마땅한 수준보다 더 중요하게 여길 수도 있다. 많은 연구는 다유전자 위험 점수를 토대로 어떤 질병에 취약하다는 판정을 받은 이들 중 겨우 10-15퍼센트만 그 병에 걸린다는 것을 보여준다. 이는 적어도 85퍼센트는 불필요하게 고위험 꼬리표가 붙는다는 의미일 수 있다.²⁸ 결과가 그저 건강한 생활습관을 가지도록 부추기는 것이라면, 그런 꼬리표가 붙어도 무해할 것이다. 그러나 불필요한 검사와 건강 염려로 이어진다면 해로울 수 있다.

PRS는 천식, 우울증, 심장동맥 질환, 고혈압, 공황발작, 피부암, 섬유종, 녹내장 등 많은 심각한 질병의 위험을 알려주겠다고 약속한다. 미래에 어떤 건강 문제가 생길지 미리 경고함으로써 예방 조치를 취할 수 있게 한다고 가정한다. 그런데 과연 정말로 그렇게 유용할까? 우리 대다수는 선크림을 바르고, 금연을 하고, 건강한 식사를 해야 한다는 것을 안다. 이 메시지를 강화하는 데 굳이 유전자 검사까지 필요할까? 의사들이 이미 조언하는 것들을 하는 데 PRS까지 필요할까? 건강한 생활습관의 중요성을 강조하는 더 나은 공중보건 사업이 개인을 표적으로 삼고 해석하기 어려운 결과를 내놓는 유전자 검사보다 한정된 자원을 더 잘 쓰는 방법이 아닐까? 게다가 DCT를 통해서 복잡한 유전적 위험 정보를 얻은 사람들의 대부분이 사실상 행동 습관을 바꾸지 않는다는 증거가 있다.²⁹,³⁰ 또 자신의 질병 위험이 낮다는 결과를 받은 이들이 어떻게 행동해도 끄떡없을 것이라는 자만심에 빠져서 본래는 신경을 썼을 법한 건강한 생활습관을 소홀히 할 가능성도 우려된다.

집단 수준에서 큰 집단을 살펴보는 PRS는 매우 흥미로운 결과를 낳는다. PRS는 연구할 가치가 있으며, 큰 집단을 살펴보는 보건 정책을 개발하는 데에도 적용될 수 있다. 그러나 PRS를 개인별 진단 검사로, 임상 맥락으로 확장하려는 시도는 유용한 과학을 잘못된 맥락에 적용함으로써 그 유용성을 깎아먹고 너무 많은 것을 기대하는 또 하나의 사례가 될 수 있다. 유전자 서열 분석 기술은 유전암호가 의미하는 바를 이해하는 우리의 능력보다 훨씬 더 빠른 속도로 발전하고 있다.

아마 많은 이들이 그 검사를 택하는 이유이기도 할 텐데, DCT의 유전적 혈통 측면도 건강 검사 측면만큼 문제가 많다. 시료를 몇 개 기업에 보낸다면 각 기업이 내놓는 결과가 서로 다르게 나올 가능성이 높을 정도이다. 캐나다 국영방송국이 조사한 자료가 있는데, 일란성 쌍둥이의 DNA 시료를 한 기업에 보내서 혈통 조사를 의뢰했더니, 각자 서로 다른 결과를 받았다.

DCT 옹호자들은 사람들이 자신이 받은 결과의 한계를 제대로 이해하지 못할 수 있다고 말하는 내가 권위적이라고 말하고 싶을 것이다. 그러나 내놓는 결과가 너무 복잡하고 너무나 많은 단서 조항이 따라붙기 때문에 의학 전문가조차도 해석하기가 어렵다.

영국 보건부 장관이었던 매슈 행콕은 결과를 오해할 가능성을 탁월하게 보여주었다. 장관으로 재직 중이던 2019년 그는 자신이 소비자 직접 의뢰 유전자 검사를 받아보았다고 했다.[31] 전립샘암에 걸릴 위험이 15퍼센트라고 나왔다. 그는 언론 앞에서 그 결과를 교훈적인 사례로서 발표했다. 그는 그 결과에 감사를 표했다. 의사와 전립샘암을 상담할 기회를 주었고, 검진의 중요성을 상기시켰다는 것이다. 그는 그 검사가 자신의 목숨을 구했을 수도 있다고 믿었다. 또한 유전자 검사가 질병을 예측하고 생명을 구할 능력이 있다고 말하면서, NHS에서 모든 이들이 이용할 수 있게 하겠다는 구상을 제시하려는 의도로 자신의 사례를 언급했다.

그는 언론에 "유전체 검사를 받지 않았다면 이 사실을 결코 알지 못했을 것입니다"라고 발표했다.

그러나 행콕은 자신의 결과를 과대평가하고 오해했다. 당시 그의 나이에 해당하는 남성들의 전립샘암 평균 생애 위험도는 12퍼센트였으며, 따라서 그의 생애 위험도는 평균보다 약간 높은 수준이었다. 게다가 그가 앞으로 10년 사이에 전립샘암에 걸릴 가능성은 0에 가까웠다.[32]

신기술은 언제나 과학자와 대중을 사로잡는다. 도약은 현대성을 시사하며, 현대 의학은 예전 의학보다 더 우월하다고 인식되는 경향이 있다. 그러나 신기술에는 언제나 학습 곡선이 뒤따른다. 1895년 빌헬름 콘라트 뢴트겐은 다소 우연히 X선을 발견했다. 다음해에 세상은 X선 열풍에 휩싸였다. X선은 새로운 장난감이 되었다. X선을 생성하는 데에 필요한 부품들은 쉽게 구할 수 있었으므로, 사람들은 가정에서 X선을 찍을 수 있었고, 그 장치에 들어갈 만큼 작은 것들은 무엇이든 간에 다 X선으로 촬영을 했다. X선은 의학적 문제를 진단하는 것보다 훨씬 더 많은 일을 할 수 있는 기적의 치료법으로 비쳤다. 살균 효과와 미용 효과도 있다고 여겼다. 의사들은 제모용으로 썼다. 그러다가 1897년쯤에 사람들은 X선이 피부에 화상을 입힌다는 사실을 알아차리기 시작했다. 1910년 X선 기술을 개발한 의사들은 암으로 죽어가고 있었다. 이렇게 새로운 기술을 사용하는 방법을 알아가는 단계에서는 이런저런 문제들이 생긴다. 그 기술이 혁신적이고 의학에 지속적인 가치를 지닌다고 해도 그렇다. X선은 보건의료를 변화시켰고 지금도 여전히 가치가 있다. 우리가 안전하게 사용하는 방법을 배운 덕분이다.

나는 유전자 검사가 나름의 "1896년" 단계에 있는 것이 아닐까 하는 생각이 든다. 이 검사의 이용은 보건의료 서비스의 내부와 외부 양쪽에서 폭발적으로 증가하고 있다. 저렴하고 쉽게 할 수 있는 유전자 검사는 분명히 의학을 혁신시킬 것이며, 유전자 진단과 검사는 앞으로도 죽 가치가 있을 것이다. 유전자 검사가 더 많이 이루어질수록 결과도 신뢰성이 더 높아지고 더 유용해질 것이다. 그러나 우리는 아직 그 단계에 이르지 못했다. 우리의 행동을 보면 우리가 그 단계에 이르렀다고 생각하는 듯하지만 말이다. 유전체 전체의 염기서열을 분석하는 능력과 그 결과를 해석하는 능력 사이에는 사람들이 짐작하는 것보다 훨씬 더 큰 격차가 있다.

또한 나는 우리가 생물학적 비정상을 검출하는 능력에 너무나 흡족해하고 그런 기술에 너무나 깊은 인상을 받은 나머지, 사탕 가게에 들어간 아이처럼 행동하고 있지 않나 하는 걱정이 든다. 의학이 비교적 쉽게 할 수 있는 것도 있고, 하기가 무척 어려운 것도 있다. 암을 발견하는 일은 암이 왜 사람마다 다르게 진행되는지를 이해하는 일보다 훨씬 더 쉽다. 유전병을 찾아내는 일은 그 병을 치료하는 일보다 훨씬 더 쉽다. 유전자 변이체를 찾아내는 일은 그 변이체가 어떤 의미를 지니는지를 이해하는 일보다 훨씬 쉽다. 결실을 맺기까지 오래 걸리는 것을 기다리기보다 우리가 이미 숙달한 일을 반복해서 계속하는 쪽이 훨씬 더 매혹적이다. 그러나 검사를 더 많이 받고 진단을 더 많이 받는다고 해서 반드시 더 건강해지는 것은 아니며, 그 진단은 우리를 더 아프게 할 수 있는 힘도 지니고 있다.

젊을 때 암이라는 진단을 받는 사람이 예전보다 더 늘어나고 있는데,

암으로 죽어가는 사람도 더 늘고 있다. 검진으로 발견된 암이 아니라, 증상들을 통해서 드러난 진짜 암을 말한다. 그래서 암은 사회에 큰 고민을 안겨준다. 과학자와 의사에게는 당연히 난제이다. 암을 예전보다 훨씬 더 잘 치료하는 것은 맞지만, 여전히 많은 사람들이 암으로 사망한다. 해마다 전 세계에서 유방암으로 사망하는 여성이 거의 70만 명에 달한다.[33] 따라서 우리는 암으로 진행될 암세포와 그렇지 않을 암세포를 구별하는 일을 더 잘할 필요가 있다. 어느 인자가 세포를 암으로 성장시키고 어느 보호 인자가 그런 일을 막는지를 더 잘 이해할 필요가 있다. 그런 인자들을 관리하기 전까지, 얼마나 될지 모를 사람들은 필요 없는 유독한 치료에 노출될 것이다.

두려움은 과잉진단의 강력한 추진력이다. 암은 사람들에게 겁을 주어 어떤 행동을 하도록 압박하는 무엇인가이다. 전문가든 대중이든 다를 바 없다. 그러나 때로는 잠시 멈추고 생각할 시간을 가지는 것도 좋다. 검진에서 발견된 몇몇 초기 암을 경과를 지켜보면서 관리하는 치료 방식도 있다.[34,35] 정기적으로 검진을 하면서 생각할 시간을 가진다는 뜻이다. 그러나 이런 사치를 허용하려면, 검진 사업과 관련된 암 과잉진단이라는 문제에 더 개방적인 태도를 취하고 대중에게 훨씬 더 명확히 알릴 필요가 있다. 또 그런 기다리는 시간을 헤쳐나가도록 이끌어줄 믿을 만한 의사도 필요하다. 암에 걸릴 위험이 높다는 사실에 직면했을 때 혼자라고 느끼거나 돌봄을 제대로 받지 못한다는 느낌을 주는 분위기에 놓여서는 안 된다.

언어에 문제가 있다고 말하는 이들도 있다.[36] 검진에서 발견되었지만

성장한다는 명확한 증거가 전혀 없는 작은 일탈 세포 덩어리에 빨리 자라면서 증상을 일으키는 종양인 암과 똑같은 이름을 붙이는 것이 문제라고 지적한다. 사람들이 겁에 질려서 행동에 나서지 않도록 어느 한 신체 부위에 국한되어 존재하는 비정상 세포에 다른 이름을 붙이자는 주장이 있다. 암이라고 하면 의사도 겁을 먹으며, 그래서 과잉의료화 쪽으로 심하게 치우친다. 건강 담당 언론인 에드워드 데이비스는 이렇게 썼다. "환자와 의사 모두 알려진 가장 나은 지식, 연구, 정보보다 두려움에 더 좌우될 수 있다."[37] 두려움의 해독제는 지식, 신뢰, 지원이다.

나는 검진을 받아보라는 권유를 받으면 그렇게 하며, 남들에게도 그렇게 하라고 권한다. 언젠가 운 나쁘게 양성 판정을 받게 된다면, 시간 여유를 두고서 대안들을 검토할 계획이다. 그런 한편으로 검진이 나 스스로를 암으로부터 보호할 수 있는 최소한의 조치라고 자신에게 상기시킨다. 흡연, 비만, 술, 식단, 햇빛 노출은 모두 유전적 위험보다 더 암에 걸릴 가능성을 높이는 인자들이다. 그런 위험 인자들을 제한하기 위해서 내가 하는 일들이야말로 더 건강하게 더 오래 살 가능성을 가장 크게 높여줄 것이다.

5

ADHD, 우울증, 신경다양성

애나에게는 학창시절이 힘든 시기였다. 지금도 생각조차 하기 싫다. 그녀는 친구들을 잘 사귀는 사교적인 아이였던 시절을 떠올린다. 그런 한편으로 한 친구에게 아주 푹 빠졌다가, 다른 친구에게로 관심이 쏠리면서 그렇게 옮겨갔던 것도 기억한다. 그녀는 사람을 이용해 먹는다는 비난을 받았다. 충동적이고 남들을 즐겁게 하고 싶어서 안달하는 경향도 있었다. 특히 지금도 때때로 떠오르는 몹시 심란한 사건이 하나 있다. 학기 중간에 전학을 갔을 때였다. 새 학교에 간 첫날, 두 여자아이가 친하게 지내자고 다가오자 그녀는 안심했다. 점심시간에 여자아이들은 낄낄 웃으면서 서로를 부추겨서 장난을 쳤다. 애나는 남자아이들에게 오렌지 주스를 뱉었다. 그녀는 신이 나서 그렇게 장난을 쳤고, 나중에야 후회를 했다. 그 일이 자신의 학창시절 전체를 망쳤다고 느낀다.

그녀는 눈물을 글썽이면서 내게 말했다. "등교 첫날에 그런 짓을 했으니, 모두가 나를 어떻게 생각했겠어요?"

아이 때도 자란 뒤에도 애나는 자신이 제재받고 심판받고 오해받는다고 느꼈다. 그녀는 자신이 새로운 환경에 잘 적응하고 남들을 웃김으로써 살아남는 카멜레온 같은 사람이라고 생각하지만, 자신이 했던 말을 후회할 때가 너무나 많다. 그녀는 자존감이 낮다. 졸업한 뒤, 미대에 진학했지만 다니던 중에 자신이 미술가가 될 만큼 뛰어나지 않다는 판단을 내렸다. 계속하려면 성공하는 자신의 모습을 그려볼 수 있어야 했지만, 작품 의뢰를 받고 전시회에 그림이 걸리고는 했음에도, 그녀는 자신이 성공하는 모습이 상상이 되지 않았다. 그래서 간호사가 되었다. 엄마도 간호사였기 때문에, 어떻게 해야 할지 참조할 모델이 있었다. 간호사 일에 적용되는 명확한 규칙과 지침이 있다는 점도 그녀의 마음에 들었다.

"사실 내게 딱 맞는 일이었어요. 매일이 달라요. 저는 다른 사람들과 함께 있을 때 활기가 넘쳐요. 남들을 즐겁게 해주는 걸 좋아하거든요."

애나는 자기 일을 사랑하고 그 일을 잘하지만, 여전히 부족함을 느낄 때가 많다.

"사람들은 내가 느끼는 것만큼 나를 똑똑하다고 생각하지 않는 거 같아요. 말하는 게 좀 느리거든요."

20대 초에 그녀는 늘 피곤에 찌든 상태였다고 기억한다. 일에 치였고, 남들에게 털어놓을 수 없는 실수들을 저질렀다.

"내 실수를 덮으려고 밤늦게까지 일했죠."

피곤했음에도 그녀는 잠을 이루지 못했다. 자신의 감정을 통제할 수 없었다. 그녀는 자신의 기억력이 형편 없다며 깊은 자괴감에 빠졌다. 열쇠를 엉뚱한 곳에 놔두고는 했는데, 한번은 냉장고에 넣어놓기도 했다. 난로를 끄고 다리미의 콘센트를 뽑는 것도 종종 까먹었다.

"자녀가 몇 명이라는 등 사람들이 내게 한 이야기를 전혀 기억할 수가 없어요. 정말 싫어요. 내가 신경을 쓰고 있는데도 신경을 안 쓰는 사람처럼 보이게 하니까요."

애나는 살면서 여러 번 의료 상담을 받았다. 20대에 주치의는 그녀에게 우울증이라는 진단을 내리고 항우울제를 처방했다. 복용하자 무감각해지는 느낌을 받아서 복용을 중단했다. 그녀는 이번에는 영양학자를 찾아갔는데, 효모 감염이라면서 식이 제한을 하라고 권했다. 그 방법은 도움이 되기는 했지만, 몇 달뿐이었다. 그녀는 10년간 매주 심리치료사를 만났는데, 도움이 되었다. 그래도 여전히 기분은 오락가락했다. 한바탕 심각한 우울증에 시달리다가 기분이 더 나아지는 시기가 찾아오고는 했다. 지금의 남편인 맬러치를 만난 것도 기분이 나아졌을 때였다.

애나는 40대에야 자신이 신경다양성neurodiversity이 아닐까 하는 생각을 했다. ADHD 진단을 받은 친구와 대화를 나눈 뒤였다.

그녀는 빙긋 웃으면서 말했다. "저는 어릴 때 카펫 무늬에도 넘어질 아이라고 애정 어린 놀림을 받곤 했어요. 좀 별났어요. 그래서 친구가 신경다양성에 관한 신문 기사를 보냈을 때, 버스에 쾅 충돌한 것 같은 충격을 받았죠. 기사가 내 이야기를 그대로 쓴 것 같았으니까요."

조사를 좀더 해본 끝에 애나는 유료 온라인 ADHD 평가를 받았다. 코로나로 거리두기를 하던 시기여서 대면 평가를 할 수 없었다. 상담을 받으려면 먼저 애나, 남편, 애나의 엄마 모두 설문지를 채워야 했다. 진단

면접은 90분 동안 진행되었다. 애나는 평가가 매우 철저하다고 생각했다. 확실하지는 않았지만, 애나는 평가자가 정신과 의사라고 생각했다. 평가자는 애나 자신이 미처 알아차리지 못한 것들을 깨닫게 했다. 지나치게 안절부절못하냐는 질문에 애나는 아니라고 답했지만, 평가자는 면접 때 애나가 계속 머리카락을 만지작거렸다고 지적했다. 애나는 자신이 유달리 안절부절못한다는 것을 깨달았고, 회의 때마다 늘 펜을 만지작거리고 낙서를 하고는 했다는 사실을 떠올렸다.

"그는 내게 회의 도중에 자리를 박차고 나가고 싶은 마음이 솟구치는지 물었어요. 그 정도는 아니라고 답했지만, 더 곰곰이 생각하니 일어나 나가는 것을 내 스스로 막곤 했다는 걸 깨달았어요. 그런 충동을 아주 강하게 억누르니까 그런 일이 생기지 않는 거죠. 가면을 쓰는 거죠."

지금 애나는 자신이 평생 ADHD 형질을 억눌러왔다는 것을 안다. 그 진단을 받자 모든 것이 딱 들어맞았다. 느린 신경 처리 과정은 그녀가 기억력이 형편 없는 이유와 자신의 생각을 원하는 것만큼 명확히 남에게 전달할 수 없는 이유를 설명했다. 자신의 어려움을 위장하고 실수를 숨기려고 그토록 애써왔으니 지치는 것도 놀랄 일이 아니었다.

애나는 지금 자극제인 메틸페니데이트(리탈린)를 복용한다. "처음 약을 먹었을 때, 너무나 또렷하게 생각을 할 수 있어서 도저히 믿기지 않았어요."

몇 차례 용량을 조절한 뒤, 애나는 자신이 뚜렷하게 개선되고 있음을 알아차렸다. 그녀는 더 빨리 결정하고 우선순위를 정할 수 있었다. 더 활력이 넘쳤다.

나는 그것이 직장에서 그리고 인간관계에서, 인생의 현실적인 측면에 어떻게 영향을 미쳤는지 궁금했다.

"내 삶이 더 나아졌냐고요? 그렇기도 하고 아니기도 해요."

애나의 직장은 여러 모로 지원을 해준다. 소음 울림이 덜하고 필요할 때 조용히 쉴 수 있도록 천장이 낮은 개인 사무실 등 편의를 제공했다. 또 혼잡한 상황에서는 소음을 줄이는 헤드폰을 써도 좋다는 허가를 받았다. 동료들은 미리 알리지 않고 그녀의 사무실에 불쑥 들어가지 말라고 교육을 받았다. 일에 집중할 때 방해를 받으면 그녀는 화를 낸다. 그녀는 자신의 문제와 특수 욕구를 남들에게 전달하는 데 도움을 주는 장애인 증명서도 가지고 있다. 그럼에도 애나는 여전히 일이 버거울 때가 많고 자신이 장애인임을 사람들에게 끊임없이 상기시켜야 한다고 느낀다. 그래서 그녀는 지금 휴직을 한 상태이며, 언제 다시 돌아갈지도 확실하지 않다. 이런 문제가 계속되고 있는 이유는 어느 정도는 애나도 고용주도 그녀에게 정말로 필요한 것이 무엇인지를 모른다는 데 있다.

"도움을 원하냐고 누군가가 물어볼 때, 뭘 부탁할지 모르겠어요."

병가라는 형태이기는 하지만 쉴 시간을 가진다는 것은 사실상 애나가 자기 자신에게 더 친절해진다는 표시이다. 그녀는 자신이 할 수 없는 것과 하지 말아야 할 것을 더 잘 알아차릴 수 있다. 예전에는 몹시 싫어할 것이 뻔한 혼잡한 파티에 억지로라도 참석했지만, 지금은 가지 않으며 자신에게 더 맞는 장소에서 만나자고 친구들에게 부탁한다.

나는 가족과 친구가 그 진단을 어떻게 받아들였는지 물었다. 그녀가 자신의 증상을 말할 때 흔한 반응 중 하나는 "누구나 그래"라는 것이었다. 누구나 좀 산만하다. 누구나 일이 힘들다.

애나는 이렇게 설명했다. "내가 매일 온종일 그렇게 느낀다는 게 차이점이죠. 기분이 상쾌할 때가 한 번도 없어요."

★ ★ ★

ADHD는 1968년에 나온 DSM-2에 협소한 의학적 상태로 지정되면서 시작되었다. 아동의 과잉운동 반응이며, 사춘기에 사라지는 주의 산만과 안절부절이라고 한 줄만 적혀 있었다. 1980년 DSM-3에는 주의력 결핍 장애attention deficit disorder(ADD)라는 용어가 도입되었고, 1994년 DSM-4에는 과잉행동hyperactivity이라는 용어도 추가되면서 ADHD가 되었다. DSM-5는 ADHD를 사회적 기능이나 발달에 지장을 주는 부주의나 과잉행동 양상이라고 기술한다. 진단은 증상들이 12세 이전에 나타나며, 다양한 상황에서 생기고, 사회적이거나 학문적이거나 직업적인 기능의 질을 떨어뜨릴 때 내린다. 경증, 중등증, 중증 ADHD의 구분은 아주 모호하다. 중증 ADHD라는 진단을 내리려면 "뚜렷한 장애"가 보여야 한다. 경증 ADHD는 "단지 사소한 장애"라고 적혀 있다. DSM은 중등증 ADHD를 "경증과 중증 사이"의 장애를 일으키는 것이라고 정의한다. 장애가 무엇을 말하는지에 대해서는 일치된 견해가 없다.

ADHD는 대개 아동에게 내려지는 진단이다. 성년기에 처음 ADHD 진단을 내릴 수 있게 된 것은 지난 몇 년 전부터였다. 모든 질환이 그렇듯이, ADHD도 증상의 수준이 다양하다. 내가 그 사실을 가장 생생하게 접한 사례들 중 하나는 환자가 아니라 친구 딸인 켄드라와 시간을 보낼 때였다. 당시 켄드라는 여덟 살이었고, 중증 ADHD였다. 기운이 마구 넘치고 주의 집중력이 떨어져서 따라다니기가 불가능할 정도였다. 아이는 이 사람 저 사람에게로 돌아다니면서 이 주제 저 주제를 바꿔가며 빠르게 말을 쏟아냈다. 정말로 사랑스러운 아이였고 나는 아이의 지능도 매우 높다고 직감했지만, 하나에 오래 집중을 하지 못했기 때문에 그 이론을 검증하기가 어려웠다. 한번은 그 모녀와 함께 쇼핑을 갔다. 아이가 워낙 활력이 넘쳤으므로 누구도 마음을 놓을 수가 없었다. 아이는 모든 것에 관심을 보였지만, 관심의 대상은 금방금방 바뀌었다. 부모가 어떻게 아이를 계속 따라다녔을지 도무지 상상조차 하기 힘들었다. 잠시라도 눈을 떼면 아이가 어디론가 휙 달려가서 잃어버릴 것 같았다. 하지만 그런 일은 일어나지 않았다. 아이는 안전하게 보살핌을 잘 받으면서 자라서 창의성이 넘치는 성인이 되었다. 지금도 여전히 주의력 부족 문제를 안고 있기는 하다. 그녀는 공부가 무척 힘들었지만, 자신에게 맞는 자리를 찾았다. 지금 미술가로 일하는데, 자신의 속도에 맞춰, 자신의 방식으로 일을 할 수 있고, 유연한 자신의 생각을 잘 활용하는 직업이다.

켄드라 같은 중증 ADHD의 진단율은 사실 매우 안정적이다. 지금은 중증 ADHD 진단을 받은 사람보다 경증 ADHD 진단을 받은 사람이 훨씬 더 많다. 자폐 사례와 마찬가지로, 지난 30년 사이에 ADHD 진단을 받은 사람의 수는 엄청나게 증가했는데, 거의 다 그 스펙트럼의 경증 쪽에서 증가가 일어났다. 세계 아동의 ADHD 비율은 7퍼센트이다.[1] 미국에서는 1990년대에서 2016년 사이에 ADHD 진단을 받은 사람의 수가 6퍼센트에서 10퍼센트로 증가했다.[2] 영국에서는 2000-2018년에 10대 청소년에게서 그 비율이 2배 증가했다.³ 전반적으로 그 비율이 낮은 독일에서도 2004-2013년에 2.2퍼센트에서 3.8퍼센트로 진단율이 77퍼센트 증가했다.⁴ 한 메타분석에서는 튀니지에서는 14퍼센트, 이란에서는 22퍼센트 증가했다고 나왔다.⁵ 세계적으로 ADHD 아동의 85퍼센트 이상은 경증이나 중등증 집단에 속한다. 이렇게 진단이 확대됨에 따라서 그 진단의 회색 지대에서는 "정상"과 "비정상"의 경계선을 어디에 그을지를 놓고 갈등이 벌어지는 일이 너무나 빈번하다.

그러나 아동이 아니라 성인에게서 ADHD 진단율이 상대적으로 가장 크게 상승했다. 성년기에 새롭게 진단을 받은 사례는 예전에는 아주 드물었는데, 지금은 일부 지역에서 20명 중 1명 수준까지 많아졌다.⁶,⁷ 이들도 거의 다 경증에 속한다. 영국에서는 ADHD 진단을 받으려는 성인의 수가 2020-2023년에 400퍼센트 증가했다.⁸ DSM에서 진단 기준이 점진적으로 조정되면서 성인 진단율이 점점 늘어나는 것이 가능해졌다. 청소년기에 사라지는 "아동의 과잉운동 반응"은 여러 차례 변화를 거쳐서 지금처럼 모든 연령에서 진단될 수 있는 ADHD가 되었다.

자폐에 적용되는 것과 동일한 불확실성과 논쟁 중 상당수가 ADHD에도 적용된다. 점점 더 미묘한 증상들이 진단을 구성하게 되면서 진단 침입이 일어나고 있다. ADHD 진단은 자폐보다 좀더 느슨하다. 물론 자격을 갖춘 전문가가 상세한 임상 평가를 거쳐 진단을 내린다. 게다가 부주의나 과잉행동을 시사할 수 있는 증상들의 수를 정량화하는 데에 도움을 주는 다양한 등급 평가 척도들이 있다. 그런데 이중 상당수는 자기-보고self-reported 증상에 의존한다. 따라서 진단이 본질적으로 주관적일 수밖에 없다. 또 전문가마다 진단을 다르게 내리는 경향이 나타날 것이다. 증상들이 매우 정성적이고 측정하기 어렵기 때문이다. 두 명 이상의 진단학자가 참여하는 회의를 여러 차례 거친 뒤에 진단을 내린다면 이상적일 것이다. DSM에는 "물건을 자주 잃어버린다", "자주 자신에게 하는 말에 귀를 기울이지 않는다", "일을 자주 회피한다", "지나치게 말을 많이 하고는 한다", "안절부절못할 때가 많다" 등 예상할 수 있는 증상들의 사례 목록이 실려 있다. 여기에서 "자주" 같은 단어는 다양한 해석이 가능하다. 이 진단을 내리려면 사회적, 학업적, 직업적 기능의 질을 방해하는 증상들이 있어야 하는데, 측정하기가 매우 어려운 것들이다. 아마 ADHD 진단을 받으려는 사람은 삶의 어떤 측면에서 힘겨움을 느끼기 때문에 그렇게 할 것이다. 그런데 이는 모든 사람이 그 장애가 있다고 여겨질 것이라는 뜻이기도 하다.

ADHD 진단에는 진단 및 과잉진단의 현안들과 관련지을 수 있는 흥미로운 사회적 추세가 있다. 한 학급에서 나이가 가장 어린 아이들이 ADHD 진단을 받을 확률이 더 높다는 결과가 반복해서 나타났다.[9] 그래서 미성숙을 신경발달 문제와 혼동하는 것일 수 있다고 주장하는 이들이 있다. 또 한 나라 내에서도 진단율에 상당한 차이가 벌어지기도 하는데, 이를 문화 차이나 보건의료 접근성으로 설명하기는 쉽지 않다. 노르웨이는 보건의료가 무료여서 누구나 쉽게 이용할 수 있는데, 진단율이 지역에 따라 1퍼센트 미만인 곳부터 8퍼센트를 넘는 곳까지 있다.[10] 미국의 미시시피 주는 아동의 14퍼센트가 ADHD라고 하는데, 캘리포니아 주는 5퍼센트에 불과하다.[11] 이는 일부 의사들이 남들보다 진단을 상당히 더 많이 내린다는 것을 시사한다.

ADHD인 이들 중 상당수는 자폐, 불안, 우울증 같은 관련 진단들도 하나 이상 받았다. ADHD 성인 중 또 한 가지 정신질환도 함께 앓는 사람은 87퍼센트, 두 가지 이상인 사람은 56퍼센트라고 파악한 연구도 있다.[12] DSM-5는 2013년에 처음으로 한 사람에게 ADHD와 자폐 진단을 같이 내릴 수 있도록 허용했다. 그 전까지 두 진단은 상호 배타적이었다. DSM-5 이후에 양쪽 진단을 모두 받은 사람의 수가 꾸준히 증가하고 있다. 제3장에서 만난 파피는 스무 살에 자폐 진단을 받았고, ADHD, 우울증, 섭식장애도 있다. 우울증을 앓았던 애나는 현재 자폐 평가를 받을지를 고심하고 있다.

ADHD와 자폐는 겹치는 부분이 있다. 둘 다 사회성 문제, 과민성, 분노, 느린 정보 처리, 강한 관심과 집착, 갑자기 말을 쏟아내는 성향과 사회적 단서에 둔감한 경향을 보인다. 이렇게 겹치는 진단들이 함께 출현하는 현상을 어떻게 설명해야 할까? 많은 이들은 신경발달이 남들과 다르게 이루어진 뇌가 여러 가지 기분과 행동 문제를 일으킬 위험이 있기 때문에 그럴 수 있다고 본다. 그러나 아마 그보다는 이런 장애들이 매우 엉성하게 정의되어 있어서 한 사람이 보이는 동일한 증상들을 여러 진단으로 설명하려는 것일 가능성이 더 높다.

DSM은 ADHD를 신경발달 장애 중 하나로 분류한다. 어떤 의학적 문제가 DSM에 들어올 때 그 질환에 한 가지 흥미로운 일이 벌어진다. 과학의 발전을 통해서보다는 오로지 위원회의 합의를 통해서 이루어지는 것임에도 불구하고, 등재되는 순간 갑자기 과학적으로 확고한 것인 양

비치게 된다. DSM에 실리면 그 즉시 그 장애가 확고한 실체인 듯 느껴진다. 연구자들에게 연구할 분야로 여겨지면서 생물학적 메커니즘을 찾으려는 집중적인 사냥이 시작된다. 일단 일부 가계에서 유전적 연관성이 드러나고, 환자들의 어느 부분집합에서 뇌의 차이가 발견되면, 그 질환은 확인되었다고 간주되고 DSM에서 한자리를 차지하는 것이 옳다는 인정을 받는다. 이어서 전문가의 진단과 치료 서비스 개발이 이루어지고, 지원단체가 출현하고, 그 장애 개념은 오래 존속하게 된다.

DSM은 ADHD를 무슨 의미인지에 상관없이 "신경발달 장애"라고 불렀을 때, 생물학적으로 생기는 독특한 뇌 기반의 발달 장애라는 인상을 심어주었다. 그 인상은 대중의 대화에도 반영된다. 온라인 잡지 「애디튜드ADDitude」는 ADHD를 일을 계획하고 집중하고 실행하는 데에 도움을 주는 뇌 부위에 영향을 미치는 신경계 장애라고 칭한다.[13] 자선단체인 ADHD 아일랜드는 ADHD를 "뇌의 신경전달물질인 노르아드레날린과 도파민이 제대로 작동하지 않는 의학적/신경생물학적 상태"라고 말한다.[14] 그러나 ADHD가 정말로 "의학적/신경생물학적 상태" 또는 "신경계 장애"라는 증거가 있을까?

ADHD 아동과 건강한 대조군의 뇌를 비교한 연구들은 ADHD 아동들이 뇌 전체나 특정 영역에서 대조군보다 약간 더 작거나 하는 등의 구조적 차이가 있음을 분명히 보여준다. 여기서 우리가 알아야 할 점은 이 차이가 "비정상"이 아니라, 집단들 사이를 비교할 때에만 보이는 차이라는 것이다. 방사선과 의사는 영상을 토대로 ADHD를 진단할 수 없다. ADHD가 있는 이들도 뇌 영상은 정상이기 때문이다. 이런 뇌 영상의 차이는 ADHD가 본질적으로 뇌의 발달 문제임을 뒷받침하는 증거로 고려되고는 하지만, 사실 그래서는 안 된다. 소수의 사람들만을 대상으로 해서 그렇다는 결과를 얻은 연구들이 있기는 하지만, 대부분 아동만을 대상으로 했고 재현되지 않는다. 앞으로 더 연구할 가치가 있는 영역을 집어내는 데에 도움이 되는 흥미로운 정보를 제공하기는 하지만, ADHD가 뇌 "장애"라거나 확실한 의학적 상태임을 증명하지는 않는다. 뇌의 차이가 반드시 ADHD의 "원인"인 것도 아니다. 상관관계일 뿐이다. 예를 들면, 어릴 때 심리적 외상을 일으키는 사건과 결핍은 뇌 발달에 영향을 미칠 수 있고, ADHD라는 진단을 받을 수 있는 행동으로 이어질 수 있다. 뇌 구조의 변화는 ADHD를 일으키는 것이 아니라 ADHD와 연관이 있을 것이다.

일부 연구는 ADHD가 있는 사람들과 건강한 대조군이 뇌의 혈류량과 산소 흡수량으로 측정되는 뇌 활성 패턴에 차이가 있다는 결과를 내놓았다. 마찬가지로 이런 연구도 대개 아동을 대상으로 했으며, 비정상이 아니라 차이를 보여준다. 사람들 사이의 모든 차이는 어떤 식으로든 간에 생물학적 상관관계를 지닌다. 뇌 활성 연구는 사고방식과 성격 형질을 토대로 사람들 사이의 차이도 검출할 수 있다. 예를 들면, 저녁형 인간과 아침형 인간의 차이가 그렇다. ADHD인 사람과 그렇지 않은 사람의 뇌 기능 차이가 실질적으로 말하는 것은 부주의나 과잉행동이 실재하지만, 뇌 질환, 즉 "비정상"이나 어떤 단일한 원인 때문은 아니라는 것이다.

유전자 연구도 ADHD가 명확한 생물학적 "장애"라는 증명의 일부로 쓰인다. 이런 결과는 대체로 ADHD가 76–88퍼센트는 유전성임을 보여주는 쌍둥이 연구에서 나온 것이다. 그러나 그런 연구는 기대했던 ADHD를 설명할 수 있는 유전자 변이체 집합의 발견으로 이어지지 않고 있다. 사실 큰 집단을 대상으로 한 전장 유전체 연관 연구들을 메타 분석한 결과, 22퍼센트만이 유전성임이 드러났다.[15] 이 발견과 쌍둥이 연구 사이의 격차는 어딘가에서 유전성이 사라진다는 뜻인데, 어떻게? ADHD가 발병하려면 다수의 유전자 변이체와 많은 비유전적 요인들 사이의 상호작용이 필요할 가능성이 높다. 어느 한 변이체의 유전적 기여분은 아주 적고, 환경 요인이 훨씬 더 중요할 수도 있다. 게다가 ADHD와 관련된 유전자 변이체들도 특이적이지 않다. 즉 ADHD가 없는 이들과 다른 장애가 있는 이들에게도 이 변이체들이 있다. 이는 이것만이 그 장애의 원인일 리가 없다는 뜻이다. ADHD는 다유전자성polygenic일 가능성이 높다. 즉 심장병과 당뇨병처럼 유전적 요소가 전체의 극히 일부분을 차지하고 초기 생활환경이 의학적 검사보다 더 큰 역할을 하는 것으로 드러날지도 모른다.

또다른 인기 있는 이론은 ADHD가 도파민 수치가 낮아서 생긴다고 보는 것인데, 그 낮은 농도가 실제 원인이라고 말하는 증거는 부족하다. 이 이론을 뒷받침하는 연구들은 대상이 소수일 때가 많고, 정반대라고 말하는 연구들도 있다. 즉 ADHD인 사람들에게서 도파민 기능 이상이 전혀 없다는 연구들이다. 그러나 어떤 연구가 신경다양성 장애와 관련이 있는 어떤 흥미로운 생물학적 특징을 찾아낼 때마다, 그 발견 자체는 확실한 증명이 이루어지기 전에 이미 대화의 씨앗이 된다.

그렇다고 해서 ADHD가 생물학적인 것이 아니고 더 이상의 생명의학 연구가 필요하지 않다는 말은 아니다. 물론 ADHD는 생물학적인 것이다. 그러나 생물학이 자동적으로 질병이나 장애와 동일해지는 것은 아니다. 모든 정신건강 장애**뿐만 아니라** 모든 감정, 모든 성격 형질, 모든 스쳐가는 생각과 모든 신체적 변화는 "정상적"이든 "비정상적"이든 간에 생물학적인 것이다. 사람의 모든 평범한 경험 하나하나는 뇌에 어떤 변화를 일으킨다. 예를 들면, 특정한 초콜릿 상표의 선호에 해당하는 신경 상관물이 뇌에 들어 있다. ADHD가 유전적 결정물을 지닌다는 것도 마찬가지로 확실하다. ADHD의 직계 가족은 ADHD가 있을 가능성이 남들보다 5-10배 더 높다. 그러나 유전적 상관관계와 유전성이 반드시 "장애"를 지닌다는 의미는 아니다. 전장 유전체 연관 연구는 개인이 고수를 좋아할지 여부를 예측하는 데에도 쓸 수 있다. 생명의학 연구는 병리를 이해하고 뇌가 성격과 성향 같은 개인의 형질을 어떻게 생성할지를 판단하는 데에도 유용하다. 그렇다고 해서 으레 주장하는 것처럼 반드시 ADHD가 하나의 신경학적 문제나 하나의 장애, 주로 뇌 장애로 규정되는 것은 아니다.

ADHD도 연구자들에게 자폐와 동일한 문제를 안겨주고 있다. 훨씬 더 약한 유형도 ADHD 진단을 받음에 따라, 그 진단을 받은 집단 전체가 너무나 이질적이 되는 바람에 생물학적 공통점을 찾기가 더 어려워진다. 중증 ADHD 아동, 취학 전 연령일 때부터 학교에서 정상적인 기능을 하기가 불가능할 정도로 명백한 문제를 안고 있는 이들은 **하나의 강한 유전적 연관성이 있음을 시사하는 명확한 질환을 지닌다**. 그러나

ADHD 공동체에 새로운 이들이 유입됨에 따라, 그 점을 증명하기가 더욱 힘들어질 것이다.

솔직하게 말하자면, 수십 년 동안 노력했음에도 생명의학 연구자들은 ADHD를 앓는 이들에게 공통된 뇌의 비정상을 여전히 찾아내지 못했다. ADHD가 있는 사람들을 다른 장애가 있는 이들이나 심지어 정상적으로 살아가는 이들과 구별해줄 생물학적 표지는 전혀 없다. ADHD의 생물학적 "원인"을 찾으려고 애쓰는 연구자들조차 ADHD가 다양한 사람들에게서 여러 방식으로 나타나며, 다양한 장기적인 결과를 낳는 장애라고 인정할 것이다. 그러나 우리는 ADHD에 부합한다고 생각되는 형질을 지닌 이들을 모아서, 마치 그들을 한 집단인 양 연구하고 다루는 일을 계속하고 있다. 모두 동일하게 하나의 뇌 발달 장애가 있는 것처럼 말이다.

정신건강 문제와 행동 장애의 생물학화, 아니 더 정확히 말해서 병리화는 현재 의학과 사회 양쪽에서 하나의 추세가 되었다. 우리는 우울증을 생활환경에 대한 반응이 아니라 세로토닌 결핍으로 설명하는 이야기를 흔히 듣는다. 파피는 자신이 해야 할 일들을 하도록 스스로에게 강요하지 못하는 것이 신경전달물질인 도파민의 결핍 때문이라고 설명했다. 자신의 문제를 그런 식으로 개념화하자 그녀의 마음은 무척 편해졌다.

정신건강 문제와 정신적 고통이 "진짜"임을 증명하는 유전적 상관물이나 "비정상적" 영상 같은 생물학적 표지를 찾아내려는 노력이 현재 활발하게 이루어지고 있는 것은 어느 정도는 문제가 있음을 확인해주는 실체를 제공하기 때문이다. 그런 분위기에서 질병의 사회적 또는 심리적 측면에 너무 초점을 맞추는 태도를 의학적 가스라이팅이라고 보는 환자들이 점점 늘고 있다. 이것은 진실을 부정하는 것으로 비친다. 우리가 고통을 묘사하기 위해서 사용하는 단어는 지각되는 방식에 엄청난 차이를 빚어낸다. ADHD, 자폐, 우울증이 현재 흔히 신경다양성 질환이라고 불리는 이유가 바로 그 때문일 수 있다.

신경다양성이라는 용어는 1998년 오스트레일리아의 사회학자 주디 싱어가 창안했다. 사실상 의학 용어는 아니지만 의학 용어처럼 들리며, 따라서 생물학화, 병리화하는 효과를 일으킨다. 싱어는 한 인터뷰에서 어떻게 그 용어를 떠올렸는지 설명했다. "환경에 다양성이 있는 것이 좋다는 정치 용어인 생물다양성과 조합한 거예요. 나는 심리치료가 좀 조롱거리가 되고 있고 신경과학자가 새로운 사제가 되고 있음을 알아차렸어요. 그래서 둘을 합쳐보자고 생각했죠. 신경다양성은 정말로 중요한 양 들리고 우리 주장에 정당성을 부여해서 진지하게 받아들이게 해줄 거예요."[16]

내가 연구하는 분야에서도 스트레스의 생물학적 원인을 찾으려는 추세가 강하다. 요즘에는 신경학적 증상으로 표출되는 정신신체 장애들을 기능신경 장애(FND)라고 한다. 예전이라면 심인성 또는 정신신체적(또는 수십 년 전이라면 히스테리)이라고 했을 발작을 지금은 기능 발작 functional seizure이라고 한다. 많은 이들은 이런 새로운 용어들을 더 마음에 들어한다. 정신신체 장애가 뇌에서 일어나는 과정의 문제임을 상기시키기 때문이다. 일부 의학계에서는 "심리적" 같은 단어를 쓰면 점점 인상을 찌푸린다. 설령 그런 의미로 사용하지 않았다고 할지라도, 그 증상이 전적으로 정신 질환임을 의미한다고 오해할 수 있고, 그럼으로써 진짜

신체 장애를 부정하거나 과소평가하는 쪽으로 나아갈 수 있기 때문이다. 어떤 의학적 문제를 "심리적"이라고 부르자마자, 많은 이들은 그 중요성을 폄하한다.

의사로서의 나는 "무슨 일이 일어났나요?"가 아니라 "무슨 문제가 있나요?"라고 묻는 쪽을 선호하는 의사 집단에 속한다. "심리학화론자 psychologiser"라고 부를 사람도 있을 듯하다. 많은 정신신체 장애는 인생의 엄청난 스트레스라는 맥락에서 시작된다. 신체 증상은 **진짜** 생물학적 신체 변화의 결과이지만, 어떤 질병 때문이 아니며 스트레스가 촉발하지 않았다면 일어나지 않았을 것이다. 때때로 인생의 어려움이라는 맥락에서 생리적인 투쟁-도피 경로가 너무나 활성을 띰으로써 사람들이 주로 신체 질환으로 착각하는 다양한 신체적 변화를 일으킨다. 환자들에게 정신신체 장애를 이야기할 때, 대개 나는 열차를 계속 달리게 하는 내면의 생리 과정이 아니라 처음에 열차를 움직이게 한 외부 사건에 더 초점을 맞춘다. 몇몇 동료들은 정반대로 생물학화에 더 집중한다. 그들은 나와 똑같은 방식으로 환자의 증상을 이해하고 있을지 몰라도, 외부 스트레스 요인이 그 상태에 핵심적인 역할을 한다고 보는 대신에 뇌와 신체의 생물학적 변화를 중심으로 설명을 하는 쪽을 선호한다.

"심리학화론자"로서의 나는 사람들이 자신을 아프게 만드는 사회 환경에 존재하는 무엇인가를 이해하도록 도움으로써 그들이 앞으로의 외부 스트레스 요인에 대처하는 법을 터득하기를 바란다. 나는 내면의 생물학적 과정 이야기에 너무 치중하다가는 사람이 자기 장애의 수동적인 희생자가 됨으로써, 통제 능력을 잃을까 봐 걱정스럽다. "생물학화론자

biologiser"는 사회적 및 생리적 촉발 요인을 지나치게 강조함으로써 환자에게 고통을 자기 탓으로 여기게 만들 위험이 있다. 양쪽 접근법 모두 틀린 것이 아니다. 그저 서로 다를 뿐이다. 가장 나은 접근법은 모든 대화를 각 환자에게 맞추는 것이다.

물론 나는 모든 상태의 생물학을 이해하는 것이 단연코 필요하다고 생각하지만, 생명의학 연구에 너무 초점을 맞추다가는 정신건강 및 행동 장애와 명백히 연관된 많은 심리사회적 요인들을 경시하게 될 수도 있다는 걱정이 앞선다. 정신건강 문제에 취약성을 띠게 하는 타고난 생물학적 요인은 바꿀 수 없는 경우도 있지만, 사회적 및 환경적 요인은 바꿀 수 있다. ADHD 사례에서 유년기 학대, 방임, 잦은 위탁 가정 이동, 폭력 목격, 태아 때의 알코올 노출은 모두 ADHD 발병 위험을 높인다고 알려져 있다. 삶의 이런 영역들에서는 사회적 및 심리적 개입이 더 수월하지만, 현재 ADHD 논의의 최전선에 있지 않다. DSM-5는 "개인이 세심하게 보살핌을 받는 가운데, 새로운 환경에서, 특히 관심 있는 활동을 하고, 일관성 있는 외부 자극을 받으면서 적절한 행동에 자주 보상을 받을 때" ADHD의 징후들이 완전히 사라질 수 있다고 명백히 적고 있다. 이는 아동의 삶이 개선되면 유년기뿐 아니라 성년기에 신경발달 문제를 더 적게 겪을 것임을 시사한다. 그러나 ADHD의 이 측면은 대중 담론에서 무시되는 경향이 있다. 아마 뇌 화학보다 훨씬 더 섬세하고 난해하기 때문일 것이다.

ADHD를 신경화학적 장애라고 보는 관점은 제약산업에도 명백히 이득이며, 이는 무시할 수 없다. ADHD가 정말로 화학적 불균형 때문이라면, 화학물질로 치료할 수 있을 것이다. ADHD 진단 확대는 어느 정도는 메틸페니데이트(리탈린)와 덱스트로암페타민(애더럴) 같은 자극성 "치료제"를 이용할 수 있게 된 덕분이다. 지난 10년 사이에 영국에서는 ADHD 처방이 7배,[17] 뉴질랜드에서는 성인 ADHD 처방이 2006-2022년 사이에 10배 증가했다.[18] 미국에서는 2006-2016년에 자극제 처방이 250퍼센트 증가했다.[19] 전 세계에서 비슷하게 처방 건수가 증가해왔다. ADHD는 의학적 장애이자 사업이다.

자극제를 아동기 역경의 영향을 상쇄시키는 용도로 권하는 일은 결코 없겠지만, ADHD가 뇌의 신경전달물질 불균형이라고 본다면 처방할 수 있다. 자극제는 성인에게 1차 치료제이지만, 아동에게는 교육과 행동 지원이 실패한 뒤에야 처방된다. DSM-5의 ADHD 범주를 확장한 자문위원회 위원 중 78퍼센트가 제약사와 연관이 있어 경제적 이해 충돌 가능성이 있음이 드러났다.[20] ADHD에 관한 정보를 제공하는 교육, 직업, 소비자 웹사이트도 대개 제약사의 자금 지원을 받는다. 제약사는 환자의 권리 옹호 단체와 ADHD 지원단체도 지원한다.

여기에서 아이러니는 성인에게 처방하는 ADHD 약이 실제로 효과가 있는지 여부가 아직 불분명하다는 것이다. 자극제가 효과가 있음을 시사하는 연구도 있지만, 그런 연구는 대부분 14주일 미만의 단기적인 것이며, 한 연구진이 수행한 뒤에 다른 연구진이 재현하는 확인을 거치지 않은 연구도 많다. 2022년 코크란 리뷰는 성인에게서 메틸페니데이트가 속임약보다 더 낫다는 증거를 전혀 찾아내지 못했다고 썼다. 이 리뷰는 ADHD인 사람 총 5,066명을 대상으로 한 임상시험 24건을 조사했는데,

약물이 효과가 있다고 시사하는 연구들이 대부분 질이 낮다는 사실을 발견했다.[21] 약물은 반복되는 사소한 일에 집중하도록 돕는 쪽으로는 효과가 있을 수도 있다. 그러나 그것이 반드시 인간관계, 업무와 성공에 더 중요한 복잡한 정신 능력이나 창의성의 개선으로 이어지는 것은 아니다.

✷ ✷ ✷

건망증, 동기 부족, 소음 못 견딤, 사회적 불안, 기분 저하, 산만함, 집중력 부족은 모두 인간 경험의 일부이다. 현재는 이런 경험 각각이, 어느 정도는 DSM의 범주에 포함됨으로써 점점 더 병리화되는 추세이다. DSM이 "정상적인" 것을 병리화하고 인간의 모든 고통을 의료화하라고 부추기는 데에 한몫을 한다고 비판하기는 아주 쉽다. 그러나 사실 나는 DSM이 없다면 일을 하기가 어려울 것이라고 본다. 질병을 분류하는 체계는 꼭 필요하며, 그것이 없다면 보건의료 서비스나 연구 시설이 과연 제대로 돌아갈까? 예를 들면, 조현병 환자들에게 너무나 다양한 꼬리표가 붙어서 함께 묶을 수조차 없을 지경이라면, 과학자들은 조현병에 부합되는 증상이 있는 사람들을 아예 연구할 수 없을 것이다. 전문가들이 환자들에 관해서 소통하고 서비스를 개발하려면 공통의 언어가 있어야 한다. 보험사도 우리가 정말로 아프다는 것을 증명하려면 이런 진단 범주를 달라고 한다.

DSM의 문제는 그것이 존재한다는 점이 아니라, 적힌 내용을 원래 의도한 바가 아니라 글자 그대로 받아들이는 경향이 더 많다는 데에 있다. 또 설령 DSM의 범주가 너무 멀리 나갔다는 점이 명확히 드러날 때에도,

되돌리기가 너무나 어려워 보인다. 진단 기준을 더 좁혀서 어떤 이들이 진단에서 제외될 위험에 처할 때마다, 어느 누구도 진단 없는 상태에 놓이지 않도록 대개 새로운 진단명이 창안된다. DSM-5에 일어난 일이 바로 그것이다. 최신 범주를 택할 때 더 이상 자폐로 여겨지지 않을 수도 있는 이들을 포괄하기 위해서 "사회적(실용적) 의사소통 장애"라는 범주가 개발되었다. 모든 새 개정판은 미래에 병적 "상태"라고 여길 만한 의학적 문제들도 제시한다. DSM-5 위원회는 "카페인 이용 장애"가 다음 판에 범주로 들어갈 가능성이 있다고 제시했다. 지장과 스트레스를 초래하는 카페인 이용이라고 정의된다. 그리고 생물학화는 이미 진행 중이다. 쌍둥이 연구는 카페인 과용이 유전성이며, ADORA2A 유전자의 변이체가 관련이 있음을 밝혀냈다.

의학에서 패턴은 그 자체로 반복된다. 원래의 패턴이 그다지 효과가 없었다고 해도 그렇다. 우울증도 신경다양성이라는 제목 아래 들어간다. ADHD보다 먼저 경증 우울증도 다소 비슷한 궤도를 따랐다. 약물 치료가 정당한 뇌의 화학적 장애가 되었다. 1950년대에 최초의 항우울제인 이미프라민이 등장할 당시, 그 약을 개발한 제약사는 판매할 시장이 없다고 걱정했다. 걱정할 필요가 없었다. 이 부류의 약물은 나중에 제약산업의 큰 수익원 중 하나가 되었다.

ADHD와 마찬가지로, 우울증의 화학적 치료도 울적한 기분을 뇌의 화학적 불균형 탓으로 돌림으로써 성공할 수 있었다. 1967년 영국 정신과 의사 알렉 코펜은 낮은 세로토닌 수치가 우울증의 원인이라고 제시했다. 그 개념은 주목을 받았고, 수십 년 뒤 대다수의 항우울제는 여전히 세로토닌 농도를 높이는 데에 초점을 맞추고 있다. 그러나 2023년 「네이처Nature」에 발표된 메타 분석은 세로토닌 이론이 틀렸을 수도 있다고 결론지었다.[22] 그 분석은 낮은 세로토닌 농도와 우울증이 관련이 있다는 증거를 전혀 찾지 못했다. 연관성을 보여주는 연구도 일부 있지만, 그런 연구들조차 화학적 불균형이 우울증을 일으킨다는 것을 증명하지 못한다. 현재 일반적으로 받아들여진 것은 낮은 세로토닌 수치가 **일부** 사람들에게 우울증을 **촉발할 수** 있지만, 대다수 우울증의 원인은 아니라는 것이다.

낮은 세로토닌 수치가 우울증의 원인이 아니라면, 세로토닌 수치를 높이는 약물이 어떻게 수십 년 동안 사람들의 기분을 낫게 만들 수 있었을까? 사실 그 질문에 확실한 답 같은 것은 없지만 많은 사람들, 아마도 대다수는 속임약 효과를 통해서 증상이 개선되었을 가능성이 있다. 항우울제가 경증 우울증 환자에게 속임약 효과를 일으킬 뿐, 그 이상의 혜택은 전혀 주지 않는다고 보는 이들이 점점 늘고 있다.[23,24] 그렇다고 해서 속임약 효과를 통해서 이루어지는 개선이 무시할 수 있는 수준이라는 것은 아니다. 메커니즘이 무엇이든 간에 기분이 나아지는 것이 가장 중요하며, 우리가 속임약의 힘을 의학에서 더 공식적으로 이용하려고 노력해야 한다고 말할 이들도 있다.

중증 우울증에는 항우울제가 효과가 있다는 증거가 더 많지만, 그조차도 의심하는 이들이 있다.[25] 자폐와 ADHD의 과학처럼 우울증의 과학도 그 질환의 점진적인 균질화로 심각한 혼란에 빠져들고 있다. 중증 우울증과 경증 우울증을 마치 동일한 양 다룸으로써, 어떤 치료가 효과가 있는지 판단하기 더 어렵게 만든다. 슬픔의 더 가벼운 형태까지 우울증에 포함시킴으로써 모든 울적한 기분을 의학적 용어로 언급하는 것이 점점 더 가능해지고 있다. 누군가가 왜 슬퍼하는지 충분히 이해할 수 있다고 해도, 그런 슬픔조차 점점 생물학화하고 있다. DSM-5는 사별한 지 2주 내에도 우울증 진단을 내릴 수 있도록 개정되었다. 의료를 정말로 필요로 하는 모든 이에게 빠짐없이 의료를 제공하려는 좋은 의도로 이루어진 변화이지만, 힘겨운 상황에 처한 사람들의 적절한 반응까지도 병리화하게 될 수 있다.

누구나 기분이 울적한 시기가 있다. 두 달 이상 지속되지 않고, 자살하려는 생각과 무관한 우울증은 굳이 약물 치료를 받을 필요가 없다. 경증에서 중등증 우울증과 슬픔의 사례들은 대부분 의학의 도움 없이 저절로 해결된다. 그들을 의료화하는 것은 불필요한 약물 처방을 하거나, 증상들에 너무 초점을 맞추고 정상적인 대응 전략을 방해함으로써 회복을 지연시킬 위험이 있다. 또 앓는 정도가 서로 제각기 다른 수많은 사람들을 마치 모두 동일하다는 듯이 단일한 의학적 꼬리표 아래에 놓고 치료함으로써 연구의 질도 위협한다.

영국에서는 현재 젊은 사람 5명 중 1명은 정신건강 문제가 있다고 한다.[26] 놀라운 통계이다. 그러나 정신건강 진단명을 받은 인구의 갑작스러운 증가가 우리 모두가 더 슬퍼지고 더 문제에 시달린다는 의미일까? 아니면 정신건강 상태를 더 잘 진단한다는 뜻일까? 그것도 아니면, 그저 정상적인 인간 감정을 병리화하는 성향이 더 심해진다는 의미일까?

2000년부터 2020년까지 20년에 걸쳐 동일 집단을 대상으로 바로 이런 질문들에 대답하려고 시도한 연구가 있다. 연구진은 16세를 넘는 영국 거주자 2,900만 명의 건강 기록 데이터를 살펴보았다. 결과는 정신건강 문제들이 진정으로 증가하고 있다는 이야기를 어느 정도 뒷받침하는 듯했으며, 16–24세 연령대에서 가장 큰 증가율을 보였다.[27] 이 연구는 정신건강 문제로 의사를 찾는 이들이 더 늘고 있다는 사실을 명확히 확인해준다. 그러나 우리가 더 불안하고 우울한 것인지, 이런 유형의 증상들에 의사를 더 찾아가는지, 울적한 기분과 불안을 의학적 문제라고 말하는 사례가 더 늘어나는지 여부를 둘러싼 문제는 여전히 미해결이다. 또 의사들이 이전까지 다른 식으로 불러왔을 수도 있는 증상들을 더 기꺼이 정신건강 문제라고 적는 것일 수도 있다.

이 연구에서는 실제 우울과 불안 증상들이 세월이 흐르면서 증가해왔다는 견해를 뒷받침하는 증거가 어느 정도 있다고 나왔다. 사람들이 그저 평소의 울적한 기분을 우울증이라고 말하는 것이 아니라 우울증을 더 느낀다는 뜻이다. 그러나 이 결과도 신중하게 해석해야 한다. 우리는 자신의 감정에 더 주의를 기울이라고 부추기고 감정을 가리킬 때 점점 더 의료화된 언어를 쓰는 시대에 살기 때문이다. 인식 개선 운동은 사람들이 예전에는 경시했을 증상들에 관심을 가지도록 하고, 전에는 결코 의학적이라고 여기지 않았을 문제로 의사를 찾아가도록 부추길 수도 있다. 예를 들면, 대중 앞에 나서서 말하기를 두려워하는 것을 지금은 사회 불안 장애라고 진단할 수 있다.

분명한 사실은 서둘러 결론을 내리지 말아야 한다는 것이다. 젊은이들이 정신건강 문제로 진단을 받는 주된 이유 중 하나가 소셜 미디어의 이용 때문이라는 가정처럼, 대중들 사이에 의견이 일치하는 문제들조차도 여전히 미해결 상태이다. 정신건강과 소셜 미디어 이용 사이의 상호작용은 우리에게 종종 제시되는 것보다 훨씬 더 복잡하며, 특히 오락, 교육 정보, 연결성 등 소셜 미디어가 젊은이들의 삶에 긍정적인 요소들도 들여온다는 점을 간과하고는 한다. 사실 한 연구는 소셜 미디어가 또래 지원, 강화된 연결을 통해서 자존감을 향상시킨다고 주장했다.[28] 팬데믹 당시 소셜 미디어에서 오가는 농담이 스트레스를 줄였다는 연구도 있다.[29] 게다가 영국에서 10-15세 3,000명을 살펴본 최근 연구에서는 정신건강 문제와 소셜 미디어 이용 사이에 아무런 관계도 없다고 나왔다.[30]

어떤 영역에서 소셜 미디어 이용과 우울증 사이에 어떤 연관성이 있음이 밝혀졌다고 해도, 기존에 정신건강 문제를 겪는 이들이 소셜 미디어를 더 이용할 가능성도 있으므로, 둘 사이의 관계는 우리가 예상하는 것과 정반대일 수도 있다.[31] 소셜 미디어 이용에는 부정적인 영향을 끼치는 측면도 있고, 긍정적인 영향을 미치는 측면도 있을 것이다. 사이버 폭력과 "좋아요", "댓글", "팔로워 수"에 매달리는 행동은 분명히 행복에 해로운 효과를 미칠 수 있다.[32] 소셜 미디어에서 지나치게 많은 시간을 보내는 행동이 삶의 다른 측면들을 방해할 수도 있다. 소셜 미디어에서 지나치게 많은 시간을 보내는 젊은이는 운동할 시간이 더 적을 가능성이 높다. 특정한 소셜 미디어 이용 양상은 몸의 이미지에도 영향을 미치고, 남과 자신을 비교함으로써 마음이 상할 수도 있다. 그러나 일부 전문가는 소셜 미디어 이용이 실제로 젊은이들의 정신건강 문제 증가량 중 겨우 10퍼센트만 차지하며, 5퍼센트는 스포츠 활동 감소로 설명할 수 있다고 추정했다. 또 5퍼센트는 부모의 정신건강 쇠퇴로 설명할 수 있다. 그러면 80퍼센트가 설명이 되지 않은 채 남으므로,³³ 정상적인 인간 경험을 병리화하는 것이 큰 기여 요인일 가능성도 충분하다.

젊은이들 사이에 정신건강 위기가 있는가라는 질문에는 다양한 답이 나올 수 있다. 우리는 소셜 미디어가 문제의 핵심이라고 가정해서는 안 되지만, 누군가가 의사를 찾을 만큼 도움이 필요하다고 느낀다면, 아픈 것이 분명하다고 가정해야 한다. 여기서 나는 그 고통에 진단명을 붙여서 의료화하고 유전적 및 뇌 관련 설명을 붙여서 생물학화하는 것이 더 낫게 하기 위한 최선의 전략인가 하는 질문으로 돌아간다. 심리적 고통을 경시하던 예전이었다면, 그런 고통을 인정하고 지원하려는 흐름 자체가 매우 희소식일 수밖에 없었을 것이다. 그러나 진단이 포괄적으로 변하면서 더욱더 가벼운 사례들까지 포함시킬 때 으레 일어나듯이, 이런 추세에서는 꼬리표 효과 같은 의료화의 부정적인 영향은 필연적으로 무시되기 마련이다. 생물학 이론을 통한 의료화와 화학물질 치료 앞에서 사회적 변화라는 매우 중요한 문제는 아주 쉽사리 뒷전으로 밀려날 수 있다. 생활환경이 정신건강 문제의 주요 위험 요인임을 가리키는 증거는 많다. 어릴 때 겪은 불행한 사건, 정신건강 가족력, 부정적인 집안 환경, 따돌림, 가난, 인종차별, 사회적 고립과 불평등은 모두 정신건강 문제의 위험 요인이다. 이런 요인들은 바꾸는 것이 가능하므로, 우리는 그런 쪽에 주의를 집중해야 할 수도 있다.

슬픔의 의학적 설명과 화학적 해결책의 이용 가능성은 모든 관련자들에게 매우 유혹적으로 느껴져왔다. 약 처방으로 끝나는 상담은 의사에게 비교적 쉽다. 자신의 불안감을 다스리고 자신이 쓸모 있다고 느끼게 해준다. 환자에게는 더 쉽다. 빠른 해결책, 즉 항우울제의 속임약 효과가 어려운 대화를 단축시키는 역할을 한다는 점은 무시할 수 없다. 그러나 약물 치료는 졸음, 흥분, 불면증, 성 기능 장애 같은 부작용이 따르며, 일부 항우울제는 젊은이들의 자살 성향까지 높인다. 고통을 내면의 생물학에 의존해서 설명하면 안도감을 얻을 수도 있지만, 사람들에게서 자신의 미래를 통제할 권한을 빼앗고 사회적 변화의 필요성을 느끼지 못하게 할 위험도 있다.

세상에는 DSM 접근법만 있는 것은 아니다. 사실 나처럼 많은 이들은 정신적 고통과 행동 문제를 생물학화하는 것이 더 지속성을 띠는 개선을 가져올 수 있는 개인적 통찰로 이어질지 모를 삶과 사회를 고찰하려는 노력을 방해할 수 있다고 걱정한다. 일부 의료인은 심리학과 정신의학의 지나친 생물학화를 피해야 한다고 점점 느끼고 있다. 그 집단의 대변인인 심리학자 루시 존스턴은 정신건강 상태의 진단을 개인적 의미 부여를 흐리고, 개인의 정체성을 훼손하고, 자율성을 제거하는 것이라고 본다. 존스턴은 정신건강 문제를 뇌 장애가 아니라 생존 전략으로 개념화하는 쪽을 선호한다. 이 이론은 "증상"이라고 묘사되는 경험이 사실상 위협에 대한 반응이자 개인이 그 위협을 극복하기 위해서 해야 하는 것의 표현이라고 본다. 사람은 본질적으로 사회적 존재이다. 문제 행동이나 울적함은 자신의 사회 환경 및 인간관계와 분리될 수 없다. 존스턴은 정신 질환으로 분류되는 것이 보호받거나 가치를 부여받거나 자기 자리를 찾으려는 개인의 시도일 수 있다고 말한다.[34]

"우리의 행동은 자신의 상황, 역사, 신념 체계, 신체 능력에 대한 지적 반응이에요." 존스턴은 진단 꼬리표 붙이기를 그만두고, 대안으로 개인의 문제를 증상(우울함 같은)으로 기술한 다음 이런 질문들을 하라고 주장한다. 당신에게 무슨 일이 일어났나? 그 일이 어떤 영향을 미쳤나? 살아남기 위해서 무슨 일을 했나? 알약을 먹는 대신에 개인은 자신이 그렇게 느끼는 이유를 살펴볼 힘을 얻어야 한다. 이는 환자의 정신신체적 문제를 주변 상황에의 부적응 반응으로 이해하고, 그런 상황을 자세히 살펴보아야 회복과 재발 억제에 성공할 가능성이 가장 높아진다고 보는 내 생각과 들어맞는다. 우울증과 정신신체적 문제를 겪는 상태에서는 고통과 삶의 사건 사이의 연결이 매우 복잡하고 풀어내기 어려울 때가 많지만, 자신의 역사, 자신이 살아가는 방식과 자신이 느끼는 방식 사이의 관계를 이해하는 것이 그 어떤 알약보다도 앞으로 벌어질 좋지 않은 삶의 사건에 다르게 반응할 수 있는 더 확실한 방법이다.

또 의학적 꼬리표는 정체성에 예측할 수 없는 방식으로 영향을 미치며, 이 결과를 과소평가하지 말아야 한다. 어떤 질환이 유전적으로 결정된다거나, 뇌 발달 장애라거나, 세로토닌 결핍의 결과라고 일컬어질 때, 그 질환은 개인의 떼려야 뗄 수 없는 일부가 될 위험이 있다. 개인은 자신의 본질적인 유전적 조성을 바꿀 수 없으며, 뇌를 훈련할 수는 있지만 뇌의 구조적 변화와 관련된 발달 비정상은 반드시 교정된다고 할 수 없다. 영구적이다.

사회학자들은 꼬리표 붙이기가 정체성에 미치는 효과를 오랫동안 연구했다. 개인에게 "다르다" 또는 "다른 사람"이라는 꼬리표가 붙을 때, 그들은 그 꼬리표와 자신을 동일시하고 거기에 맞추어 다른 사람인 양

행동한다는 연구가 있다. 우리는 자신에게 붙여진 꼬리표의 특징들을 드러낸다. 신경다양성 같은 장애에는 사람들이 쉽게 받아들일 수 있는 전형적인 특징 집합이 따라붙는다. 누구나 자기 꼬리표의 특징들을 채택할 것이라는 기존 결론을 말하는 것이 아니다. 개인은 확실히 저항할 수 있다. 그러나 진단이 도움의 문을 여는 유일한 열쇠일 때, 고통이 진짜라고 확인해주고 지원 공동체가 생길 때, 왜 저항하겠는가?

"질병 정체성"은 자기 질병과 관련지어서 스스로 갖추게 되는 역할과 태도의 집합이라고 정의된다. 연구들은 진단을 자신과 더 강하게 동일시할수록 건강에 더 부정적인 결과가 나타난다는 것을 보여준다. 정신건강이나 행동과 무관한 신체 질환을 지닌 사람들조차도 질병 정체성이 지나치게 자기 삶의 중심에 놓인다면 더 나빠진다. 선천성 심장병을 앓는 사람들을 조사하니, 그 병이 자신의 정체성을 주도하는 사람일수록 똑같이 복잡한 중증 심장 질환을 지닌 이들보다 입원 가능성이 더 높았고 의사를 더 자주 찾는다고 드러났다.[35] 다시 말해서 증상의 심각성과 입원 치료의 필요성은 심장병의 정도보다는 자신을 진단 꼬리표와 얼마나 동일시하느냐와 상관관계가 더 깊었다. 또 이 집단에서는 강한 질병 정체성이, 확연히 드러나는 우울증과 불안보다 의학적 도움이 필요함을 알려주는 더 강한 예측 지표였다.

질병을 중심으로 모인 집단의 일원이 된다는 것도 결과에 영향을 미칠 수 있다.[36] 정신건강 진단을 통해서 정의되는 사람들의 집단은 자신의 증상과 어려움을 과장할 수 있는 행동 규범을 개발한다. 이 일은 무의식 수준에서 일어난다. 신경다양인 공동체는 높은 수준의 집단 정체성을 가진다. 나는 자신이 신경다양인임을 알게 된 이들이 자기 부족을 찾은 것 같은 느낌이라고 말하는 것을 많이 들었다. 어느 면에서는 경이롭다. 자신이 혼자가 아님을 알게 됨으로써 크나큰 마음의 평화를 얻는다. 그러나 어떤 의학적 문제가 개인과 집단 정체성의 중심에 놓일 때, 당사자의 안녕을 위협할 수도 있다. 여기에는 다양한 층위가 있다. 질병 정체성이 강한 이들은 그 부족 바깥에 있는 이들에게 덜 유능하다고 인식될 수 있고, 그 결과 개인의 자아 개념에 부정적인 요소가 추가될 수 있다. 자신이 무능하다고 믿는 사람은 마치 정말로 무능한 양 취급하도록 남들을 도발하며, 피드백이 일어나면서 악순환이 이어진다. 또 그 집단에 소속되는 것이 아프다는 점을 전제로 하므로, 호전되면 그런 관계에 영향을 미칠 수 있다는 것도 사실이다.

이 악순환을 깨는 방법이 하나 있다. 회복의 중심이 되는 것은 "회복 정체성"이다. 나아지려면 개인은 궁극적으로 질병 정체성을 버리고 마찬가지로 의미 있는 회복 정체성을 계발해야 한다. 언론인 해들리 프리먼은 『먹지 못하는 여자들 Good Girls』에서 이 과정이 어떻게 작동하는지 알려 줄 좋은 사례를 제시한다. 그녀는 자신의 식욕 부진 경험을 자세히 들려준다. 프리먼은 인격 형성기인 청소년기에 목숨을 위협하는 섭식장애로 병원을 들락거렸다. 병원에서는 식욕 부진에 시달리는 사람들에게 둘러싸여 있었다. 그곳에서 뜻하지 않게 그녀는 더 나은 식욕 부진 환자가 되는 법, 살을 빼는 법, 병원 운영방식에 저항하는 법을 배웠다. 그녀는 계속 심하게 앓다가 이윽고 건강을 회복할 수 있는 방법은 오직 식욕 부진을 중심에 놓지 않는 삶을 그려보는 것뿐임을 깨달았다. 회복은 그것이 어떤 모습일지를 그녀가 언뜻 엿보았을 때에야 비로소 시작되었다. 질병 정체성이 증상을 악화시킬 때, 그 일은 분명히 무의식 수준에서 일어난다. 아프고 "싶은" 사람은 아무도 없지만, 회복은 아주 힘겨울 수 있다.

환자 지원단체는 어느 면에서는 매우 유익하지만, 강한 회복 정체성을 갖추도록 돕지 않는다면 해로울 수도 있다. 2020년 3월 영국의 의사이자 연구자인 폴 가너는 코로나에 걸렸는데, 급성 감염 단계가 지나간 듯한 뒤로도 극심한 피로가 몇 주일이나 이어지자 충격을 받았다.[37] 첫 감염은 가벼웠지만 그 뒤에 "크리켓 방망이로 머리를 얻어맞은" 듯한 기분에 계속 휩싸였다. 때때로 그는 자신이 죽어가고 있다고 느꼈다. 그는 설명하기가 쉽지 않은 여러 증상을 앓으면서 몹시 쇠약해졌다. 매일 같이 새로운 증상이 나타났다. 몽롱한 머리, 불편한 속, 이명, 초조함, 호흡 곤란, 졸음 등등. 「영국 의학회지」의 블로그에서 그는 자신의 병이 "매일 새로운 것, 놀랄 무엇인가가 숨어 있는 강림절 달력" 같다고 했다.[38]

가너는 감염병 전문가이다. 그는 자신의 몸에서 무슨 일이 일어나고 있는지를 설명할 수 있으리라고 예상했지만, 그럴 수가 없었다. 가너는 회복을 시도하다가 실패를 거듭하면서, 자신의 병이 유례없는 것이라고 생각하기에 이르렀다. 그는 그 바이러스가 의학 교과서에 없는 어떤 새로운 면역질환을 촉발한 것이 아닐까 의심했다. 그래서 답을 찾고자 인터넷을 뒤졌고, 자기만 그런 것이 아님을 깨달았다. 롱 코비드 지원단체에는 자신과 똑같은 경험을 한 이들이 많이 있었다. 코로나를 약하게 앓은 뒤 더 이상 걷지조차 못하게 된 마라톤 선수도 있었다. 롱 코비드 집단을 통해서 그는 다른 감염병에 걸린 뒤 만성 피로 증후군에 걸린 사람들의 공동체들과도 이야기를 나누었다. 수십 년을 앓은 이들도 많았다. 그들도 가너와 비슷한 경험을 했다. 가너는 자신의 의학 지식을 토대로, 시간이 흐르면 몸이 나아지고 활동량도 조금씩 늘어나면서 꾸준히 회복이 이루어질 것이라고 예상했다. 그러나 실제로는 그렇지 않았다. 괜찮아졌다 싶어서 자전거를 10분 탄 뒤에는 다시 사흘을 앓아야 했다. 그래서 그는 자신보다 훨씬 더 오랫동안 회복되지 않은 채 살아가는 이들의 이야기를 알아보고자 했다. 그들은 그에게 상황에서 벗어나고자 운동을 하려고 애쓰기보다는 천천히 자신의 에너지 수준 내에서 활동하기를 권했다. 그는 한 친구의 조언을 따랐다. "바이러스를 이기려고 하지 마. 적응해." 가너는 활동을 덜 하는 법도 배웠다. 그러자 더 이상 나빠지지 않는 기본 상태에 이르렀다. 그러나 더 나아지지도 않았다.

가너의 이야기는 여기에서 끝날 수도 있었다. 그는 2020년 9월 즈음에는 꽤 회복되었지만, 더 이상은 나아지지 않았다. 가너는 회복되지 않은 이야기 너머를 탐색하기 시작했다. 더 긍정적인 양상을 보인 이들의 이야기였다. 이윽고 그는 리커버리 노르웨이와 만났다. 만성 피로 증후군을 앓았지만 이겨낸 이들의 단체였다. 이 단체는 그에게 회복 상담가뿐 아니라 다른 관점, 또 대단히 중요하게도 회복 정체성을 제공했다. 그는 처음에는 활동량 조절이 도움이 되었지만, 그 뒤에 자신이 그것에 집착하게 되었음을 깨달았다. 블로그에 썼듯이, 그는 자기 몸이 보내는 신호를 무의식적으로 추적 관찰하기 시작했는데, 이윽고 두려움에 몸이 마비될 지경에 이르렀던 것이다.[39] 그는 롱 코비드가 자신의 미토콘드리아를 손상시킨 대사 질환이라고 믿었지만, 그 노르웨이 단체는 자신의 곤경을 다른 관점에서 보게 했다. 그는 애초에 그 바이러스가 피로를 촉발했음을 의심하지 않았지만, 나중에는 자신의 두려움이 야기한 질병의 악순환에 사로잡히게 된 것임을 깨달았다. 바이러스는 사람을 쉬게 하려고 피로를 일으키며, 이 피로는 회복을 촉진한다. 어떤 바이러스에 감염되면 사람은 급성 감염 증상이 사라질 때까지 쉬어야 한다. 대개는 며칠, 길면 2주일 정도이다. 그러나 가녀는 우발적으로 자신의 몸이 피곤한 상태로 머물도록 조건을 부여하는 바람에 회복에 문제가 생긴 것이었다. 그는 자신이 나아지려면 피로에 다르게 반응하도록 뇌를 재훈련시켜야 한다는 것을 깨달았다.

그는 이렇게 썼다. "완전히 회복될 거라는 믿음이 갑자기 생겼다. 내 증상들을 끊임없이 추적 관찰하는 일을 그만뒀다. 페이스북 그룹에 들러서 다른 환자들과 증상, 연구, 치료를 논의하고 질병에 관한 이야기를 읽는 걸 피했다. 즐거움, 행복, 유머, 웃음을 추구하면서 많은 시간을 보냈더니 내 운동 두려움이 극복되었다."

2020년 말 그는 완전히 회복되었다.

예전에 ADHD는 회복 정체성을 지니고 있었다. 1960-1970년대에 DSM은 ADHD를 청소년기에 사라지는 상태라고 기술했다. 1990년대에는 반드시 완전히 사라지지는 않지만, 나이를 먹으면서 완화되는 증후군이라고 인정했다. 일부 연구에서는 완화되는 사람들이 최대 60퍼센트에 달한다고 했다.[40,41] 중증 ADHD는 완화되기는 하지만 종종 지속되는 반면에, 경증 ADHD는 완전한 회복 가능성을 기대할 수 있었다. 그러나 지금 ADHD는 많은 젊은이의 정체성에 서서히 통합되고 있다. 일부 지원단체는 ADHD 형질을 극복하려는 시도를 단념시킨다. 가면을 벗고 자신의 ADHD 자아를 남들에게 드러내라고 말한다. 그러나 ADHD가 있든 없든 간에, 자신의 기분, 행동, 충동을 제어하는 법을 배우는 것은 성장의 일부이다. 우리 모두는 사회적으로 점점 유능해지고, 집중력이 높아지고, 연습을 통해서 더 잘 대처할 수 있게 된다. 비록 선의일지라도 젊은이에게 그와 다르게 행동하라고 조언하는 것은 회복 불가 상황을 조성할 수 있다. 더 미묘한 ADHD 발현 양상을 보이는 성인들이 늘어나는 추세도 자신의 문제가 조만간 사라질 것이라는 젊은이의 기대를 갉아먹을 수 있다. ADHD를 자아 개념에 통합하는 성인도 점점 늘어나고 있다. 어떤 의학적 문제가 개인 정체성의 일부가 될 때, 그것은 불가피한 것이 된다.

★ ★ ★

이런 상태들을 신경다양성이라고 말하는 과학 담론과 대중 담론 모두 혼란에 빠져들고 있다. 의사와 과학자는 지원단체와 일부 환자, 즉 다양한 스펙트럼의 경중 끝에 있는 이들에게 자신의 가장 진정한 신경다양성 자아를 드러내라고 요구함으로써 그들을 의료화하는 동시에 생물학화하고 있다. 의료계는 신경다양인들의 견해를 존중하려고 노력하며, 그럼으로써 신경발달 문제의 어휘에서 "장애" 같은 단어를 제거하는 일도 서서히 하고 있다. 신경다양인의 일부 집단은 이를 환영하면서도, 부당하게도 의료계의 심리적 지원과 약물 처방 및 사회의 특수 교육에 여전히 기대고 있다.

이 모순은 어느 정도는 "신경다양"이라는 용어가 쓰이게 된 방식에 따라 정해진다. 신경다양성은 우울증, ADHD, 자폐, 읽기 장애, 행동곤란증, 투렛 증후군을 비롯한 다양한 상태들을 포괄하는 비의학적 용어이다. 이 용어는 모든 사람의 뇌가 저마다 다르고 그 결과 우리가 세계를 서로 다르게 지각하고 행동한다는 것을 상기시키므로 분명히 긍정적인 점이 많다. 우리의 기분, 집중력, 사회적 기술, 창의성, 우리의 모든 성격 형질과 능력은 하나의 연속체에 놓여 있으면서 각자에게 서로 다른 강점과 약점을 제공한다. 행동하거나 느끼는 데에 옳고 그른 방식 같은 것은 전혀 없으며, 모든 존재 방식은 받아들여져야 한다.

그러나 문제는 그 용어가 그런 식으로 쓰이지 않는다는 점이다. 대신에 "신경전형neurotypical"이라는 용어의 대조어로 쓰인다. 신경전형인은 "전형적인" 방식으로 자신의 생각을 조직하고 행동하는 사람을 가리킨다. 한 ADHD 지원단체의 웹사이트는 이를 설명하면서 신경전형인이 "사회적으로 복잡한 상황을 쉽게" 헤쳐나갈 수 있다고 말한다. 신경다양인을 지원하는 또다른 단체의 웹사이트는 신경전형인이 사회적 어려움을 지니지만 꽤 쉽게 극복할 수 있다고 인정한다. 신경다양인과 신경전형인의 차이를 설명하는 매우 흔한 한 가지 방식은 신경전형인이 삶의 안내서를 지니고 태어나며, 그럼으로써 사회적 규칙의 감각을 타고난다는 것이다. 신경다양인은 그 안내서를 받지 않았으며, 따라서 배우고 적응하려면 훨씬 더 노력해야 한다는 것이다. 그러나 사람들을 전형인과 다양인으로 나누는 것은 우리 모두가 다르다는 상식적인 말과 모순된다. 여기서 나는 조지 오웰의 『동물 농장 *Animal Farm*』이 떠오른다. 그 책에서 돼지들은 "모든 동물은 평등하지만 남들보다 더 평등한 동물들도 있다"라고 결정을 내린다.

신경다양성 상태들이 어디에 놓일지는 아직 불분명하지만, 분명한 점은 이 꼬리표가 붙은 이들이 앓고 있다는 것이다. 그들의 고통은 진짜이며, 그렇지 않다면 진단을 받고자 하지 않았을 것이다. 애나는 아주 오랫동안 사회 활동에서도 직장에서도 어려움을 겪어왔다. 심리적으로 많은 고통에 시달렸고 도움을 필요로 했다. 그러나 여기서 ADHD 진단을 받음으로써 얻는 혜택이 손해보다 더 많은가라는 질문이 나오기 마련이다. 답이 아니오라면, 이는 과잉진단의 또 하나의 사례가 된다. 그 진단은 옳을 수도 있지만, 혜택을 주지는 않는다.

안타깝게도 ADHD는 과잉진단 여부를 판단하기가 어렵다. 학교에서는 ADHD 진단을 받은 학생을 배려하는 것이 표준 관행이 되었지만, 그런 관행이 옳다는 것을 뒷받침할 실험 연구는 우려스러울 만치 부족하다. 으레 그렇듯이 우려가 나오는 것은 이 스펙트럼의 경증 쪽에서이다. 중증 ADHD와 자폐를 지닌 사람들은 지금까지 줄곧 추가 지원을 필요로 했고 앞으로도 언제나 그럴 것이다. 중증 ADHD와 자폐가 있는 학생에게는 일대일 수업 등 학교에서 하는 특별 지원이 교육에 꼭 필요하다. 그런 지원은 신경다양인뿐 아니라 학생 모두에게 혜택을 준다. 누구나 사람들이 다양하다는 점을 배울 필요가 있기 때문이다. 제3장에서 만난 중증 자폐인 일라이저는 일반 학교에 다닐 때 말도 제대로 하지 못했다. 언어 발달을 도와줄 지원을 받았을 때 가족은 몹시 감사했다. 그는 다른 아이들과 함께 지내는 데 익숙해졌고, 아이들도 그에게 익숙해졌다. 그는 친구들에게 별 관심이 없었지만, 상황이 달랐다면 만나지 않았을 사람들과 어울릴 수 있었다. 그는 특수 교사의 도움으로 자신의 진도에 맞추어 배울 수 있었다.

과잉진단 논의는 언제나 그 진단의 혜택을 중심으로 이루어지며, 특별 지원의 가치는 경증인 사람들을 중심으로 진행된다. 이 현안을 살펴본 연구는 그다지 낙관적이지 않은 결과를 내놓는다. 캐나다의 한 연구에서는 ADHD 대학생들을 비교했다. 지원을 전혀 받지 않은 학생들과 시험을 볼 때 따로 교실을 마련해주고 시간도 더 주는 등 도움을 받은 학생들을 비교했다.[42] 지원을 받은 학생들은 그 지원이 도움이 되었다고 인식했지만, 학업 성적이라는 측면에서 보면 측정 가능한 혜택이 전혀 없었다. 산만함을 덜어주는 환경, 계산기 사용, 쉬는 시간 추가, 시험 지문 읽어주기 등 다양한 배려를 받은 학생들을 살펴본 연구도 몇 건 있다.[43,44,45] 마찬가지로 이 추가 지원을 받은 ADHD 학생들이나 지원을 받지 않은 ADHD 학생들이나 성적이 전혀 차이가 없었다. 한 연구는 학교에서 검사를 받아 ADHD라고 나온 학생들이 혜택을 보는 것이 아니라, 어린 나이에 그런 꼬리표가 붙음으로써 손해를 본다는 우려를 제기했다.[46] 마찬가지로 ADHD 성인을 지원하는 특별 배려도 그들의 삶에 유용한 차이를 빚어내는지 아직 검증이 되지 않았다.[47]

이런 유형의 배려의 한 가지 큰 문제는 학업 성적이나 업무 능력을 올린다고 약속하지만 그렇지 않다는 것이다. 추가 지원이 필수적이라는 기대만 부추길 위험이 있다. 학생이 더 잘하려면 지원이 필요하다고 믿는다면, 실제로 지원 없이 똑같이 할 수 있음에도 불구하고 살아가려면 그런 지원이 필요하다는 생각을 계속할지도 모른다. 그들은 결국 그 어떤 특별 배려도 이용할 수 없는 상황을 맞닥뜨릴 것이고, 그런 일이 일어날 때 추가적인 도움이 필요하다고 줄곧 여겨왔다면 실패할 가능성이 커질 수 있다.

자극제는 ADHD 아동에게는 1차 치료제가 아니다. 행동 치료와 지원으로도 부족할 때 쓰인다. 아동에게 단기적으로 자극제를 사용했을 때 과다행동 같은 증상이 줄어든다는 점은 입증되었다고 여겨진다. 집중력을 개선하며, 교사는 그런 약물을 복용할 때 아이의 행동이 나아진다고 지각한다. 그러나 대다수 연구는 아동들을 단기간 추적 조사했을 뿐이다. 증상 약화가 삶의 질이나 학업 성적 향상처럼 장기적으로 더 의미 있는 무엇인가로 이어지는지 여부는 덜 명확하다.[48,49,50,51] 자극제 처방은 복용할 동안만 증상을 약화시킬 뿐이다. 더 지속적인 치료 효과를 보려면, 행동 치료가 필요하다. 중증 ADHD 아동은 자극제 처방의 혜택을 보는 쪽이다. 장애가 심하므로 약물이 읽기 같은 과제에 집중하는 능력을 향상시켜서 학습 시간을 늘리는 등 더 확연히 효과를 일으키기 때문이다. 자극제는 그들이 공부를 계속할 수 있도록 돕는다. 그러나 경증 쪽 끝에서는 자극제 이용이 꼬리표의 부정적 영향이나 정신건강 진단을 받았다는 사실로부터 따라 나올 수 있는 기대 수준 낮춤이라는 부정적인 효과를 상쇄할 만큼 충분한지를 놓고 의구심이 제기된다.[52]

일화 수준의 증거에 불과하기는 하지만, ADHD나 자폐 진단을 받은 이들에게서 확연한 개선이 나타나지 않았다는 점은 이 책을 위해서 인터뷰를 하면서 내가 누차 우려했던 부분이기도 하다. 나는 성인 수십 명과 대화를 나누었는데, 모두 진단 덕분에 삶이 더 나아졌다고 인식했다. 모두 자신의 삶에 그 진단이 들어온 것을 환영했다. 그러나 그들은 거의 모두 직장을 떠났고, 학업을 중도에 포기했으며, 많은 오랜 친구를 잃었다. 몇 명은 집 안에 틀어박혔다. 나와 이야기를 나눈 만성 라임병과 롱코비드를 앓는 이들도 거의 동일했다고 말할 수 있다. 나는 진단을 받음으로써 당사자가 얻었다고 인지한 혜택과 실제 삶의 질 개선 사이에 우려스러울 만치 격차가 있음을 간파했다. 대화를 한 뒤에는 거의 언제나 그 진단 확인의 긍정적인 영향이 과연 얼마나 오래 지속될지 의구심이 들었다.

이렇게 말은 하지만, 나는 성공한 치료가 어떤 모습이어야 한다는 나름의 개념을 토대로 그들의 삶이 개선되었는지 여부를 헤아리고 있음을 깨달았다. 나는 대다수의 의학적 꼬리표가 증상이 더 적어지는 건강 개선으로 이어질 것이고, 그럼으로써 새로운 기회의 문들이 열리고 사회생활과 더 나아가 직장생활도 더 쉽게 헤쳐나갈 수 있으리라고 기대한다. 내가 이야기를 나눈 이들은 진단을 받았을 때 심리적으로 무척 안도했고 덕분에 삶이 더 나아졌다고 확신했다. 따라서 그들은 개선이 어떤 모습이어야 할지를 내 척도가 아니라, 자신들 나름의 척도로 파악하는 것이 틀림없다. 아마 매우 특정한 유형의 성공에만 가치를 부여하는 이 세계에서 그들이 실제로 진단으로부터 얻고자 한 것은 덜 해도 된다는 허락이었을지도 모른다. 일부 의학적 진단은 지나치게 이상적인 사회생활과 직장생활에 계속해서 힘쓰라는 압박을 더 이상 받지 않도록 그 압력을 덜어내는 수단이기도 하기 때문이다.

그러나 그들은 모두 성인이었다. 자신이 무엇을 잘하고, 무엇을 극복할 수 있고, 어떤 삶을 원하는지를 파악할 시간이 있었다. 경증 범위에서 문제를 안고 있는 아이에게 신경발달 측면에서 뇌가 비정상적이라고 말하는 것은 다르다. 아이에게 그 정체성을 부여한다는 것은 아이가 자신의 강점을 배우고 자신이 느끼는 약점을 극복하고자 도전할 기회를 결코 얻지 못한다는 의미가 될 수도 있기 때문이다.

6

이름 없는 증후군

해나는 태어났을 당시에는 건강해 보였지만, 엄마인 우마는 좀처럼 확신이 들지 않았다. 해나는 네 자녀 중 막내였는데, 우마는 막내가 다른 아이들과 다르다는 느낌을 받았다. 다른 아이들보다 발달이 살짝 느린 듯했다. 보건소 방문 간호사는 시간이 지나면 따라잡을 거라며 식구들을 안심시키려고 애썼다. 그래서 식구들은 지켜보며 기다렸지만, 해나는 기지도 않고, 앉혀놓으면 쓰러지고, 옹알거리지도 않았다.

해나의 부모가 자신들이 보는 것을 전문가들에게 이해시키는 데에 꼬박 1년이 걸렸다. 그때쯤 해나는 남들도 부정하지 못할 만치 또래들보다 발달이 심하게 늦었다. 해나는 아동의 느린 발달을 설명하고자 애쓸 때 으레 사용되는 대사 검사와 유전자 검사를 받았다. 2012년에 할 수 있었던 검사가 무엇이었든 간에, 아무튼 검사를 받았다. 검사 결과는 모두 깨끗했다. 그러나 해나는 또래들보다 작았다. 걸음도 말도 더 늦었다.

화장실을 가리는 시기도 더 늦었다. 아이는 발달의 모든 부문에서 또래보다 느렸다. 의사들은 해나에게 문제가 있다는 데에는 동의했지만, 딱히 이유를 설명할 수 없었다.

우마는 말했다. "전반적인 발달 지연이라고 했어요. 또 이름 없는 증후군이라고도 했고요."

오랫동안 정상 속도로 발달하지 않은 많은 아이들에게는 구체적인 진단명이 없었다. 모든 발달 문제를 설명하기에는 지식이 부족했기 때문이다. 대신에 진단명의 자리에 상태를 기술하는 꼬리표를 붙였다. 해나는 전반적인 발달 지연 또는 이름 없는 증후군이었다. 가족은 그렇게 진단명도 아닌 것을 받아든 채로는 살아가기가 힘들었다. 인정된 질병명이 있어야 의료진, 사회복지 부서, 학교와 상담을 하기가 수월하다. 해나의 구체적인 문제들을 요약한 진단명이 없다는 것은 딸에게 무엇이 필요한지를 남들에게 이해시키려면, 우마가 자기 딸의 문제를 계속 떠들고 다녀야 했다는 뜻이다.

그러다가 2016년 해나가 네 살이고 어떤 답도 나오지 않을 것처럼 보일 때, 아이의 소아과 의사는 가족에게 10만 유전체 계획에 참가 신청을 해보라고 제안했고, 그들은 하겠다고 했다. 영국에서는 2012년에 시작되었는데, 10만 명의 유전체 염기서열을 해독하는 사업이다. 유전체는 한 사람이 지닌 DNA 전체를 말하는데, 특정한 희귀 질환을 앓는 사람들에게 진단명을 제공할 수 있기를 바라면서 시행한 사업이다.[1] 발달 지연, 암과 뇌전증 등 설명되지 않는 온갖 의학적 문제를 겪는 사람들에게 참여 기회가 주어졌다. 발견한 것을 이해하는 데에 도움이 되도록, 부모도 검사를 받았다. 이 사업은 대성공을 거두었다. 모집한 사람들 중 18.5퍼센트가 진단을 받았다.

우마는 이렇게 설명했다. "3년이 지나도록 아무 말도 듣지 못했죠. 시료를 준 뒤로 너무나 오랫동안 깜깜 무소식이어서 희망을 버렸어요. 그냥 잊고 지냈죠."

꽤 시간이 흐른 뒤에 우마는 결과가 나왔으니 병원으로 오라는 연락을 받았고, 기대감이 이는 한편으로 가슴이 철렁했다. 가장 큰 두려움은 발견된 것이 전혀 없어서 처음으로 돌아가면 어쩌나 하는 것이었다. 그러나 대신에 가족은 일종의 희소식을 들었다. 해나의 문제를 설명해줄 유전적 이상을 찾아냈다는 것이었다. 오쿠르-청신경발달 증후군(OCNS)이라는 아주 희귀한 질환이었다. 이 신경발달 질환은 20번 염색체의 CSNK2A1 유전자 변이체로 생긴다. 건강할 때 이 유전자는 정상적인 발달에 핵심적인 역할을 하는 카제인 키네이스 2$_{casein\ kinase\ 2}$라는 단백질을 만든다. OCNS가 있는 아이는 운동과 언어 발달이 늦고 음식 섭취도 어렵다. 들창코에 콧등이 넓은 것이 특징이다. 수면 문제가 있는 이들도 많고, 발작을 일으키는 이들도 있다. 해나가 진단을 받을 당시에는 전 세계에서 이 진단을 받은 사람이 60명에 불과했다. 유전자 검사로 드러나기 전까지, 이 병을 떠올린 의사가 전혀 없었던 것도 당연했다. 현재까지 OCNS는 치료법이 전혀 없다.

다시 말하지만, 진단의 목적은 설명, 최고의 치료법, 예후, 치료 경로를 찾아내고, 같은 문제를 겪는 이들과 지원해줄 단체를 찾아내는 데에 도움을 받기 위함이다. 전 세계에서 진단을 받은 환자가 60명에 불과하고, 치료법이 전혀 없다면 그 약속은 제대로 실현되지 않는다.

"우리는 진단을 받았을 때는 무척 흥분했지만, 그 병이 아주 희귀하다는 사실을 알고 화가 났어요. 우리는 해나의 미래가 어떻게 될지 알고 싶었지만, 그 진단은 그런 이야기는 해줄 수 없었어요."

우마는 즉시 조사를 시작했고 같은 병을 앓는 사람들을 지원하는 단체가 미국에 있음을 알아냈다. 무엇보다도 그녀는 OCNS 아동이 자랐을 때 어떤 삶을 살게 될지 알고 싶었다. 답은 너무나 모호했다. 그 장애는 스펙트럼의 폭이 넓기 때문이다. 비록 별 다른 기술이 필요 없는 일이기는 하지만, 직업을 가질 만큼 증상이 경미한 이들도 있다. 자녀가 있는 이들도 있지만, 그런 수준의 정상 생활을 할 수 있으려면 모두 지원을 받아야 했다. 우마는 스스로 아무것도 할 수 없을 만치 장애가 심한 이들도 있음을 알았다.

"해나를 보면서 상태가 얼마나 심각해질 수 있었는지를 깨달으니 안도했죠."

해나는 발달이 느리기는 했지만 나름의 속도로 성장해왔다. 열세 살에는 일반 학교에 들어갔다. 다니려면 많은 지원을 받아야 하며, 학습은 또래들보다 훨씬 뒤처져 있다. 해나의 읽고 쓰는 능력은 6세 수준이다. 아직도 연필을 제대로 쥐지 못하고 음식을 자르기도 어렵다. 그러나 하고 싶은 일은 많다. 트램펄린과 태권도를 좋아하고, 바비, 그네, 포옹도 좋아한다. 공갈 젖꼭지에 집착하고 입에 한꺼번에 네 개나 물고 있을 수 있다.

"딸은 학교에서 유명인과 좀 비슷해요. 복도를 걸으면 모두가 인사를 해요."

해나는 전학을 한 적이 없어서 학교 친구들은 해나의 문제를 아주 잘 이해하고 있다. 해나는 자신이 아이들과 다르지만, 나쁜 식으로 다르지는 않다는 것을 안다.

가족은 해나가 어떻게 자랄지 확신하지 못하지만, 삶의 여정을 공유할 이들이 있다는 것을 높이 평가한다. 해나가 힘들어하는 일들은 모두 그 진단을 통해서 설명할 수 있었다. 미래는 여전히 다소 불분명하지만 그 장애가 있는 사람들이 대개 시간이 흘러도 악화되지 않으며 수명도 정상인 듯하다는 점은 가족에게 안도감을 주었다. 해나와 식구들은 여러 모로 한계가 있기는 해도 초희귀 병이라는 그 진단을 안고 살아가는 것이 무슨 병인지도 아예 모른 채 살아가는 것보다 더 낫다고 확신한다.

✱ ✱ ✱

최초로 사람의 유전체 염기서열 전체를 해독한 세계적인 과학 연구 사업인 인간 유전체 계획은 1990년에 시작해서 13년 뒤인 2003년에 끝났고, 수십억 달러가 들었다. 그로부터 겨우 2년 뒤인 2005년에는 차세대 염기 서열 분석법(NGS)이 널리 쓰이게 되었다. 여러 DNA 가닥의 서열을 동시에 빠르게 해독할 수 있는 기술이다. 이 기술 덕분에 지금은 개인의 유전체 전체를 999달러 미만으로 하루에 해독할 수 있다. 2012년의 10만 유전체 계획은 NGS를 진단용으로, 즉 개인용 진단 도구로 확장했다. 신경과 의사인 나는 설명하기 힘든 신경발달 문제를 지닌 사람들을 많이 만나는데, 그 계획은 수십 년 동안 무슨 병인지도 모른 채 지닌 환자들 중 몇 명에게 진단명을 제공했다. 많은 가족에게 강한 심리적 안정감을 제공했으며, 일부 환자들에게는 유용한 치료 안내자 역할도 했다.

이런 혁신이 이루어지기 전까지, 유전학 연구실은 DNA의 작은 조각만을 분석할 수 있었고, 분석 과정도 아주 느렸기 때문에 일주일 동안 분석할 수 있는 양이 한정적이었다. 따라서 유전자 검사도 가려서 할 수밖에 없었다. 알려진 유전적 증상의 특정 범위에 들어맞는다고 이미 임상적으로 강한 의심이 드는 사람들을 대상으로 주로 이루어졌다. 유전체 전체를 빠르게 분석한다는 것은 포괄적인 유전자 검사를 이제 널리 활용할 수 있고, 이전의 유전자 검사보다 더 추정적인 질환에도 적용할 수 있다는 의미이다. 진단이 불분명한 아동에게도 쓸 수 있다. 문제는 이렇게 애매모호한 상황에서는 혼란스러운 결과가 나올 수 있다는 것이다.

헨리는 제나의 외동아들이다. 임신은 뜻하지 않은 일이었다. 그녀는 애인과 막 헤어진 뒤에야 임신 사실을 알아차렸다. 전혀 계획에 없던 일이었지만, 제나는 하루쯤 공황상태에 빠져 있다가 자신이 아이를 가진다는 사실에 몹시 흥분했음을 알았다. 헨리는 제 날짜에 맞추어 태어났고, 아주 건강해 보였다.

"아들에게 문제가 있다고 생각한 사람은 내가 아니었어요. 나는 아기가 어떻게 자라는지 몰랐고 별 다른 큰 일이 없었어서 알아차리지 못했어요. 남들이 알아차린 사소한 문제들이 있긴 했어요. 체중이 잘 늘지 않았어요. 어느 날 보건소 방문 간호사가 의사한테 가보라고 해서 갔거든요. 의사가 별 말 안 하는 거예요. 그런데 그런 일이 비일비재하다고 말하는 엄마들이 많았어요."

처음에 헨리의 발달에 관한 의문은 전부 보건소 방문 간호사에게서 나왔다. 간호사가 하는 말을 듣다 보니 제나도 점점 걱정이 되었다. 제나는 아들이 갑자기 홱 하고 움직이는 행동을 한다고 걱정했지만, 그녀의 엄마는 아기들이 본래 그렇다고 안심시켰다. 아기는 사실 첫 몇 달 동안 미묘하게 다를 뿐, 다른 아이들과 별 차이가 없었다. 소리에 약간씩 늦게 반응했고, 잘 울지도 않았지만 기뻐서 깔깔거리는 소리도 잘 내지 않는 아주 조용한 아기였다. 청력 검사를 받아보라는 말도 있었지만, 검사를 받을 즈음에 아기는 제나의 목소리에 귀를 기울이고 옹얼거리는 소리를 내기 시작한 상태였다.

"아들은 입을 벌리고 있는 시간이 많았는데, 아기 엄마들의 모임에서 한 엄마가 그 점을 지적했어요. 그때 정말 화가 났어요. 언니는 내가 아기 아빠의 가족을 잘 모르지 않냐고, 아빠를 닮은 걸지도 모른다고 했죠. 언니는 내 기분을 풀어주려고 애썼지만, 실제로는 아기가 어떤 끔찍한 병을 물려받았을지도 모른다는 걱정이 들게 만들었어요. 그런데 난 아기 아빠 쪽의 집안 병력을 더 알아보려는 노력조차 하지 않았어요."

6개월째에도 헨리는 여전히 머리를 가누지 못했고 유달리 허약해 보였다. 제나는 걱정하는 것이 맞는지 아닌지 고심하다가 이윽고 소아과 의사를 찾아갔다. 무엇보다도 그녀는 안심할 수 있기를 바랐다.

"소아과 의사는 내가 알아차리지 못한 점들을 지적했어요. 분명히 아들의 귀는 너무 납작했어요. 의사는 유전자 검사를 권했고 당연히 나는 동의했죠. 최악의 상황이라면 진단을 받고 무엇과 맞서고 있는지 알게 될 거라고 생각했어요. 또는 아무 문제없다고 나오고 걱정을 그만두겠죠. 그 사이에 뭔가가 있다는 건 몰랐어요."

검사 결과 헨리에게 새로운 유전자 변이체가 있음이 드러났다. 다른 모든 검사는 정상이었다.

"나는 아들의 유전자 검사에서 비정상일 가능성이 있는 것이 하나 보였다는 말을 들었지만, 소아과 의사는 그게 무슨 의미인지 모르는 것 같았어요."

헨리는 발달 지연 및 학습 장애와 종종 연관지어지는 유전자에 변이체가 있었지만, 헨리의 특별한 변이체는 지금까지 기록된 적이 없는 것이었다. 의사들은 그것이 헨리의 느린 성장의 원인일 수 있다고 생각했지만, 새로운 것이었기 때문에 확실히 말할 수 없었다.

제나는 이 발견이 아들에게 무슨 의미일지를 알아보고자 아들과 함께 유전상담사를 찾았다.

"유전상담사를 만나기 위해 기다리는 동안 구글 검색을 하지 말자고 다짐했지만, 물론 찾아봤어요. 뭘 찾고 있는지 몰라서 걱정만 더 늘어났지만요."

유전상담사와 마침내 상담하면서 제나는 약간의 희망을 품게 되었지만 한편으로는 더 혼란스러워졌다. 헨리의 변이체가 의학적 문제를 시사할 수도 있지만, 아무것도 아닐 수 있다는 말도 들었기 때문이다. 헨리의 느린 발달은 정상 범위의 테두리를 약간 벗어난 수준이었기 때문에, 또래들을 따라잡을 시간은 아직 많았다. 납작한 귀도 정상일 수 있었다. 그런 한편으로 변이체는 헨리가 나이를 먹을수록 더 뚜렷하게 학습이나 발달 문제를 일으킬 수도 있었다. 시간만이 알려줄 터였다.

유전상담사는 그 결과를 "의미가 불확실한 변이체"라고 했다. 이로운

지 병적인지를 어떤 식으로든 증명할 증거가 부족한 유전자 변이체이다. 다시 말해서, 헨리의 변이체는 너무나 유례없는 것이어서 아이의 장래 건강을 예측하는 데 유용하지 않았다.

모든 변이체가 병을 일으키지는 않는다. 그와는 거리가 멀다. BRCA 유전자에서 발견된 독특한 변이체는 7만2,000가지가 넘는데, 그중 약 4,900개만이 고위험 암과 관련이 있다.[2] 헨리의 유전자가 다른 사람들에게서도 발견되어 그 중요성을 측정할 수 있으려면 시간이 더 필요했다. 그들도 발달 문제를 겪는다는 사실이 입증된다면, 그 변이체는 병적인 것이라고 볼 수 있고 헨리의 느린 발달을 설명할 수도 있다. 그러나 건강한 것이라면, 그 변이체는 이롭다고 치부될 수도 있다. 줄곧 별 관계없는 것이었다는 뜻이다. 이 분류 과정이 얼마나 오래 걸릴지는 아무도 몰랐다. 제나와 헨리는 이 변이체의 이야기가 펼쳐지기를 인내하면서 기다려야 할 것이다. 수십 년이 걸릴 수도 있다.

성인은 유전자 검사 제안을 받으면, 스스로 동의를 하고 살아온 세월이 있으니, 비정상이라는 검사 결과가 자신에게 어떤 영향을 미칠지를 이해한다. 또 헌팅턴병이나 BRCA 검사는 오래 전부터 연구가 이루어져 왔으므로 검사 결과가 무슨 의미인지 이해할 수 있다. 적어도 대다수에게는 그렇다. 그러나 의미가 불확실한 변이체는 결과를 전혀 얻지 못한 것과는 다르다. 이 사례에서는 아마도 아무런 타당한 이유 없이, 유년기 내내 그늘을 드리울 수도 있는 결과를 아이에게 제시한 것일 수 있다.

제나는 내게 말했다. "나는 몹시 화가 났어요. 답을 얻고자 유전상담사에게 갔는데, 사실상 아무도 모른다는 말을 들었죠. 나는 소아과 의사가 검사를 한 이유는 이해했지만, 지키지도 못할 약속을 했기에 좀 화도 났어요."

제나는 검사에 동의한 것을 후회하지 않았다. 그녀는 이왕 일어난 일은 받아들이자는 주의였다. 그런 애매모호한 결과도 있음을 이해했다면, 대비할 수 있었을 텐데 하고 바랐을 뿐이다.

나중에 제나와 헨리의 아빠는 아들의 의미가 불확실한 변이체가 어느 쪽에서 물려받은 것인지를 알기 위해서 유전자 검사를 받았다. 부모 중 한 명이라도 그 변이체를 지닌다면, 헨리가 완벽하게 건강할 수도 있다고 모두를 안심시키는 데 큰 도움이 될 터였다. 그러나 검사 결과는 깨끗했다. 즉 그 변이체는 새로 생긴 것이라는, 부모에게 물려받은 것이 아니라 헨리에게서 새로 생긴 것임이 틀림없다는 의미였다.

"나는 그 유전자 검사 결과를 잊으려고 애써야 했어요. 유전상담사가 그래야 한다고 했거든요. 상담사는 그 걱정으로 시간을 낭비하지 말라고 했어요. 말은 쉽지만 실천하기는 쉽지 않았어요. 아들이 아무런 이유 없이 넘어지거나 울 때마다, 감염병에 걸릴 때마다 그 생각이 떠올라요."

헨리는 지금 두 살이다.

"또래들을 따라잡고 있나요?"

"헨리는 모든 면에서 조금씩 늦어요. 걷기, 말하기. 하면 좋겠다 싶은 행동인데 아이가 안 하려나 보다 생각할 때면, 그 행동을 해요. 걱정이 들 때면, 여동생은 11개월째에 걸었지만 나는 14개월이 되어서야 걷기 시작했다는 걸 떠올려요. 아이마다 발달 속도가 달라요. 그리고 아들은 아주 사랑스럽고 아주 쾌활해요. 두 살 반 때 익힌 단어 수보다 그게 더 중요해요."

"그 뒤로 유전상담사나 소아과 의사를 만나 상담을 해본 적 있나요?"

제나는 깔깔 웃으면서 대답했다. "아뇨. 그 분들은 검사 결과를 알려 주고 헨리를 두 번 더 보고는 그냥 지켜보라고만 했어요. 그게 다예요. 요청하면 아들을 다시 살펴보겠지만, 괜히 그 사람들 시간만 뺏을 게 뻔했죠. 말이든 조치든 간에 그들이 할 수 있는 건 없으니까요."

✱ ✱ ✱

유전체는 문자 목록이고 마치 책처럼 읽을 수 있는 양 느껴지지만, 소수의 단어만 해독된 아주 새로운 언어로 쓰인 책이다. 그리고 모든 언어가 그렇듯이, 해독된 단어들도 여러 가지 의미를 지닐 수 있다. 유전자 검사에 쓰인 인상적인 기술은 우리가 유전체 전체를 읽을 능력의 겨우 일부만을 갖추었고 완전한 해독으로 나아가는 여정을 이제야 겨우 시작했을 뿐임을 드러낸다. 유전자 검사 결과는 정확한 공식처럼 보일 수 있지만, 그것을 환자에게 임상적 의미를 지닌 무엇인가로 증류한 결과물은 상당히 덜 정확하다.

지금까지 우리는 희귀한 변이체 이야기를 많이 했지만, 변이체 자체는 희귀하지 않다. 당신의 유전체에는 수백만 개의 변이체가 있으며, 내 유전체도 마찬가지이다. 다행히도 변이체 중 질병과 관련 있는 것의 비율은 아주 낮을 가능성이 높다. 라임병, 자폐, 암의 유전자와 마찬가지로, 우리는 진단을 내리려면 임상적 맥락이 중요하다는 생각을 다시금 하게 된다. 검사 결과는 환자의 이야기가 수반되지 않는다면 아무런 의미도 없다. 유전자 검사가 의미가 있으려면 환자를 진료하는 의사가 환자의 문제(표현형)를 상세히 유전학자에게 제공해야 한다. 유전체 전체의 서열을 해독한다고 해도, 해석 불가능한 변이체가 어지러울 만치 많기 때문에 전체를 다 분석하는 것은 아니다. 대신에 유전학자는 환자의 이야기를 토대로 그 표현형과 관련이 있다는 것이 알려진 특정한 유전자들을 집중적으로 탐색한다. 유전학자가 내놓는 결과의 질은 의뢰한 검사가 제공한 이야기의 질에 깊이 의존할 것이다.

설명하지 못하는 학습 장애가 있는 아이를 예로 들어보자. 아마 유전체 분석은 학습 문제와 관련이 있다고 이미 알려져 있는 유전자를 살펴보는 식으로 이루어질 것이다. 이런 탐색에서는 처음에 많으면 수천 가지의 변이체가 드러날 것이다. 이어서 선별 과정이 시작된다. 많은 건강한 사람들에게도 있는 흔한 변이체와 학습 문제를 일으킨다고 알려지지 않은 변이체는 제외할 수 있다. 이 선별 과정에는 주관적인 요소와 불완전한 알고리즘이 많이 포함되어 있다. 유전자 선별은 긍정적이거나 부정적인 결과를 내놓는 것이 아니라, 사람이 컴퓨터를 이용해서 해석할 비정상일 가능성이 있는 것들의 범위를 정한다.

매우 특이하면서 희귀하기까지 한 표현형이 있을 때, 유전자 진단의 신뢰도는 가장 높아진다. 예를 들면, 내가 발달 지연, 발작, 손 파닥거림, 지나치게 큰 혀, 간격이 넓은 두 눈, 뻣뻣하게 휙휙거리는 움직임, 당뇨병이 있는 아이의 유전자 검사를 의뢰한다고 하자. 나는 유전학자에게 이런 내용과 함께 중요하지 않은 변이체를 더 쉽게 걸러내고, 병에 걸렸을 때 이 특정한 형질 집합을 생성할 가능성이 더 높은 변이체들을 선별할 수 있도록 상세한 표현형을 제공한다. 그러나 내가 제공하는 표현형이 경증 발달 지연뿐이라면, 발견되는 수천 가지 변이체 중 어느 것을 제외시킬지 알기가 매우 어려울 것이다. 발달 지연은 너무나 모호하고 너무나 흔하므로 쉽고도 의미 있는 유전자 분석을 하기가 어렵다.

    이 원리는 대다수의 검사와 많은 진단에 적용되며, 그것이 바로 한 사람에게 내리는 진단이 퍼즐 조각을 얼마나 많이 모으고 얼마나 끼워맞추는 데 성공하느냐에 달려 있을 수 있는 이유이다. 앞 장에서 살펴본 MRI 영상이라는 사례로 돌아가서 피로에 시달리는 사람에게 전신 MRI 영상을 찍게 한다고 하자. 그렇게 모호한 병력을 제시했을 때 방사선과 의사는 영상에서 어디를 볼지 어떻게 알 수 있을까? 살펴볼 더 구체적인 증상이 없다면, 허파의 별 탈 없어 보이는 작은 물혹이 문제가 있는지 없는지 어떻게 알겠는가? 대다수 검사의 질은 임상의사가 검사를 의뢰한 환자에 관해서 제공하는 정보의 질에 따라 달라진다.

    유전자 검사 결과는 새로움과 복잡성 측면에서 인상적이다. 사람들은 영상이나 더 단순한 혈액 검사로부터 얻는 결과보다 더 높은 수준의 결과가 유전자 분석으로부터 나오기를 기대한다. 그러나 유전자 검사도 다른 대다수 검사와 동일한 오류와 문제를 안고 있다. 결과의 의미 해석은 컴퓨터만으로 할 수 없다. 이 기술은 첨단일지 모르지만, 진단은 예전과 마찬가지로 여전히 의사의 자질에 의존한다.

✱ ✱ ✱

    제나는 사람들이 아들이 잘 있냐고 물을 때면 어떻게 대답해야 할지 잘 모르겠다. 보험 서류를 어떻게 써야 하는지도 모른다. 아들이 앞으로 다닐 학교에 아들이 학습 문제가 있는지 알려야 하는지도 알지 못한다. 학습 문제가 없을 수도 있기 때문이다. 주치의가 가지고 있는 아들의 의료 기록을 보면, 진단 내용에 아들의 유전자 변이체도 뚜렷이 적혀 있어서 공표할 필요가 있고 여생 동안 영향을 미칠 것처럼 느껴진다. 유전학자가 그것이 무슨 의미인지 모른다는 것을 잊기 쉽다. 임상 진료 때 나는 진료 기록에 의미가 불확실한 변이체가 진단으로 적혀 있는 것을 종종 본다. 환자의 진료 기록에 슬그머니 스며들어서 뿌리를 내린다. 설령 무의미하다는 것이 나중에 입증된다고 하더라도, 진단 목록에서 결코 사라지지 않을 수도 있다.

헨리를 염두에 두고서 나는 아네케 루카센에게 의미가 불확실한 변이체가 실제로 무엇을 의미하는지 아무도 모른다면, 의사가 그것을 환자와 가족에게 알리지 않는 편이 더 낫다고 생각하는지를 물어보았다. 소아과 의사는 제나에게 아들의 검사 결과를 알려주었을 때, 도움보다 해를 더 끼친 것이 아닐까?

"아마 대다수는 이렇게 묻겠죠. 당신이 무슨 권리로 그 정보를 알려주지 않겠다는 건가요?!" 그녀는 심술궂게 웃었다. "누구나 자기 데이터에 접근할 권리가 있어요."

임상의사로서의 나는 환자를 걱정하게 할 뿐인 불확실한 정보로부터 내 환자를 보호하려고 애쓰는 성향이 있음을 인정한다. 나는 의학적 꼬리표가 입히는 피해를, 어떻게 병자를 만들어낼 수 있고, 어떻게 사람들의 꿈을 제한할 수 있는지를 종종 보았고, 그럴 때마다 걱정이 된다. 사람들은 병에 걸릴지 불안해하고, 몸에서 증상들을 찾아보고, 예상을 하는 것만으로도 그 병의 특징이 생기고는 하는데, 유전자 진단은 아이의 정체성, 행동, 자아관에 어떤 영향을 미칠까? 제나는 자신의 걱정을 아들에게 전하는 것을 거부할 수 있을까? 뜻하지 않게 아들의 자기 믿음을 훼손할 가능성을 막을 수 있을까?

또 헨리는 바꿀 수 없는 미래를 모르는 쪽을 선호하는 헌팅턴병 공동체를 떠올리게 했다. 그리고 뇌전증 환자인 스테퍼니는 중년까지도 자신에게 KCNA1 변이체가 있음을 몰랐다는 사실에 감사했다. 그럼으로써 자유로운 삶을 누릴 수 있었기 때문이다. 모호하기 때문에 환자로부터 정보를 숨기는 것이 생색을 내는 양 비친다는 점을 알지만, 나는 내 환자들 중 불확실한 검사 결과를 견딜 수 있는 사람이 누구이고 목을 옥죄는 것처럼 받아들일 사람이 누구인지를 알아내는 것 사이에 균형을 찾는 데 어려움을 겪고 있다.[3]

나는 루카센이 나와 의견이 완전히 다르지는 않다는 것을 알고 기뻤다. 그녀는 이렇게 덧붙였다. "비록 나는 개인적으로는 온정적인 주장이 지극히 결정론적 관점에서 나온다고 생각하지만요. 사람들은 유전암호가 실제로는 명확히 뭐라고 말하는 것이 아님에도 그렇게 말한다고 생각하니까요."

유전자 결정론은 유전암호가 외부 요인보다 사람의 건강과 발달에 훨씬 더 중요하다는 믿음이다. 사람의 행동과 환경이 유전자 발현에 어떻게 영향을 미칠지는 전혀 고려하지 않는다. 후성유전을 전혀 고려하지 않는다. 루카센이 전에 내게 말했듯이, 태어난 곳의 우편번호도 유전암호만큼 장래 질병의 위험을 예측할 수 있다. 나는 환자가 덜 막막하게 느끼도록 하면서 의미가 불확실한 변이체를 환자에게 알릴 방법이 있는지 루카센에게 물었다.

"질문이 틀렸어요. 이렇게 물어야 맞죠. 과연 알릴 만한 것일까?"

의사가 유전자 검사에서 개인의 특정한 증상을 설명하는 듯한 정보를 발견했을 때, 설령 치료나 예후가 뒤따르지 않는다고 해도, 설령 의미가 조금은 모호하다고 해도 그 정보를 환자나 가족에게 전달해야 하는 것은 분명하다. 그러나 실제로 무슨 의미인지 아무도 모르기 때문에 관련이 있을지도 없을지도 모를 유전자 변이체가 발견된다면, 자동적으로 환자를 걱정하기보다는 그 결과를 이해할 방식과 체계를 찾는 것이 적절한 답이다. 과학이 좀더 알아내면, 환자에게 그 발견을 알려줄 수 있다. 유전자 검사가 여러 의미에서 해석할 수 없는 결과를 내놓는다면 본질적으로 답을 찾는 데 실패함으로써 결과를 내놓지 못한 것이나 다름없다. 그러나 그런 모호한 결과가 실제보다 더 의미 있는 무엇인가로 오인될 실질적인 위험이 존재한다.

나는 설명하기 어려운 희귀한 뇌 장애를 지닌 성인을 검사하다가 의미가 불확실한 변이체가 발견될 때, 해석이 불가능하다면 환자에게 알리는 것을 보류한다. 대신에 내 책임하에 그 변이체 자료를 보관하면서 주기적으로 변이체 데이터베이스를 살펴보며 임상적으로 유의미하다거나 중요하지 않다거나 하는 범주에 넣을 수 있을 만치 정보가 더 나올 때까지 기다린다. 도움이 될 만한 정보를 충분히 확보할 때까지 굳이 환자에게 불확실한 결과를 전달하고 싶지가 않다. 우리가 찾아낸 모든 것의 의미를 배울 기회를 채 가지기도 전에, 우리의 유전적 능력은 연구실에서 환자의 삶으로 옮겨갔다. 많은 이들은 정보가 아닌 것을 사실이라고 제공받고 있을 가능성이 있으며, 실제로 그럴 수도 있다.

해석할 수 없는 발견에 삶이 영향을 받기 전에 유전암호의 의미를 과학적으로 더 연구해야 한다. 유용하다는 것이 드러난다면, 그 발견을 해석될 때까지 보관해두었다가 나중에 환자에게 알려도 잃는 것은 전혀 없다. 모든 결과를 알리라는 주된 논거 중 하나는 자율성이지만, 그 어떤 과학자도 의사도 이해하지 못한 결과를 준비되지 않은 가족에게 알리는 것이 정말로 최선일까?

✻ ✻ ✻

변화가 너무나 빨리 일어나고 있어서, 지금이야말로 유전자 검사가 아이의 삶에 도움이 될까, 아니면 해가 될까 하는 질문을 하기에 딱 맞는 시기일 듯하다. 헨리의 검사는 모호하기는 해도 의학적 문제가 있기 때문에 이루어졌다. 그러나 이미 유전자 검사는 선별 검사라는 형태로 건강한 아동에게까지 확대되고 있다. 이는 세계적인 추세이다. 2022년에 출범한 영국의 뉴본 유전체 프로그램은 빠른 전장 유전체 염기서열 분석(WGS)을 이용해서 "아동기에 발병하는 많은 희귀한 유전 질환 선별 검사의 유용성과 실현 가능성을 평가하는" 것을 목표로 삼는다.[4] 뉴욕 주에서도 같은 목적으로 가디언 연구가 진행 중이다.[5] 양쪽 사업 모두 신생아 10만 명의 유전체 서열을 분석하여 희귀한 유전 질환 집합을 찾고자 한다. 오스트레일리아 빅토리아 주의 연구진은 신생아 1,000명에게

WGS를 수행하는 베이비스크린BabyScreen이라는 새로운 사업을 준비 중이다.[6] 이 계획들은 건강해 보이는 아기들을 검사함으로써 미래에 닥칠 심각한 건강 문제들을 예측하고 가능한 한 가장 빨리, 심지어 증상이 시작되기도 전에 치료할 수 있기를 희망한다. 물론 지금도 아기가 태어날 때 여러 질환을 검사하기는 하지만, WGS는 훨씬 더 포괄적인 선별 검사이다.

이 확장된 신생아 선별 검사가 올바른 행동 경로인지는 아무도 모른다. 이 점도 그런 계획들이 평가하고 싶어하는 것 중 하나이다. 그리고 대중도 그것을 갈망하는 듯하다. 지금까지 뉴욕 주의 가디언 사업단이 참여를 요청한 부모들 중 75퍼센트는 승낙했다.

아기에게 유전자 선별 검사를 할 때 윤리적으로 고려할 사항이 많다는 것은 분명하다. 이런 계획들은 유전학자들이 그 점을 염두에 두고 설계했다. 헌팅턴병 같은 불치병의 진단이라는 부담을 아이에게 지우거나, 아주 먼 미래에 치매나 암에 걸릴 위험이 높다고 아이에게 말하고 싶은 사람은 아무도 없으므로, 이런 선별 검사 계획은 치료 불가능하거나 성인이 되어서 발병하는 질환을 살펴보지는 않을 것이다. 의미가 불확실한 변이체도 보고하지 않을 것이다. 사업단은 유전자로 예측 가능하면서 조기에 또는 증상이 생기기 이전에 치료를 하면 질병의 양상에 차이가 생길 아동기 발병 유전 질환을 선별하는 쪽으로 범위를 좁혀왔다. 아이에게 피할 수 없는 운명이라는 부담을 지우는 것이 아니라, 아이의 미래 건강을 보호하기 위해서 일찍 개입할 수 있는 능력을 사람들에게 주는 것이 목적이다.

그럼에도 여기서도 다시금 진단 검사가 선별 검사로 전환되는 일이 벌어지고 있다. BRCA 변이체처럼 어떤 질환의 선별 검사를 할 때 양성이 나올 것이라는 예상은 주로 그 질병의 전형적인 표현형을 지니거나 그 병의 가족력이 뚜렷한 사람에게 적용된다. 그런데 이 신생아 선별 검사 계획들은 모든 병적인 변이체를 마치 그 병이 불가피한 것인 양 다룸으로써 영국 바이오뱅크 집단에서 얻은 교훈을 전혀 인정하지 않게 될 것이다. 이 건강한 사람들의 데이터베이스는 병을 **일으켰어야 할** 병적인 변이체를 지니지만 그 병에 걸리지 **않은** 노인들이 상당히 많다는 것을 보여준다. 이렇게 병이 없는 건강한 성인들에게서 병적인 변이체가 얼마나 퍼져 있는지는 영국 바이오뱅크 규모의 후속 연구가 더 크고 더 다양한 집단에서 이루어질 때까지는 드러나지 않을 것이다.

신생아들에게서 선별 검사가 이루어지는 질환들 중 상당수는 치료할 수 있지만, 반드시 완치되는 것은 아니다. 그리고 동원할 수 있는 치료법 중에는 꽤 단순하며 비타민 보충제나 식단 변화처럼 대체로 무해한 것도 있지만, 더 침습적인 것도 있다. 효소 주입, 유전자 요법, 유독한 약물, 골수 이식과 줄기세포 이식 같은 위험한 개입이 동원되는 질환들도 있다. 침습 치료는 아픈 아이에게도 무척 힘겨운 것인데, 이런 예측 진단 검사는 건강한—아직은—아이에게도 똑같이 해야 하는지 묻고 있다. 이런 검사를 받는 아이의 부모와 소아과 의사는 가까운 미래에 힘든 상황에 처할 수도 있다. 적어도 지금까지의 증거는 많은 소아과 의사들이 그런 검사를 괜찮다고 여긴다고 시사한다. 최근에 미국의 희귀병 전문가 238명에게 설문 조사를 했더니 87퍼센트가 확장된 신생아 선별 검사에

찬성한다고 나왔다.⁷ 그러나 완벽하게 건강한 신생아와 유례없는 예측 진단 검사 결과를 받고서 겁에 질린 부모도 똑같이 느낄까? 치료해야 할지, 그리고 궁극적으로 언제 치료할지를 판단하려면 얼마나 많은 후속 연구와 추적 관찰이 필요할까? 질병 선별 검사가 경제성을 띠려면 과잉진단이 필수적이어야 함을 의미하며, 남은 문제는 사회가 과잉진단을 어느 정도까지 받아들일 준비가 되어 있느냐이다.

낭성섬유증(CF)에 초점을 맞춘 한 가지 흥미로운 사고 실험은 신생아 선별 검사가 어떤 문제들을 지니는지 잘 보여준다. 2012년 영국 국가선별 검사위원회는 선별 검사를 낭성섬유증에까지 확장하는 문제를 대중이 어떻게 생각할지 알아보기 위해서 대화의 장을 마련했다.⁸ CF는 허파를 비롯한 여러 기관에 손상을 일으키는 심각한 질환이며, 수명을 대폭 줄인다. 완치는 불가능하지만, 약물로 증상을 억제하고 흉부 감염을 신속히 치료하는 등의 전략은 조기에 진단을 받은 이들에게 혜택을 줄 수 있다.

이 사고 실험은 소규모 전문가 집단에게 CF의 표준 선별 검사를 선호하는지, 전장 유전체 염기서열 분석을 선호하는지 물었다. 전자는 필연적으로 일부 환자를 놓치게 마련이고, 후자는 놓치는 진단은 없겠지만 경계선에 해당하는 사례까지 검출할 것이고 그들이 정말로 그 병을 지닐지 여부를 알아낼 때까지 몇 년 동안 추적 관찰이 필요할 것이다. 놓친 사례는 다른 아이들보다 더 나중에야 진단을 받는 아이들이 생기고, 그런 아이들은 허파 기능을 일부 보존하는 데에 도움이 될지도 모를 생리요법과 항생제 같은 조기 개입을 받지 못한다는 의미이다. 그런 한편으로 WGS에서 경계선에 놓인 사례들은 나중에 불필요했다는 사실이 드러날 수 있는 병원 방문을 정기적으로 하는 아이들도 생긴다는 뜻이다.

두 접근법을 논의하는 교육 워크숍에 참가하기 전에 전문가들 대다수는 표준 선별 검사를 WGS로 바꾸는 것을 선호한다고 밝혔다. 그들은 진단이 늦어짐으로써 피해를 입을 아이들을 구할 수 있다면, 어느 정도의 과잉진단도 괜찮다고 보았다. 그러나 충분히 논의를 한 뒤, 일부 전문가는 마음을 바꾸었다. 두 번째 투표 때 참가자들의 대다수는 WGS보다 기존의 선별 검사를 유지하는 쪽을 택했다. 이번에는 약간의 과잉진단보다 약간의 과소진단을 선호했다.

그들의 마음을 바꾼 정보는 이렇다. 영국에서 표준 선별 검사는 연간 CF 진단을 최대 10건까지 놓친다. WGS를 이용한 선별 검사 계획은 진정한 CF 환자를 한 명도 놓치지 않겠지만, 경계선에 놓이는 사례를 연간 80건씩 검출할 것이고, 그들 대부분은 CF가 있다고 입증되지 않을 것이다. 이는 아동 10명의 진단 지연을 피하려면 나중에 불필요했음이 드러날 최대 80명을 추적 관찰한다는 의미이다. WGS를 이용한 선별 검사를 통해서 진단 방랑과 지연으로부터 일부 아이를 구한다는 것은 다른 완벽하게 건강한 아이들을 무의미한 진단 방랑으로 내몬다는 것을 의미한다. 유아기는 부모와의 유대 관계를 형성하는 데에 중요한 시기이다. 증상전 진단은 일부 건강한 아이들을 그 시기에 의료화함으로써 병원을 들락거리면서 검사를 받게 만들 것이다. 이는 필연적으로 부모의 불안으로 이어질 것이다. 이런 요인들의 영향은 아직 정량화하기 어렵다. 아이를 환자로 전환시킴으로써 나타날 피해를 평가하려면 설령 정량화가 가능해진다고 해도, 수십 년이 걸릴 수 있다.

뉴본 유전체 프로그램은 223가지, 가디언 연구는 250가지, 베이비스크린+는 500가지 질병을 검사할 계획이다. 아이들은 대부분 태아일 때 모집되겠지만, 가디언 연구에서는 병원에서 갓 출생한 건강한 아이의 부모에게 참가 신청을 받았다. 부모에게 아기를 대상으로 그렇게 다양한 질환들을 검사하겠다고 이해와 동의를 구할 때 정보 과부하를 줄 위험이 있다. 의료 전문가와 기관은 수백 가지 질환을 동시에 검사할 때 사전 동의라는 정상적인 원칙을 어떻게 적용할 수 있을까? 그런 조건을 적용하는 것이 가능하기라도 할까?

여기서 다시금 나는 유전학자 타드로스의 교훈을 떠올린다. 헌팅턴병 위험에 처한 이들은 그 검사를 받는 것이 책임감 있는 행동이라는 생각을 품고 그녀를 찾아온다. 그러나 결국 그들 대다수는 검사를 받지 않아도 된다는 말에 안도한다. 취약한 신생아를 보호하려는 강한 욕구는 어느 정도까지 부모에게 영향을 미쳐서 최신 의학이 제공하는 것이 의학이 전혀 없는 것보다 틀림없이 더 낫다고 생각하도록 만드는 것은 아닐까? 아이에게 최선을 다하기를 원하는 부모에게 첨단 과학이 제공하는 것을 외면하는 일은 무척 어렵게 느껴질 것이다.

그리고 아이는 이 보호의 수동적인 수혜자이다. 선별 검사를 받는 성인은 이 문제를 이해할 기회가 있다. 그러나 신생아 선별 검사는 검사를 받는 당사자와 동의서에 서명하는 사람이 다르다는 특수한 문제를 안고 있다. 부모가 자녀를 대신해서 동의를 할 수밖에 없겠지만, 전장 유전체 염기서열 분석은 아이의 평생에 걸쳐 지속될 유례없는 의미를 함축하고 있을 수도 있다. 10만 유전체 계획에서는 이전까지 설명되지 않은 개인의 의학적 문제의 설명을 찾겠다는 명확한 목적을 가지고 유전체 전체를 분석했다. 지금까지 10만 유전체 계획의 데이터는 33개국 354개 기관의 3,600명이 넘는 연구자들이 이용했다. 앞으로도 유전물질은 여러 목적을 위해서 아주 많은 검사에 쓰일 것이다. 신생아 시료는 평생 동안 여러 층위에서 검사를 받을 가능성이 높다. 유전체 전체는 기록되어서 아이의 평생 동안 연구자들에게 이용될 것이다. 참가자는 언제든 접속해서 자기 건강에 중요할 수 있는 새로운 발견이 이루어졌는지 찾아볼 수 있다. 물론 그 점은 그들에게 엄청난 혜택이 될 수 있지만, 그런 식으로 진단되는 것의 심리적 및 사회적 영향도 늘 염두에 두어야 한다. 그런데 의학은 반드시 그런 점들까지 신경 쓰지는 않는다.

유니버시티 칼리지 런던 유전학 연구소의 명예교수인 데이비드 커티스는 공개적으로 우려를 표명해왔다. "아주 드물게 어쩌다가 무엇인가를 발견하겠지만, 그런 사례는 아주 적다. 데이터의 가치는 반드시 그 개인을 위한 것이 아니다. 이 데이터는 연구 기관, 대학, 생명공학 기업들에 팔리고 있으며, 그들은 기꺼이 사려고 할 것이다. 유전체 서열 분석에 서명을 할 때, 당신은 이런 기업과 협력자와 대학이 자신의 건강 자료에 계속 접근할 수 있도록 서명하는 것이기도 하다."[9]

★ ★ ★

반드시 태어나야만 첨단 유전자 진단 기술의 대상이 되는 것은 아니다. 1997년 과학자들은 엄마의 혈액에서 태반 DNA를 검출할 수 있다는 것을 발견했다. 태반 DNA는 대개 태아 DNA와 동일하므로, 엄마의 혈액 검사라는 그다지 불쾌하지 않은 수단으로 태아의 유전자 검사를 할 수 있는 가능성이 열렸다. 그리하여 비침습적 출생전 검사(NIPT)가 출현했다.

건강 문제가 있는지 태아를 선별 검사하는 일은 새로운 것이 아니다. 모든 여성은 임신 12주에 초음파 영상을 찍으며, 이때 처음으로 발달 문제가 있음이 검출될 수도 있다. 그러나 유전자 선별 검사는 그 정도로까지 통상적으로 이루어지지 않는다.

표준 선별 검사에서 어떤 우려가 제기될 때에만 이루어진다. NIPT 이전에는 태아의 유전자 검사를 할 수 있는 방법이 자궁에서 양수액을 빼내서 검사하는 양수천자나 태반 생검인 융모막융모생검(CVS)뿐이었다. 둘 다 엄마에게 불쾌한 과정이며, 유산 위험이 100분의 1이다. NIPT는 양수천자나 CVS보다 결과의 신뢰성은 더 낮지만, 임신이나 엄마에게 전혀 위험을 끼치지 않는 혈액 검사여서 그런 단점을 상쇄할 수 있다. NIPT는 2011년 이래로 전 세계로 서서히 퍼졌다.

니콜과 톰은 임신 12주째 초음파 검사에서 태아가 다운 증후군일 가능성이 47분의 1이라는 말을 처음 들었다. 너무나도 예기치 않았던 소식이었다. 다운 증후군은 대개 임신 연령이 높을수록 확률이 더 높아지지만, 니콜은 겨우 20대였다. 그녀는 첫 임신이었고 이런 소식을 받아들일 준비가 되어 있지 않았다. 다운 증후군은 오래 전부터 출생전 선별 검사의 대상이 되는 주된 질환들 중 하나였다. 현재의 표준 임상 관행은 임신 10-14주에 복합 선별 검사를 하도록 권한다. 여기에는 초음파로 태아의 목 뒤쪽으로 흐르는 혈액의 양을 측정하고 혈액 검사로 모체의 혈액에서 다운 증후군의 생화학적 표지를 찾는 것이 포함된다. 이런 검사는 진단이 아니다. 위험만을 평가한다. 다운 증후군 확률이 150분의 1 미만이라면 낮다고 여겨지며, 이는 아기가 다운 증후군일 가능성이 전혀 없다는 것이 아니라 아주 낮다는 뜻이다. 150분의 1 이상이라면 위험 확률이 높다는 뜻이다. 예전에는 위험이 높다고 나오면 양수천자나 CVS를 통해서 더 명확한 검사를 하는 수밖에 없었다. 많은 부모는 유산 위험 때문에 이 검사까지는 하지 않는 쪽을 택한다. NIPT는 양수천자보다 덜 위험하면서도 복합 선별 검사보다 더 정확하기 때문에 출생전 선별 검사에 또 다른 층위를 덧붙였다. 복합 선별 검사처럼 NIPT도 진단이 아니다. 명확하게 예 또는 아니오가 아니라, 높은 확률이나 낮은 확률이라는 형태로 결과가 나온다. 더 명확한 답을 원하는 부모는 여전히 양수천자나 CVS를 받아야 한다. NHS 인폼NHS Inform 웹사이트는 NIPT에서 다운 증후군 고위험이라는 결과가 나오면, 100번 중 91번은 맞을 것이라고 말한다.[10] 다른 많은 문헌에는 정확도가 99퍼센트라고 나와 있다.[11,12]

니콜과 톰은 생각조차 한 적이 없는 시점에 양수천자를 받아보라는 말을 들었다. 유산 확률이 100명 중 1명이라고 했다. 그들은 결코 그 위험을 받아들일 수 없음을 알았다. 대신 NIPT를 받기로 했다. 그 직후에 니콜은 아기가 다운 증후군일 확률이 95퍼센트라는 전화를 받았다. 그 소식을 들었을 때 그녀는 엉엉 울었다고 기억한다.

"예전에 다운 증후군 아이를 가질지도 모른다는 사실에 슬퍼했다는 게 지금은 수치스러워요."

니콜의 분노는 금방 가라앉았다. 톰과 대화를 나누면서 아이의 장래에 관한 자신의 기대 수준을 조정했다. 부부는 다시금 첫 아이를 만난다는 기대에 휩싸였다. 이소벨이 태어났을 때, 다운 증후군 진단이 옳다는 것이 확인되었다. 아이는 지금 네 살이고 막 학교에 들어갔다.

"뭘 좋아하나요?"

"아주 행복한 꼬맹이죠! 별명이 '콩'이에요."

이소벨은 발달이 느리다. 세 살 반이 되어서야 첫 걸음을 뗐다. 나이에 비해 몸집도 작고, 아직 온전한 문장으로 말할 수 없다.

톰은 말했다. "그래도 계속 옹알거려요. 나름의 언어를 가지고 있고, 그 언어를 모두가 이해한다고 생각해요. 그래서 계속 옹알거리지요."

"아이의 장래를 걱정하나요?"

"공부를 아주 잘하지는 않겠죠. 알아요." 니콜이 대답했다.

"뭐, 우리도 둘 다 못했어요!" 톰이 낄낄거렸다.

니콜은 빙긋 웃으면서 말했다. "딸을 볼 때면 나는 아이가 살면서 평범한 걱정 같은 건 전혀 하지 않으리라는 것을 알아차려요. 주로 자신이 원하는 것만 하면서 살아가겠죠. 정말로 아주 즐거운 인생일 거예요!"

나는 출생전 검사와 NIPT를 통해 아이가 다운 증후군임을 알게 된 이들의 경험을 들으려고 니콜과 톰을 비롯한 몇몇 부모를 만났다. 다른 대다수 부모들처럼 이들도 12주째 초음파 영상을 찍은 뒤, 후속 검사를 거부할 수 있다는 생각은 전혀 하지 못한 채 꽤 곧바로 NIPT로 넘어갔다. 그러나 이 모든 과정이 자동적으로 이루어지는 양 느껴졌음에도, 부부는 NIPT를 받아서 기뻤고, 출생전 진단을 받은 것에 감사해했다. 덕분에 이소벨의 출생을 준비하고 계획을 세울 기회를 얻었다.

아일라와 오마르는 더 좋지 않은 경험을 했다. 그들의 아들 아룬도 다운 증후군이다. 아룬의 형도 뇌전증과 중증 자폐를 비롯한 여러 질환을 앓고 있다.

아일라는 내게 말했다. "나는 추가 선별 검사를 하고 싶지 않다고 말했어요."

니콜처럼 아일라도 12주째 초음파 검사에서 아룬이 다운 증후군일 위험이 매우 높다는 말을 들었다. 아기가 다운 증후군이라고 해서 임신 중절을 할 생각은 전혀 없었기 때문에, 그녀는 더 이상의 선별 검사를 거부했다. 그녀는 의료진의 반응에 놀랐다. 그녀의 결정에 혼란스러워하는 이들도 있었고, 어리석은 결정이라고 대놓고 말한 이들도 있었다. 한 간호사는 발견한 사항을 무시하려면 초음파 영상도 아예 찍지 말지 그랬냐고 타박했다.

"나를 아이의 목숨을 구할 치료를 거부한 사람인 양 취급하더라고요. 정반대였는데요. 나쁜 엄마처럼 느끼게 했어요."

NIPT가 안전하다는 말을 계속 들으면서 압박을 느낀 끝에 아일라는 결국 받기로 했다.

"나중에 결과를 알려주더군요. 지극히 형식적이었어요. 나쁜 소식이라고까지 말했어요. 마치 일종의 비극이 펼쳐지는 양 아기 이야기를 했어요. 내 마음도 모르고 오마르가 없었다면, 중절하라는 압박을 어떻게 이겨내야 할지 몰랐을 거예요."

임신이 진행됨에 따라 아일라는 의료진이 도움을 준다는 것을 더 실감했지만, 앞서 임신을 지속할 필요가 없다는 말을 들었던 터라 여전히 병원 방문이 꺼려졌다.

"아이가 많은 도움을 받아야 할 거라고 계속 말하더군요. 하지만 뇌전증과 중증 자폐인 아이를 이미 키우고 있으니까 장담할 수 있어요. 아룬은 형보다는 훨씬 덜 힘들 거예요."

아일라는 아룬을 임신했을 당시 마흔네 살이었다. 그녀와 오마르는 이미 자녀가 세 명이었다. 의료진은 다운 증후군 아이가 자랄수록 부모뿐 아니라 결국 다른 자녀들에게도 부담을 줄 것이라고 상기시켰다. 아일라는 임신 기간 내내 7번이나 중절 제안을 받았고, 출산을 일주일 앞두었을 때까지도 그랬다. 영국에서 임신 중절은 대개 24주 이전까지만 허용되지만, 다운 증후군 아기는 출산 당일까지도 가능하다.

아룬은 현재 열두 살이며 축구, 컴퓨터 게임, 단 것을 좋아한다. 장난기가 많고 즐겁게 지낸다.

"같은 반의 몇몇 아이들보다 읽고 쓰기를 더 잘해요."

NIPT는 직면한 결과의 진정한 의미를 해석할 때 대다수 검사와 동일한 난제에 직면한다. 많은 웹사이트에 인용된 99퍼센트 정확도라는 값을 보는 사람들은 대부분 결과가 양성이라면 아이가 다운 증후군일 것이 매우 확실하다고 가정한다. 그러나 그 말은 사실 참이 아니다. 어떤 검사의 정확도는 **모든** 검사 중 정확한 결과의 비율을 가리킨다. 다운 증후군이 없는 아기를 낳는 사람이 대부분이므로, 대다수는 결과에서 음성이라고 나오는 것이 맞다. 그러나 정확도 99퍼센트는 양성이라는 결과가 모두 참이라는 말은 아니다. 검사를 받는 사람에 따라서 달라진다.

라임병 검사의 신뢰도는 환자가 사전 검사에서 라임병을 지닐 가능성이 얼마나 높은지에 따라 정해지며, 이 가능성은 환자가 라임병이 만연한 지역에 살고 라임병의 전형적인 증상들을 보이는지에 따라 결정된다. 병적인 BRCA 변이체가 여성에게 지닌 의미는 가족력에 따라 달라진다. 마찬가지로, NIPT에서 양성일 때의 의미와 해석은 사전 검사에서 아기가 다운 증후군일 가능성이 어떻게 나왔느냐에 따라 달라진다. 앞서 정확도 수치를 인용했지만, 아기가 그 질환을 지닌다고 말하는 양성 결과가 옳을 가능성은 99퍼센트에 한참 미치지 못할 때가 많다.

독립적인 싱크탱크인 너필드 트러스트는 그 문제를 이런 식으로 설명한다. 대다수 연령 집단에서 다운 증후군은 모든 임신 사례 중 1퍼센트에도 한참 미치지 못한다. 거기에 99퍼센트 정확하다는 말을 쓸 수 있다면, 그냥 가짜로 아무 검사나 해서 모든 사람의 확률이 아주 낮다는 결과를 내놓을 때, 그 검사도 정확도가 99퍼센트라고 말할 수 있다.[13] 따라서 그 검사의 정확도는 결과가 믿을 만하다는 것을 나타내는 그다지 의미 있는 방식이 아니다. 중요한 질문은 이것이다. 양성인 결과가 진짜 양성일 확률은 얼마일까? 이는 양성 예측치라는 통계적 척도로 평가되며, 이 척도에서 보면 NIPT의 신뢰도는 완전히 달라진다.[14]

너필드 트러스트의 캐서린 조인슨은 이렇게 말했다. "때때로 NIPT는 태아에게 실제로 그 병이 없음에도 있을 확률이 높다는 결과를 내놓아요. 다운 증후군일 확률이 높다는 결과를 받았을 때, 그 결과가 틀렸고 태아가 그 장애가 없을 가능성은 5분의 1(20퍼센트)이에요."[15]

사전 검사 확률은 검사의 정확성에 영향을 미친다. 나이가 많거나 사전 검사에서 다운 증후군 아기를 낳을 위험이 높다고 나온 여성은 양성 결과가 진짜 양성일 가능성이 높을, 아마 80-90퍼센트일 때가 많다. 그러나 더 젊은 여성이나 다운 증후군 아기를 낳을 확률이 낮은 여성은 NIPT에서 양성이라고 나왔을 때 그 결과가 옳을 가능성이 훨씬 낮을 수 있다.[16] NIPT에서 다운 증후군일 위험이 높다는 결과를 받은 여성 239명의 임신 결과를 검토한 네덜란드 연구가 있다. 이 239명 중 9명은 거짓 양성이었다. 즉 아기가 다운 증후군이 아니라는 의미였다. 그 연구에서는 거짓 음성도 5명이었다. 즉 위험이 낮다고 나온 아기 중 5명이 나중에 다운 증후군임이 드러났다는 뜻이다.[17] 기본적으로 이 검사의 정확도는 일부 여성에게서 90-99퍼센트에 달하기도 하지만, 이는 검사를 받는 사람이 누구인지에 달려 있으므로, 실제 정확도는 그 집단만이 아니라 개인에 대해서도 평가해야 한다.

NIPT는 범주상 진단 검사가 아니며, NIPT 양성이라면 대개 양수천자나 CVS를 받으라는 권고가 뒤따르지만, 안전하고 신뢰할 수 있다고 인식되기 때문에 침습적 검사를 서서히 대체하고 있다. 미국의 마운트시나이웨스트 병원에서는 침습적 검사를 받는 임신부의 비율이 2010년 38퍼센트에서 NIPT가 도입된 뒤인 2015년에는 무려 2퍼센트로 떨어졌다.[18] 충분히 이해가 간다. 유산의 위험을 무릅쓰고 싶은 사람은 거의 없다. 그러나 임신부가 NIPT를 실제보다 더 정확하다고 생각하는 것도 문제가 될 수 있다.

출생 전에 다운 증후군이라는 진단이 나오는 바람에 임신 중절을 택하는 비율은 임신 중절을 쉽게 할 수 있는 유럽 국가들에서는 90퍼센트에 가깝다고 추정된다.[19,20] 미국에서는 다운 증후군 산전 진단을 받고 임신 중절을 택하는 비율이 67-85퍼센트이다.[21] 다운 증후군도 사람마다 장애 수준이 다르다. 이소벨과 아룬처럼 일반 학교에 들어가고 또래들과 별 차이 없이 꽤 온전히 살아갈 수 있는 아이들도 있다. 반면에 선천적으로 심장, 창자, 뇌 발달에 문제가 있고, 훨씬 더 힘겹게 살아가게 될 아이들도 있다. 의학적 문제의 심각도가 반드시 태어나기 전에 전부 드러나는 것은 아니다. 다운 증후군 태아의 20-30퍼센트는 사산될 것이다. 이런 지극히 타당한 이유들 때문에, 대다수 여성은 일단 태아가 다운 증후군이라거나 고위험이라는 진단이 내려지면 임신을 이어갈 수 없을 것이라고 느낀다. 일부 부모는 아이가 겪을 고통을 지켜보아야 할지도 모른다고 생각하면 도저히 견딜 수가 없다. 장애아에게 좋은 삶을 제공할 정서적 또는 경제적 자원이 부족하다고 느끼는 이들도 많다. 다운 증후군 아이를 키우는 부모는 대개 적어도 어느 정도는 장기 지원이 필요하며, 다운 증후군 아이의 부모는 노산일 때가 많으므로 자신들이 세상을 떠난 뒤에 과연 아이를 누가 돌볼지 걱정한다.

당연히 전 세계의 다운 증후군 공동체는 선별 검사가 다운 증후군 아이와 가족에게 어떤 영향을 미칠지 깊이 우려한다. 현재 NIPT를 통해서 더욱 수월해진 선별 검사가 널리 선호되면서 다운 증후군이 아예 사라질 수도 있다고 본다. 또 NIPT 양성을 잘못 신뢰함으로써 건강한 태아를 중절할 수도 있다고 우려한다.

그렇다고 해서 NIPT가 가치가 없다는 말이 아니다. 유전적 차이를 지닌 아이를 가진 부모가 정서적으로 그리고 현실적으로 준비할 시간을 가지는 데에 분명히 도움을 준다. 또 NIPT 덕분에 많은 부모들이 더 일찍 진단을 받을 수 있고, 그럼으로써 임신 말기에 중절을 함으로써 얻는 정신적 외상을 피할 수 있다. 그러나 그들은 선별 검사의 확대가 다운 증후군이 있는 사람과 다운 증후군의 미래에 어떤 영향을 미칠지도 우려한다. 전 세계에서 다운 증후군 아이의 수는 선별 검사 때문에 상당히 감소해왔다. 아이슬란드에서는 다운 증후군이 거의 사라졌다.[22]

NIPT의 큰 장점은 빠르고 쉬우며, 전통적인 복합 선별 검사보다 더 정확하다는 것이다. 그런데 바로 이 빠르고 안전하다는 평판이 장애인 공동체에는 우려를 불러일으켜왔다. 양수천자는 느리고 노동 집약적이며, 위험을 수반한다. 그러나 그 번거로운 절차가 바로 오히려 부모에게 생각할 시간을 준다는 장점이 있다. 이 절차 때문에 부모는 더욱 신중하게 생각할 시간을 가진 뒤 검사를 받을지 결정을 내릴 수 있다. 반면에 혈액 검사는 피를 뽑는 데 5분이면 충분하므로, NIPT는 의료진에게 아무 고민 없이 일상적으로 하는 일이 될 수도 있다. 비침습적인 안전한 검사여서 더 쉽게 할 수 있으므로 환자도 거부하기가 더 어렵다. 또 가장 최신 선별 검사이므로 부모는 거절한다면 아기에게 필요한 것을 박탈하는 양 느끼게 될 수도 있다. 어떤 의료 절차가 최신의 것이라고 여겨질수록, 그 절차는 더 뛰어난 것으로 비친다. NIPT는 부모에게 훨씬 더 빨리 진단으로 이어지는 길을 달려가고 진단이 나오면 임신을 계속할지 여부를 빨리 결정하라고 재촉할 수 있다. 출생전 유전자 선별 검사가 일상화될수록, 앞으로 의학이 차이를 선별하고 장애에 낙인을 찍을 위험이 더 커진다. NIPT가 일상적인 것이 될 때, 단순하다는 사실 때문에 그 목적의 진정성이 훼손되지 않도록 하는 것이 매우 중요하다.

출생전 유전자 선별 검사를 더 많이 하는 것이 최선이라는 가정은 곧바로 무엇이 살 가치가 있는 삶이고, 무엇을 질병으로 볼 것인가라는 의문을 불러일으킨다. 이 책을 쓰는 내내 내 마음속에는 이 걱정이 떠나지 않았다. 나는 헌팅턴병과 BRCA의 유전자 변이체를 지닌 사람들, 몇 차례 암이 발병하고도 살아남은 사람들, 불치성 희귀한 유전 질환을 앓는 사람들, 희귀하거나 거의 이해가 되지 않은 유전 장애를 앓는 이들의 부모들, 정신건강 문제를 안고 살아가는 사람들, 오랜 세월 만성 질환에 시달려온 사람들과 이야기를 나누었다. 지면이 부족해서 이 모든 분들의 인생사를 싣지는 못했지만, 몇몇 놀랍거나 재미있거나 가슴 아픈 이야기들을 실을 수 있었다. 그러나 잉태 시기가 달랐다면, 이들 중 일부는 선별 검사를 거쳐서 중절되었을 수도 있다. 건강하게 노년까지 살아야만 하는 것일까? 이런 문제들 중 일부를 장애라고 부르는 것이 과연 적절하기는 할까? 다운 증후군이나 헨리의 여전히 수수께끼인 "의미가 불확실한 변이체"는 의학 질환이기는 한 것일까? 아니면 그냥 유전적 차이라고 부르는 편이 더 적절할까?

다운 증후군 사례에서는 선별 검사의 정당성을 아이와 부모의 고통을 줄이고 부모와 보건의료 서비스의 부담을 완화할 기회를 제공한다는 식으로 제시하고는 한다. 그러나 다운 증후군인 사람이 다른 이들보다 더 고통을 겪거나 고통을 일으킬까? 다운 증후군인 사람은 심장병, 치매, 뇌전증 같은 건강 문제를 지닐 가능성이 더 높고, 이는 보건의료 서비스를 평균보다 더 많이 요구한다는 뜻이다. 그러나 장애 정도에는 개인별

편차가 있기 때문에, 그들이 반드시 당뇨병 같은 심각한 다계통 장애가 있는 사람보다 더 큰 부담을 안긴다고는 볼 수 없다. 성인의 비만과 흡연은 다운 증후군보다 보건의료 체계에 훨씬 더 큰 부담을 준다. 선별 검사는 임신 중절이라는 의도를 명시적으로 드러내면서 이루어지는 것은 아니지만, 유전적으로 다른 아기를 임신 중이라는 것이 해결할 필요가 있는 문제라는 인상을 심어준다.

나는 왜 그렇게 오래 전부터 출생전 검사가 특히 다운 증후군에 초점을 맞추어왔는지 궁금했는데, 내가 도출할 수 있는 유일한 결론은 진단하기가 쉬워서라는 것뿐이다. 다운 증후군의 유전적 원인은 1959년에 발견되었다. 헌팅턴병 유전자가 발견되기 수십 년 전이었다. 다운 증후군은 21번 염색체가 추가로 하나 더 있을 때 생긴다. 이를 21번 세염색체증trisomy 21이라고 한다. 통상적인 출생전 선별 검사에서는 세 가지 의학적 질환을 살펴보는데, 모두 세염색체증 장애이다. 다른 둘은 파타우 증후군과 에드워즈 증후군이다. 추가 염색체로 생기는 장애여서, 이 세 가지는 오래 전부터 쉽게 진단할 수 있었다. 추가 염색체를 검출하는 데에는 정교한 차세대 서열 분석 기술이 필요하지 않다. 다운 증후군 선별 검사는 그것을 왜 하는지 질문조차 거의 하지 않을 만치 일상적으로 이루어져왔다. 물론 다운 증후군인 아이와 그로부터 빚어지게 될 일들을 걱정하는 가족은 예외이다. 내가 NIPT를 우려하는 것도 바로 그 때문이다. 확장된 출생전 진단이 아주 쉬워짐으로써 머지않아 부모는 그것을 당연한 절차라고 여기게 되고 의료인은 별 고민 없이 그것을 제공하게 될 수도 있다.

으레 그렇듯이 여기에는 상업화의 문제도 있다. 광고 심의 기관들은 이미 유료 서비스를 제공하는 일부 병의원의 의욕을 꺾어야 했다. 필요한 자격을 전혀 갖추지도 않은 상태에서 부모들에게 99퍼센트 정확도로 진단을 제공한다고 광고했기 때문이다.[23] 또 비록 전부는 아니겠지만, 일부 개인 병의원은 NIPT를 다양한 유전 질환의 검사에 활용하기 시작했다. 그러나 NIPT의 신뢰성은 전적으로 어떤 장애가 얼마나 흔한지에 달려 있다. 장애가 희귀할수록, 그 검사의 정확도는 떨어진다. 2022년 「뉴욕 타임스」는 희귀 질환일 때 양성이라는 결과 중 85퍼센트가 틀렸다는 조사 결과를 발표했다.[24]

민간 기관은 NIPT뿐 아니라 인공 수정으로 임신하는 부모에게 전장 유전체 염기서열 분석도 제공하기 시작했다. 불안해하는 부모에게 아기가 건강하다고 안심시켜줄 것이라고 약속하면서 제공하는 추가 서비스이다. 모든 사람은 변이체를 수천 가지씩 지니므로, 해석할 수 없는 의미가 불확실한 변이체가 발견될 가능성도 높다. 셰린 타드로스의 런던에 있는 NHS 유전학 병원에도 벌써 해외의 민간 병의원에서 선별 검사를 받고서 겁에 질린 부모들이 찾아오고는 하는데, 그녀는 그들이 원하는 수준의 안심을 제공할 수 없다.

"표현형이 없다면, 어떤 변이체가 태아나 아이에게 어떤 의미를 가지는지 알아내기가 불가능해요." 타드로스가 내게 한 말이다.

또 출생전 유전자 진단을 통해서 "맞춤 아기"를 가지는 쪽으로도 관심이 쏠리고 있다. 기업은 당뇨병, 심장병, 고지혈증 같은 의학적 문제가 생길 장기적인 위험을 파악하는 서비스를 제공하므로, 예비 부모는 건강한 삶을 살 가능성이 가장 높다고 보장되는 듯한 배아를 선택할 수 있다. 그러나 다시 말하지만, 정신건강에는 유전적 위험보다 초기 양육 환경이 더 중요하고, 전반적인 건강에는 유전적 위험보다 생활습관이 더 중요하다. 유전적 위험이 어떻게 대물림되는지 우리가 거의 모른다는 점은 말할 필요도 없다. 낮은 암 위험이 높은 정신건강 문제를 동반하지 않는다고 누가 말할 수 있겠는가? 그 반대도 마찬가지이다.

제4장에서 만난 로이진은 자신에게 BRCA 1 변이체가 있음을 알고 수술을 받았는데, 두 어린 딸의 엄마로서 이 모든 현안들을 깊이 생각해왔다. 로이진은 집안에 그 암 유전자가 있다는 사실을 모를 때 첫 딸을 임신했다. 그러나 둘째 딸을 임신할 때는 고위험 BRCA 변이체를 인지한 뒤였다. 나는 그녀에게 그 유전자를 물려받았음을 알고서 아이를 낳겠다고 결정한 심경을 물었다.

"내가 아는 다른 엄마들은 PGT를 통해 아기에게 그 유전자가 없다는 점을 확인했어요." 그녀가 말한 것은 그 질병 유전자를 지닐 위험이 낮은 배아를 고를 수 있게 해주는 출생전 유전자 검사이다.

"어떤 엄마는 나한테 이렇게 묻기까지 했어요. 'BRCA를 지닐 수도 있는 아기를 가졌다는 걸 알았을 때 기분이 어땠어요?'"

로이진은 웃음을 지었다. 자신에게 아주 많은 고민을 안겨준 질문이었기 때문이다. "**물론** 나는 딸들이 내가 겪은 일을 겪지 않기를 바라요. 당연하죠. 하지만 딸들이 겪게 된다면, 지켜줄 생각이에요. 나는 궤양대장염도 있어요. 갑상샘 질환도 있고요. 딸들은 BRCA가 아니어도 다른 것을 물려받았겠죠. 내가 완벽한 아기를 가질 수는 없어요. 누구나 다 그렇겠죠. 내 아이들은 이 행성에 존재할 이유가 있어요. 나도 그렇고요."

부모는 건강한 아기를 낳고 싶어한다. 일어날 수 있는 모든 일에 대비를 하고 싶어한다. 그러나 NIPT도 전장 유전체 염기서열 분석도 신생아 선별 검사도 건강 문제가 전혀 없는 "완벽한 아기"로는 이어지지 않을 것이다. 지나친 출생전 선별 검사나 별 생각 없이 하는 선별 검사는 자연적으로 존재하는 다양성이라는 선물과 모든 아이들에게서 나타나는 경이로움을 훼손할 위험이 있다. 제대로 이해하지 못한 결과와 무의미한 정보가 아이의 삶에 그늘을 드리우도록 허용하고 부모와 자녀가 온갖 미래를 꿈꾸면서 즐겨야 할 중요한 어린 시절을 파괴한다면 더욱 슬플 것이다.

결론

병력이 복잡한 환자를 만날 때면, 나는 마지막으로 완벽하게 건강했던 때가 언제였는지를 물으면서 대화를 시작하고는 한다. 다시는 그 질문에 대답하지 못했다. 100퍼센트 건강했던 때가 언제였는지 도무지 떠올릴 수 없었다.

스무 살인 다시는 내가 진료하는 환자로, 그녀의 이야기는 내가 만난 많은 사람들이 들려준 것과 매우 비슷하다. 그녀는 정기적으로 발작을 일으킨다는 이유로 내게 보내졌는데, 그녀의 병은 발작이 시작되기 오래 전부터 있었다. 그녀는 어린 나이임에도 불구하고 나와 만날 당시에 이미 여러 질병에 걸렸다는 진단을 받았는데, 7년에 걸쳐서 단계적으로 획득한 것들이었다.

엄마도 다시가 두통과 배앓이에 종종 시달리는 늘 아픈 아이였다고 했다. 스트레스를 받거나 깜짝 놀라거나 하면 특히 더 그랬다. 식구들은 다시가 어느 때쯤 병치레를 하는지 예상할 수 있었고 돌볼 수 있었기 때문에 아주 어릴 때는 별 걱정을 하지 않았다. 그러다가 열세 살이 되자,

증세가 계속 나빠지는 듯했다. 두통도 더 잦아졌다. 예전에는 잠을 자고 나면 조금 나아지고는 했지만, 이제는 별 효과가 없었다. 부모는 점점 걱정이 되었고, 그 무렵에 처음으로 딸을 전문의에게 데려갔다. 신경과 의사는 편두통이라는 진단을 내렸다. 그것이 첫 번째 진단이었다.

두 번째 진단은 약 18개월 뒤에 받았다. 열다섯에 다시는 팔다리가 쑤시고 아프기 시작했다. 딱히 심한 것은 아니었지만, 통증이 지속되었기 때문에 부모는 딸을 데리고 의사를 찾았다. 의사는 원인을 놓고 몇 가지 추정을 하면서 괜찮아질 것이라고 안심시켰지만 딱히 도움이 되지 않는 듯했다. 그 무렵에 다시의 엄마는 다른 엄마와 이야기를 나누다가 과가동 엘러스-단로스 증후군(hEDS)이라는 것이 있다는 말을 들었다. 관절이 지나치게 많이 젖혀지고 팔다리가 아픈 것이 주된 증상이다. 식구들은 다시가 몸을 매우 잘 '구부린다'고 생각했기 때문에, 부모는 딸을 데리고 류머티즘 전문의를 찾아갔고, 다시를 진찰한 의사는 그 병이 맞다고 진단을 내렸다. 의사는 물리치료사에게 가보라고 했고, 물리치료사는 근육을 강화하고 관절을 안정시키는 데에 도움을 주는 운동을 알려주었다. 완치되는 것은 아니었지만, 덕분에 나이가 들수록 나아지리라는 희망을 품을 수 있었다.

hEDS라는 진단을 받은 뒤 다시는 물리치료사의 조언에 따라 신체 접촉이 이루어지는 스포츠는 피했다. 과가동 관절은 부상을 입기 쉽다. 활동을 덜 하자 관절통은 확실히 줄어들었지만, 몹시 게을러지기도 했다. 그러다가 열일곱 살에 친구들의 설득에 넘어가서 학교 운동부에서 네트볼을 하기로 했다. 더운 날이었고, 다시는 그 무렵에 섭식장애와 과민성 대장 증후군도 앓고 있어서 점심을 먹지 않은 상태였다. 경기 도중에 다시는 심한 어지럼증을 느끼면서 실신했다. 간호 교사가 혈압을 쟀더니 낮게 나왔다. 이 일로 다시는 자세기립 빠른맥 증후군(PoTS)이라는 진단을 받았다. 자세 변화가 혈압을 떨어뜨려서 실신이나 어지럼증을 일으킬 수 있는 질환이다. 다시는 경사 테이블 검사tilt table test를 받았다. 자세에 따라 심박수와 혈압이 어떻게 달라지는지 측정하는 검사인데, PoTS 진단이 맞다는 것이 확인되었다. 그녀는 수분과 염분을 섭취하고 실신 가능성을 줄이는 식단을 택하라는 조언을 들었다.

생활습관의 변화는 다시의 PoTS 증상들에 별 도움이 되지 않았고, 그녀는 여전히 때때로 어지럼증을 느끼고 정신을 잃기도 했다. 팔다리의 통증과 두통도 점점 심해졌다. 학교생활도 힘들어지고 있었고, 자폐와 ADHD도 지닌다는 평가를 받았다. 건강은 서서히 나빠지다가 이윽고 실신이 경련으로 이어졌고, 그런 일이 되풀이되었다. 처음에 PoTS 전문의는 경련이 심한 실신 때문이라고 여기고, 조금씩 PoTS 치료제를 늘리면서 생활습관 권고에서 약물로 서서히 넘어갔다. 약물은 일어설 때 정상 혈압을 유지하는 데에 도움을 준다고 했지만, 발작을 완화하는 데에는 별 효과가 없었다. 발작 횟수는 서서히 증가했고, 그래서 다시는 내가 일하는 발작 전문 병원까지 오게 되었다. 그녀를 내게 보낸 의사는 진료 의뢰서 위쪽에 그녀가 지금까지 받은 진단명들을 죽 적어놓았다. 편두통, 과가동 엘러스-단로스 증후군, 식욕 부진, 과민성 대장 증후군, 자세기립 빠른맥 증후군, 자폐, ADHD, 우울증, 불안.

나를 찾아왔을 때 다시는 자신이 뇌전증이라고 생각했다. 응급의학과의 한 의사가 그렇게 말했기 때문이다. 그러나 그녀를 내게 보낸 신경과 의사는 그렇게 보지 않았다. 발작이 심리적 원인으로 생긴 것이라고 확신했다. 이런 유형의 발작은 정신신체 발작, 해리 발작, 기능 발작, 비뇌전 발작 등 다양한 이름으로 불리며, 아주 오래 전에는 히스테리라고도 했다. 정신신체 발작은 상상의 산물도 지어낸 것도 아니다. 실제로 존재하며 장애를 일으킨다. 개인이 통제할 수 없는 무의식 기제로부터 생긴다. 뇌전증 같은 뇌 질환만큼 삶을 망가뜨리지만, 뇌 질환으로 생기는 것이 아니다.

환자의 발작 원인을 진단하고자 시도하는 의사에게 가장 큰 도전 과제는 발작이 대개 드물게 일어나기 때문에, 환자가 기술하는 내용만을 토대로 진단을 내려야 한다는 것이다. 그러나 다시의 발작은 매일 일어났으므로, 당장 할 일은 그녀를 입원시키는 것이었다. 발작이 일어나는 모습을 곧 볼 수 있을 것임을 알았기 때문이다. 우리 병원에는 발작이 일어났을 때의 모습을 동영상으로 촬영하면서 뇌파, 심박수, 혈압, 산소 농도를 측정하는 방이 있었다.

다시는 검사를 준비하는 동안에 처음으로 쓰러지면서 경련을 일으켰다. 그 뒤로도 며칠에 걸쳐서 몇 번 경련을 일으켰다. 또 경련이 수반되지 않는 허탈도 두 차례 겪었다. 두 번 다 누워 있다가 일어나려고 할 때 발생했다. 그녀는 이런 허탈을 실신이라고 말했다. 발작과 다른 것이라고 생각했다. 다시는 병원에 있는 시간 대부분을 누워서 보냈다. 발작도 몇 번 일어났는데, 병실에 딸린 화장실까지의 짧은 거리를 걸을 때 더 많이 일어났다. 일어설 때마다 어지럼증이 너무 심해서 쓰러질 것 같은 느껌이 계속 들었기 때문에, 침대에서 일어나려면 늘 간호사 두 명의 도움을 받아야 했다. 나는 집에서도 마찬가지였다는 말을 들었다. 며칠 동안 계속 침대에 누워 있을 때도 있다고 했다.

다시가 입원해 있는 동안 우리가 측정한 객관적인 척도는 모두 정상이었다. 다시가 의식을 잃었을 때에도, 그녀의 뇌파, 심박수, 혈압은 마치 멀쩡히 깨어 있는 것처럼 지극히 정상이었다. 다시가 어지럼증을 느끼고 실신할 때에도, 혈압과 심박수는 정상이었다. 다시의 심박수는 일어날 때 증가하기는 했지만, 아주 짧은 시간 동안 미미하게 증가했을 뿐이다. 이런 정상적인 척도가 다시의 자기 신체 경험과 모순되는 이유를 설명할 방법은 하나뿐이다. 내게 진료를 의뢰한 의사가 추측했던 것처럼 그녀의 발작과 실신은 정신신체적인 것이었다. 의식 상실의 원인이 심리적인 것이라면, 의식을 완전히 잃은 상태에서도 깨어 있을 때의 뇌파만 측정된다. 마찬가지로 다시가 처음 실신을 하던 시기에는, 즉 PoTS 진단을 처음 받기 몇 년 전에는 혈압 저하로 실신이 일어났을 수도 있지만, 병원에서 일으킨 실신은 혈압 저하를 수반하지 않았으므로 PoTS로 나타나는 것이 아니었다. 정신신체적 발작과 실신이라는 진단이 다시가 딱히 병들지 않았다는 의미는 아니다. 그녀는 분명히 병들었다. 1년 동안 그녀는 혼자서 거의 외출도 하지 못했다. 그 진단은 그저 그녀가 쓰러지는 원인이 어떤 질병 때문이 아니라 심리적 과정이라는 것을 의미했다.

모든 일반의, 가정의, 신경과 의사, 류머티즘 전문의, 정형외과의, 정신과 의사―아니 사실상 많은 환자를 진료하는 의사들의 대다수―는 다시처럼 다양한 진단을 받은 젊은이들을 으레 접할 것이다. 나는 여기에 투렛 증후군, 읽기 곤란증, 행동 곤란증, 비만세포 활성 증후군mast cell activation syndrome(MCAS, 면역 장애라고 여겨진다), 키아리기형Chiari malformation(머리뼈 바닥 쪽의 발달 차이)도 조합된 사례를 종종 본다. 다시의 진단 대부분과 이런 진단들이 지닌 공통점은 각 질환의 중증 형태가 수십 년 전부터 알려져 있었다는 것이다. 중증 형태는 대개 그것을 질병이라고 정의하는 뚜렷한 병리를 수반한다. 그러나 지난 20-30년 사이에 질병의 정의가 수정되면서 정상 생리와 겹치는 더 가벼운 형태까지 이런 병이라고 진단을 내릴 수 있게 되었다. 경증 형태가 어떤 병리를 수반한다고 입증된 적은 아직 없다. 이런 질병의 중증 형태는 발병률이 안정적으로 유지되는 반면, 더 가벼운 형태로 앓는 사람들의 수는 원래의 장애를 지닌 이들을 훌쩍 뛰어넘어서 가파르게 증가해왔다. 이런 질병들 가운데 완치 가능한 것은 없다. 일단 진단이 내려지면, 증상을 완화시키는 치료만 가능하며, 나이를 먹으면서 증상이 완화될 것이라고 희망을 품고 살아가는 수밖에 없다.

PoTS와 hEDS의 이야기는 자폐 및 ADHD의 이야기와 매우 비슷하다. 신체 질환을 정의하는 위원회들이 있는데, DSM 개정판을 만드는 위원회와 똑같이 이런 위원회들도 신체 질환의 매개변수들을 수정해서 진단을 더 포괄적으로 만든다. PoTS와 hEDS는 신체 측정값의 정상과 비정상을 나누는 선을 그음으로써 정의된다. 후자인 hEDS의 진단은 관절의 움직임과 피부 늘어남이라는 임의의 척도로 정해진다. PoTS의 진단은 심박수가 자세 변화에 어떻게 반응하는지에 따라 정해진다.

엘러스-단로스 증후군(EDS)은 상당한 장애를 일으킬 수 있는 연결조직 장애로서, 오래 전부터 알려진 유전 질환이다. 13가지 유형이 있는데, '과가동' 유형(hEDS)도 그중 하나이다. 콜라겐은 뼈, 연골, 힘줄, 피부와 혈관의 기본 구성 요소인데, EDS가 있는 사람에게서는 약해진다. 그 결과 관절이 지나치게 유연해지고, 피부가 아주 잘 늘어나고 조직이 무르다. 따라서 관절 기형이 나타나고, 피부 흉터가 잘 생기고, 멍이 잘 들고, 몇몇 유형에서는 심각한 출혈도 일어난다.

EDS의 13가지 유형 중 12가지는 연결조직의 객관적인 생화학적 변화와 관련이 있다. 그 12가지는 모두 유전적 원인으로 생긴다는 것이 입증되었다. 전형적인 임상 징후들에다가 유전자 검사의 도움을 받아 진단된다. 과가동 EDS는 EDS 중에서 입증된 병리가 전혀 없고 유전적 원인도 전혀 밝혀지지 않은 유일한 유형이다. 다른 EDS 질환들과 관련이 있다고 가정되지만, 그렇다는 것을 입증하는 증거는 전혀 없다. 주된 특징은 관절의 과가동이고 이 장애를 지닌 이들은 관절 탈구가 잦다고 한다. 그러나 의사가 hEDS 진단을 내리는 데에 도움을 줄 검사 같은 것은 전혀 없다. 임상적 특징만을 토대로 진단을 내리는데, 관절의 가동 범위가 유달리 넓다는 것이 이 장애의 주된 증상이다.

그런데 관절 가동성을 주된 진단 특징으로 삼을 때의 문제점은 관절의 과가동성이 많은 이들에게서 정상적이라는 것이다. 젊은이들 사이에서는 흔하다. 10대 후반에서 20대 중반의 건강한 사람들 중 20–30퍼센트는 과가동성을 보인다고 추정한 연구도 있다.[1] 의사는 hEDS를 진단하려면 환자의 관절이 **비정상적으로** 과가동을 하는지 판단해야 한다. 쉬운 일이 아니다. 관절의 운동 범위에 값을 할당하는 점수 체계가 있기는 하지만, 과가동인 사람이 모두 EDS인 것은 아니므로, 이 진단은 궁극적으로 매우 주관적이다. 자연적으로 과가동 관절을 지닌 건강한 사람과 hEDS 진단을 받은 사람의 가장 큰 차이는 후자가 아마 관절통을 겪고 치료를 받기 위해서 의사를 찾아갔다는 점일 것이다.

비록 hEDS 진단을 받은 이들이 연결조직의 유전 장애라는 말을 듣지만, 그런 가정을 뒷받침하는 증거는 전혀 없다. 유전적 원인이 있음이 밝혀진 고전적인 EDS의 12가지 중증 유형들은 발병률이 아주 낮다. 대다수 유형은 2만~4만 명 중 1명이고, 한 유형은 10만 명 중 1명, 가장 희귀한 유형은 100만 명 중 1명이다.[2] 그런데 1997년에 EDS의 경증 유형으로서 과가동 EDS라는 개념이 출현한 뒤로, 이 유형은 그 장애의 가장 흔한 형태가 되었다. EDS가 있는 사람이 500명 중 1명이라고 추정하는 이들이 있을 정도로 증가했다.[3] 그리고 EDS가 있는 사람들의 80-90퍼센트는 과가동 EDS이다.[4]

PoTS는 주로 자세에 따른 혈압 변화로 생기는 어지럼증, 두근거림, 실신이라는 형태로 나타난다. 젊은이들이 혈압이 낮고 실신하는 경향이 있음은 오래 전부터 알려져 있었다. 과거에는 자주 실신을 하는 사람에게 식단, 수분 섭취, 수면 등 생활습관을 바꾸라는 조언을 했다. 대개는 이런 조치들만으로도 더 자라서 이런 경향이 사라질 때까지, 혈압을 높이고 실신 횟수를 줄이기에 충분했다. PoTS는 잦은 실신을 설명하기 위해서 1993년에 만들어진 진단명이다. 치료 조언은 달라지지 않았지만, 자세에 따라 심박수와 혈압이 변해서 실신하는 사람들을 기술하는 새로운 질병 꼬리표가 생겼다. 그 뒤로 약 30년이 흐른 현재 이 진단을 받은 미국 젊은이는 약 100만–300만 명으로 추정된다.[5] 영국은 약 13만 명이다. 그러나 이런 이환율罹患率은 팬데믹 이전의 것이다. 롱 코비드를 앓는 이들 중 상당수에게서는 PoTS도 나타나므로, 이 수치는 더 높아졌을 가능성이 있다.[6]

PoTS 옹호자들은 그것을 자율 신경계의 복잡한 다계통 만성 장애라고 부른다. 자율 신경계는 신경계 중 혈압과 심박수 조절에 중요한 역할을 하는 부분이다. 당뇨병과 파킨슨병 같은 몇몇 질환은 자율 신경계 장애를 일으킨다. 이와 달리 PoTS는 설명할 수 있는 병리나 신경계 장애의 증거가 전혀 없다. 진단은 일어설 때 심박수가 1분에 30번 이상 증가할 때 내려진다. 누구나 일어설 때 심박수가 증가한다. PoTS가 있는 사람은 더 많이 증가하고 더 오래 유지된다는 것뿐이다. 분당 30번을 정상에서 벗어난 기준으로 삼겠다는 결정은 임의적인 것이다. 그 진단이 옳음을 입증할 병리가 전혀 없기 때문이다.

PoTS와 hEDS를 비롯해서 다시가 받은 진단들 중 상당수는 의학계에서 논란거리가 될 수 있다. 각 진단을 내릴 수 있도록 할 정상과 비정상을 가르는 선이 아주 흐릿하기 때문이다. 이런 상황이 딱히 의학적 주의를 기울일 필요가 없는 젊은이들의 공통적인 생리적 특징에 주목하게 만듦으로써 건강한 몸을 병리화한다고 우려하는 목소리도 있다. 젊은이는 나이 든 사람보다 관절이 더 잘 움직인다. 또 젊은이, 특히 젊은 여성은 혈압이 낮아서 실신하는 경향이 더 높다. 우리는 나이를 먹을수록 덜 움직이고 혈압도 더 높아진다. 그래서 과거에는 이런 문제들에 굳이 진단명을 붙일 필요가 있다고 여기지 않았다. 몸이 아직 덜 성숙했음을 보여주는 현상들이라고 보았다. 생활습관을 바꾸면 대개 관리가 가능했고, 시간이 궁극적인 치료제인 증상들이었다.

그러나 이런 증상들이 진정한 질병이라는 말에 동의하는지 여부를 떠나서, 더욱 중요한 점은 과잉진단의 특징이 나타나는지 자세히 따져보면 버텨내지 못한다는 것이다. 증상들이 실제로 존재하지만, 그 진단 자체는 혜택이 거의 없고 오히려 해를 끼칠 수도 있다는 뜻이다. hEDS를 예로 들어보자. 젊은이에게 관절의 과가동을 일으키는 비정상 콜라겐이 있다고 알리는 일이 가치가 있으려면, 진료를 통해서 관절을 안정시킬 수 있고 장기적으로 관절이 더 건강해져야 할 것이다. hEDS의 주된 증상은 통증과 피로이다. 그 진단이 진정으로 유익하다면, hEDS 진단과 치료를 받은 젊은이들의 장기 건강 척도가 개선되는 양상이 나타나야 한다. 즉 더 나이가 든 뒤에 만성 통증, 피로, 관절 질환 같은 질병을 더 적게 앓아야 한다. 그런데 노년층이 관절 문제를 앓는 비율은 예전과 달라지지 않았고, 관절 문제를 앓는 젊은층까지 새로 생겨났다.

과가동 EDS는 1997년에 처음 기재되었다. 1990년에서 2019년 사이에 뼈관절염 진단을 받은 사람은 113퍼센트 증가했다.[7] 뼈관절염은 노년층뿐 아니라 30-44세 연령층에서도 그에 못지않게 증가하고 있다.[8] 만성 통증도 증가 추세인데, 40대의 5분의 2가 앓고 있다.[9] 물론 체중을 비롯해서 관절 건강에 영향을 미치는 더 중요한 요인들이 많다. 그 전에는 치료를 받지 않았던 hEDS 치료를 1997년 이래로 받아온 수백만 명은 건강에 조금 도움이 되었기를 바랄지도 모르겠지만, 그런 혜택을 본 사람은 전혀 없다. 마찬가지로 PoTS라는 진단명이 등장한 이래로 30년 동안 그 진단을 받은 사람은 점점 늘어났지만, 그 어떤 집단의 그 어떤 건강 척도에서도 개선 같은 것은 전혀 이루어지지 않았다.

또 이런 질문도 할 가치가 있다. 1990년대 이전에 진단을 받지 않았던 PoTS와 hEDS를 지닌 이들이 많았다면, 그들은 지금 어디에 있을까? 중년층이나 노년층에서 진단을 받지 않은 유전성 만성 연결조직 장애와 자율 신경계 장애에 들어맞는 이야기를 간직한, 즉 청소년기에 진단을 받지 못한 장애의 후유증에 시달리는 사람들의 대규모 집단 같은 것은 없다. 그들이 자라면서 자연히 hEDS와 PoTS가 사라졌다면, 그 진단이 과연 정말로 필요한 것일까? PoTS를 지닌 사람들 중 85퍼센트 이상은 저절로 낫는다. hEDS가 중증 장애로 이어지는 경우는 거의 없다. 그러나 이런 진단을 받았을 때 매우 부정적으로 반응하는 이들도 소수 있다. 질병의 과정이 아니라 꼬리표를 붙이는 행위 자체가 원인일 가능성이 높은 중증 장애로 발전하는 다시 같은 내 환자들이 그렇다.

최근에 학술지 『브레인Brain』에 실린 한 논문은 PoTS를 "일어설 때 두려움으로 촉발되는 고아드레날린성 상태"라고 묘사했다.[10] 고아드레날린성 상태는 아드레날린이 충만한 상태에서 활동한다는 의미이다. 자율 신경계는 공포에 반응하여 활성을 띠며, 이때 아드레날린이 왈칵 분비된다. 이런 상태를 투쟁-도피 반응이라고도 한다. 실신은 두려움을 일으키며, 처음 겪을 때는 더욱 그렇다. 한번 실신한 사람은 다시 실신할까 봐 걱정하게 될 수 있다. PoTS라는 장애가 있다고, 일어설 때 심박수가 비정상적으로 올라간다는 말을 들으면, 그 사람은 일어설 때마다 겁을 낼 수도 있다. 그럼으로써 일어설 때 매우 조심하고 앉아 있거나 누워서 보내는 시간이 많아진다면, 몸은 탈조건화deconditioning가 이루어진다. 활동 저하로 몸이 자세 변화에 덜 반응하게 된다는 뜻이며, 오로지 습관만으로도 가능해진다. 탈조건화한 몸은 자세 변화에 더 게으르게 반응함으로써, 일어설 때 혈압이 떨어질 가능성이 더 높아져서 실신할 가능성을 더 증가시킨다. 다시 말해서 악순환이다. 실신을 더 자주하게 된다. 공포는 자율 신경계를 활성화한다. 아드레날린이 분비된다. 아드레날린은 혈압과 심박수와 행동에 영향을 미친다. 활동을 덜 하면서 몸은 반응도 덜 하게 된다. 실신이 더 잦아진다. 두려움이 더 심해진다. 덜 일어서고 일어설 때 더 겁을 먹을수록 악순환은 더욱더 깊어진다.

"정상"의 매개변수를 옮김으로써 생기는 새로운 꼬리표들은 무엇보다도, 정상을 병리화하고 예전에는 의학적 문제라고 여기지 않았을 법한 것에 의학적 주의를 기울이라고 사람들을 부추겨서 이런저런 방식으로 새로운 환자 집단을 생성한다. 그러나 일단 새로운 장애가 진단명으로 기재되면, 일부에서 무엇인가를 그 진단과 연관 짓고 그 기재에 들어맞게 바꾸기 때문이기도 하다. 이는 무의식적인 과정이다. 철학자 이언 해킹이 "인간 만들기making up people"라고 부른 것이자, 분류 효과classification effect라고도 하는 것이다.[11] 개인에게 어떤 꼬리표나 진단명을 부여할 때, 의도하지 않았지만 그 개인은 새로운 징후나 증상을 살펴보게 되고, 그 장애의 다른 전형적인 징후들이 있는지 몸을 구석구석 살피다 보면 몸에 더 주의가 쏠리고 증상이 나타날 것이라고 예상하게 되며, 그 결과 예전에는 그냥 넘겼을 수도 있을 신체 변화에 신경을 쓰게 된다. 분류는 사람을 변화시킨다. 개인의 통제 너머에서 이루어짐으로써, 개인을 순응하게 만들기 때문이다.

이 점을 염두에 두고 보면 흥미로운 점이 있는데, 1990년대까지 PoTS와 hEDS라는 꼬리표는 존재하지 않았을뿐더러, 지금과 달리 이 진단 조합의 전형적인 증상들을 지닌 사람들이 많지도 않았다는 것이다. 사실 너무나 희귀해서 약 15년 전까지만 해도 나는 이런 장애들에 들어맞는 증후군을 겪는 사람을 단 한 명도 만나본 적이 없다. 늘어나고 있는 PoTS와 hEDS를 지닌 젊은이들은 새로운 환자 집단이다.

✳ ✳ ✳

다행히도 PoTS 진단을 받은 이들의 대부분은 다시만큼 장애에 시달리지는 않지만, 그래도 hEDS 등 다른 온갖 진단들까지 받을 수도 있다. hEDS를 지닌 이들은 롱 코비드에 걸릴 가능성이 더 높다. PoTS와 hEDS를 지닌 이들은 경증 자폐와 ADHD가 있을 가능성이 더 높다. 입증된 병리가 전혀 없는 이런 논란 많은 장애들은 함께 모이고는 한다.[12,13] 그것이 내가 이 책을 쓴 주된 이유이다. 기원이 너무나 불확실하고 서로 관련도 없어 보이는 진단들을 여러 개 받을 만치 너무나 불운한 다시 같은 젊은이들이 어떻게 해서 계속 늘어나고 있는지 의문을 품는 이들이 많지 않기 때문이다. 자폐 같은 뇌의 신경발달 장애가 어떻게 과가동 관절과 연관되는 것일까? PoTS 같은 자율 신경계 장애와는? 왜 롱 코비드를 앓는 이들 중 상당수가 PoTS에도 걸리는 것일까? 연구자들은 생물학 이론을 통해서 그것들을 연관지으려고 시도해왔지만, 뒷받침할 증거가 전혀 없는 공론에 불과하다.[14] 이런 장애들은 공통의 병리를 통해서 연관 짓기가 아예 불가능하다. 그렇게 연관 지어진다면, 중증 자폐와 중증 ADHD인 사람들도 경증 자폐와 경증 ADHD인 사람들과 같은 비율로 hEDS와 PoTS를 앓아야 할 것이다. 그런데 아니다. 자폐, hEDS, ADHD, PoTS, 투렛 증후군, MCAS, 키아리기형 사이의 관계는 스펙트럼의 경증 말단에서만 나타난다. 이 모든 진단들 사이의 겹침은 정상과 비정상을 구별하기 어려운 진단의 회색 지대에서만 존재한다. 조직 병리를 통해서 이 진단들을 연관 지으려고 시도하는 이들은, 내가 보기에 사람의 심리와 사회적 요인 및 의료 체계가 어떻게 새로운 진단의 확산에 영향을 미치는지에 관해서 조금 소박한 생각을 가지고 있는 듯하다.

이런 진단들은 공존한다. 심란함을 신체 증상을 통해서 드러내는 사람들이 여러 증상들을 통해 다양한 진단을 끌어들이는 경향을 보이기 때문이다. 그리고 건강을 우려하는 이들은 자기 건강의 모든 측면을 염려하는 경향이 있다. 게다가 일단 병원 시스템에 들어가면, 검사를 통해서 작은 차이들을 검출하게 되고 그런 차이들은 걱정을 더욱 불러일으키고 진단을 내림으로써 불안을 달래주려고 할 전문의를 찾게 되기 때문이다. 일단 비정상이 있음을 감지하면, 의사는 살펴보고 추적 관찰하고 치료하라는 압박을 느낀다. 그리고 첫 진단을 받으면, 같은 병을 앓는 사람들을 만나게 되고, 그들은 이런저런 의학적 문제도 나타날 수 있다고 알려준다. 환자 지원단체에 합류하면 자신의 몸에 더 주의를 기울이라는 조언을 들음으로써 뜻하지 않게 증상을 더욱 악화시킬 수 있다. 실제로는 걱정하면서 계속 신경을 쓰는 행동을 덜 해야 하는 상황에서 말이다. 질병을 중심으로 한 집단 정체성의 일부가 되면 회복 정체성을 가지는 것이 방해받을 수 있다.

　다시와 대화를 하면 할수록 그녀의 발작뿐 아니라 다른 증상들도 정신신체적인 것임이 더 분명해졌다. 누구나 괴로울 때 신체적 증상을 겪지만, 그녀의 증상들은 유달리 심각했다. 혼란스러운 상황에 놓일 때 생기는 두통과 복통은 그녀가 심리적 고통을 체화하는 경향이 있다고 말하고 있었다. 이 성향 때문에 의료 체계를 찾아가서 등록이 이루어지자, 그녀는 모든 신체적 변화에 주의를 기울이고 의료화하라는 부추김을 받았다. 어떤 증상이 있냐는 질문을 받을수록, 그녀는 몸에서 증상들을 더욱 찾아냈다. 그리고 그 증상을 설명해줄 꼬리표를 받고자 했다. 이 모든 일들은 건강 걱정을 더욱 고조시켰고, 쌓여가던 불안은 결국 터져서 경련을 일으켰다.

　내가 다시의 경련과 지속되는 실신이 정신신체적임을 확정지음으로써, 그녀가 앞서 받았던 진단들 중 일부를 재조사하여 철회할 수 있었다고 말한다면 얼마나 좋을까. 그러나 다시의 다른 진단들은 내가 철회할 권한이 없다고 여겨졌다. 나는 내가 본 것만이 아니라 다시의 모든 실신이 정신신체적인 것이었다고 강하게 의심했고, 그녀의 과가동 관절도 관절 움직임의 정상 범위에 속할 가능성이 높다고 보았다. 나는 그녀가 학교에서 겪은 어려움을 그녀가 받은 자폐와 ADHD라는 두 신경발달 장애 진단이 아니라 잦은 병결로 더 잘 설명할 수도 있지 않을까 한다. 나는 다시가 눈덩이처럼 커진 의료화의 함정에 빠졌다고 생각했다. 그러나 다시는 발작을 정신신체적이라고 부르는 것조차도 몹시 받아들이기 힘들어했기 때문에, 내가 그녀의 다른 문제들까지 다루려고 하자 단호하게 나를 밀어냈다. "선생님은 EDS 전문의도 아니고 PoTS 전문의도 아니라서 그것들을 다룰 권리가 없어요." 다시는 핵심을 짚었다. 전문가는 모두 각자의 영역을 넘어서지 말라고 권고를 받는다. 따라서 내가 할 수 있었던 일은 그저 이미 기나긴 질환들의 목록에 정신신체적 발작이라는 내 진단을 추가한 것에 불과했다. 그리고 다시는 귀가했다. 아마도 PoTS에다가 정신신체적 실신이라는 진단까지 안고서 말이다. 동일한 의식 상실을 설명할 두 진단이다.

✷ ✷ ✷

이 책에 언급된 장애들은 대부분 중등증 형태와 중증 형태로 존재하며, 늘 그래왔다. 유달리 새로운 유전 장애를 지닌 이들은 유전 분석이 정확한 원인을 알려줄 수 있기 훨씬 전부터 의학의 주목을 받아왔다. 헌팅턴병 환자의 가족들은 자신도 그 병에 걸릴지 여부를 알기 위해서 기다렸다. 하염없이 마냥 기다려야 했다. 자폐나 ADHD나 다른 어떤 뇌 장애 같은 설명이 존재할 수 있음을 깨닫기 이전에도, 아동과 성인은 중증 정신건강 질환, 명백히 정상 범위를 벗어난 학습과 행동 문제를 겪고 있었다. 구체적인 진단과 지원이 늘 존재한 것은 아니었다고 해도, 다양한 스펙트럼의 한쪽 끝에서는 어떤 문제가 있는지 확연히 보였다.

이 모든 장애 스펙트럼의 중증이나 중등증 쪽에 있는 이들에게는 진단이 혜택을 준다는 데에 의문의 여지가 없다. 중증 우울증을 앓는 사람은 놓치기가 어려운 수준의 문제를 드러내며, 치료와 지원이 필요하다는 것도 분명하다. 치료와 지원이 없이는 살아갈 수 없는 이들도 있다. 캐너가 자폐라는 개념을 창안하지 않았더라도, 중증 자폐 아동이 심리적, 의학적, 사회적 지원이 상당히 필요하다는 사실은 누구나 알아차릴 수 있다. ADD/ADHD는 1980년대에 DSM에 등장했지만, 그 전에도 누구나 알아볼 수 있는 중증 주의와 과잉행동 문제를 겪는 아이들이 있었다. 치료 서비스와 전문지식이 부족했을지도 모르고, 사회적 공감대도 부족했을지 모르지만, 굳이 꼬리표를 붙이지 않아도 이런 아이들에게 추가로 많은 지원이 필요하다는 사실은 충분히 알 수 있었다. 이런 유형의 장애를 심하게 앓고 있는 이들은 범주와 꼬리표의 혜택을 본다. 치료 경로, 전문가, 의학자, 지원 서비스로 이어지기 때문이다. 이들의 치료는 정당하다. "증상들"이 당사자가 사회에서 정상적으로 기능하지 못할 만치 심하고, 진단이 병자라고 분류될 때 뒤따르는 모든 단점을 상쇄시키기 때문이다.

지금까지 언급한 주로 신체적인 건강 장애들에도 같은 이야기가 적용된다. 고전적인 EDS는 그것을 설명해줄 유전자 변이체가 발견되기 이전부터 측정할 수 있는 장애를 일으켰다. 증상을 수반하는 암에는 선별 검사에서 발견된 아주 초기의 암세포와 전혀 다른 규칙이 적용된다. 증상을 수반하는 암은 거의 언제나 진행성이고 목숨을 위협할 수 있는 반면, 선별 검사에서 발견되는 초기 암세포 중에 나중에 문제를 일으킬 가능성이 있는 것은 일부에 불과하다. 질병은 설령 찾아보거나 이름을 붙이지 않는다고 해도 저절로 모습을 드러낸다.

나는 질병 스펙트럼의 중간에서 중증 말단에 이르는 구간에 속한 질병과 정신건강, 학습이나 행동 문제가 확연히 드러난 이들에게 진단과 치료가 유익하다는 것을 의심하지 않는다. 그 집단에게는 혜택이 뚜렷하기 때문이다. 이 책은 이 모든 의학적 문제들을 상당히 더 약한 형태로 지닌 이들을 그 진단 집단에 포함시키는 것이 과연 가치가 있는지 의문을 제기한다. 어떤 의학적 문제가 더 가벼울수록, 개입이 주는 영향은 더 작고 치료와 꼬리표 효과가 해를 끼칠 가능성은 더 높다.

이런 식으로 생각해보라. 암으로 사망할 수도 있는 사람에게는 그 병이 목숨을 앗아갈 수 있기 때문에 화학요법의 지독한 부작용이나 수술과 방사선요법의 위험을 감수하는 것이 정당화된다. 결코 증식하지 않을 수도 있는 몇 개의 암세포를 지닌 사람도 받는 치료의 위험과 부작용은 동일하겠지만, 혜택은 훨씬 적다. 양쪽 집단 모두 피해는 동일하게 보지만, 경증 집단은 치료 효과가 훨씬 덜하다. 마찬가지로 중증 자폐나 중증 ADHD 아동은 학교에서 특수 교사의 도움을 받고 약물 처방을 받을 때 확연히 혜택을 보는 반면에 장애라는 꼬리표가 붙는다고 해서 잃을 것이 거의 없다. 장애가 심각하기 때문이다. 반면에 알아차리기 어려울 만치 자폐나 ADHD의 증상이 미묘하거나 가려진 사람은 꼬리표 효과에 매우 취약하며 약물, 학교생활 배려, 다른 유형의 지원으로부터 얻는 혜택이 훨씬 더 적다.

치료와 진단을 점점 더 경증 집단에까지 확대하는 것이 과연 가치가 있을지 의심스러움에도 불구하고 현재 모든 의학 분야에서 다양한 이유로 그런 일이 벌어지고 있다. 우리는 무엇인가가 좋다 싶으면 더 많을수록 더 낫다고 믿는다. 이는 어느 정도는 의학 내의 문화 문제이다. 우리 의학자와 과학자는 새로운 기술의 능력에 혹한다. 우리는 신기술이 또 무엇을 할 수 있는지 알고 싶다. 전장 유전체 염기서열 분석은 지난 20년 사이에 급속히 확산되어 널리 이용되고 있다. 아직 알아내야 할 것이 훨씬 더 많은데, 사용하지 않고서는 알아낼 수 없다. 몇 년 사이에 더 성능 좋고 민감한 스캐너나 혈액 검사법이 개발되고는 하는데, 그것이 가치가 있는지 알아내려면 사용해보아야 한다. 크나큰 과학적 혁신이 일어날 때 우리는 흥분에 휩싸이지만, 나는 우리가 그 혁신의 학습 곡선을 언제나 대중에게 제대로 알린다고는 장담하지 못하겠다. 약물은 이중 맹검 무작위 대조 실험을 통해서 조사한다. 진단과 기술 혁신은 그렇지 않다.

또 나는 의사로서의 우리가 구원자이자 위안자로서 사람들의 삶에 나름의 역할을 한다는 사실에 조금 혹하기도 한다고 생각한다. 학교나 직장에서 문제를 겪는 사람이 우리를 찾아오고 우리가 자폐나 ADHD라고 진단을 내릴 때, 그 사람만이 아니라 우리도 확인을 받는 것이다. 그들은 감사하고 우리는 그 마음을 느낀다. 수술로 개인의 암 위험을 85퍼센트에서 5퍼센트로 줄인 외과 의사는 좋은 하루를 보냈다고 여길 것이다. 나는 까다로운 진단을 내릴 때 무척 흡족하다.

그러나 대중으로서의 우리는 이 진단의 시대에 스스로를 순진한 방관자로 여겨서는 안 된다. 이 책을 쓰려고 자료 조사를 하면서 나는 여기에 포함시킨 것보다 훨씬 더 많은 이야기를 들었다. 그 수많은 질병의 이야기들 속에서 나는 의학과 의료인이 현실적으로 줄 수 있는 것보다 더 많은 것을 요구받고 있다는 느낌을 계속 받았다. 사람들은 불확실성을 안고 살아가려고 애쓰고 있다. 우리는 답을 원한다. 우리는 자신이 왜 실패했는지 설명을 듣고 싶다. 우리는 자기 자신과 자녀에게 너무 많은 것을 기대한다. 계속 건강을 유지하고 성공하고 순탄하게 삶을 살아갈 것이라는 기대는 삶이 그런 식으로 돌아가지 않을 때 실망으로 이어진다. 의학적 설명은 우리가 그 실망을 감당하는 데 도움을 받기 위해서 사용하는 반창고가 되어왔다.

그리고 현재 대중과 의료인은 우리가 인정하기가 쉽지 않은 일종의 공동 광기folie à deux에 사로잡혀 있다. 의료인은 실제로 답할 수 있는 것보다 훨씬 더 많은 질문을 받고 있다. 걱정하는 사람들은 언제나 자기 문제에 대한 일관된 설명을 얻으리라는 희망을 품고 우리를 찾아온다. 우리는 환자의 욕구를 느끼며, 설명을 내놓는다면 안도한다. 환자가 정말로 원하는 것이 안도감일 수도 있지만, 그 답이 꼬리표라는 형태로 나오는 사례가 점점 늘어나는 듯하다. 치료 경로, 기록 체계, 보험사가 진단명을 필요로 할 때에 더욱 그렇다.

이 책을 쓰기 위해서 내가 이야기를 나눈 많은 이들은 진단을 받음으로써 크게 안도했다. 설령 그 진단이 큰 수술이나 끔찍한 질병의 전조로 이어진다고 해도, 뒤따르는 치료가 전혀 없을 때에도 그랬다. 이 위안은 반드시 진단 자체의 세부 사항에 내재된 것이 아니라, 그 진단을 내린 사람의 듣는 귀와 간호사나 의사가 내민 손길에서 나올 수도 있다. 만성 라임병을 앓는 이들은 분명히 그랬다. 경증 ADHD와 자폐라는 진단을 받은 이들은 대부분 딱히 별 다른 치료를 받는 것도 아니고 직장과 학교에서 여전히 힘겹게 지낸다고 해도, 진단을 받았다는 사실 자체에 보편적으로 안도감을 얻었다. 진단 덕분에 그들은 자신이 질환을 상상한 것이 아니고 자기만 그런 것이 아님을 알게 되었고, 그들에게는 그것만으로도 충분했다. 자신에게 암 유전자가 있음을 알게 된 이들은 받아들이기까지 더 오래 걸릴 수밖에 없었지만, 그들도 후회하지 않았다. 자신의 건강을 지키기 위해서 무엇인가를 할 기회를 얻었기 때문이다. 그들은 가족이 암에 걸리는 것을 지켜보았지만, 자신은 암에 걸리지 않게 막았다. 아동의 희귀한 유전적 진단은 일부에게는 어느 정도 안도감을 주는 반면, 자녀의 미래가 불확실해서 걱정을 안고 지내는 이들도 있기 때문에 양날의 검에 더 가깝다.

나는 각각의 진단을 내리는 의사들 모두와 이야기를 나누지는 못했지만, 실제로 나누었다면 그들도 결과를 보고 기뻐하지 않았을까 짐작한다. 그들은 환자에게 설명을 제공했고, 환자는 감사했다. 많은 이들이 흡족해했다.

내가 이야기를 나눈 모든 이들이 경이로운 의학적 여행을 한 것은 아니다. 그렇지 않은 사람들도 있다. 위험을 줄이는 수술을 받은 여성들은 모두 외과 의사가 자신이 헤쳐나갈 삶의 무게를 제대로 이해하지 못하는 듯하다고 불만을 토로했다. 모든 유형의 라임병 환자들은 만족을 얻기까지 많은 의사들을 만나보고 많은 검사를 받아야 했다. ADHD와 자폐가 있는 사람들은 자기 질환의 공식 기재문과 의학 용어가 불쾌할 때가 많았다. 기나긴 진료 대기 시간에도 많은 이들이 불만스러워했다. 그러나 거의 모든 이들은 의사에게 최종 진단을 받고서 기뻐했다.

이렇게 이 모든 이들에게 이런 진단이 가치가 있었음을 알고 있음에도, 나는 여전히 진단 침입이라는 현상이 득보다 실이 더 많다는 의구심과 걱정이 앞선다. 사회는 자신의 실수를 인정하는 일을 잘 못하며 너무

늦게야 알아차린다. 자원을 남용할 때면 특히 더 그렇다. 항생제는 생명을 구하는 발견이었다. 약속한 좋은 일들을 다 했다. 그러나 항생제를 남용하면서 우리는 그 생명을 구하는 효과를 훼손해왔다. 우리에게는 어느 정도까지는 더 많고 더 나은 진단이 필요했지만, 지금은 너무 멀리까지 나아갔을 수도 있다. 나는 우리가 기술 주도의 첨단 진단에 너무나 홀린 나머지 그 혜택이 피해를 여전히 능가하는지를 시간을 들여 검증하는 일을 하지 않은 것을 우려한다. 또 그 순간에는 좋게 느껴지는 이런 진단의 가치가 계속 유지되지 않을 수도 있음을 우려한다. 우리의 고통과 어려움을 설명하는 진단이 때로 그런 어려움을 극복하는 데 도움을 주기보다는 그 어려움을 더욱 심화시킬 수도 있지 않을까 걱정스럽다.

2018년 과학자들은 가짜 MRI 실험을 통해서 ADHD 아동에게 암시의 힘이 어떻게 작용하는지를 보여주었다.[15] 아이와 부모에게는 연구에 사용된 MRI 스캐너를 아예 작동시키지 않았고 일종의 플라세보로 썼다고 알려주었다(다행히도 플라세보는 플라세보임을 알고 있다고 해도 작용한다). 연구진은 스캐너 안에 누운 아이에게 점점 마음이 편해지고 집중력과 자신감이 높아질 것이라고 말했다. 9명 중 8명은 증상이 대폭 줄어들었고 자신감과 자존감이 향상되었다고 한다. 아이들이 어떻게 행동하고 반응할 것인지 기대하면, 아이는 그대로 행동하고 반응한다. 어른도 마찬가지이다.

우리는 혜택이 거의 없으면서 자기 자신의 기대 수준을 더 낮출 수 있는 꼬리표를 받아들이기 전에 더 깊이 생각할 필요가 있다. 진단을 앞두고 있을 때, 나는 사람들이 의료인과 교사의 도움을 받아서 균형 잡힌 질문을 하는 연습을 해보기를 바란다. 어떤 치료가 있을지, 그 치료의 득실은 무엇인지. 그 논의는 꼬리표 붙이기의 노세보 효과와 진단이 개인이 자기 자신과 남을 지각하는 방식에 어떻게 영향을 미치는지를 고려하는 것이 핵심이 되어야 한다.

사회의 책임도 있다. 웰니스wellness 문화가 우리 자신의 몸과 마음에 너무 많은 것을 기대하게 만들었음을 인정해야 한다. 우리는 행복을 비현실적으로 기대하는 바람에 지극히 납득이 가는 슬픔까지도 병리화해왔다. 또 우리는 목표를 이룰 것이라고 확고하게 예상하기 때문에, 이루지 못할 때 그 이유를 알려줄 의학적 설명을 찾기 시작해왔다. 우리가 어떻게 느끼는지를 더 평이하게 말해주는 단어 대신에 진단명을 사용하라고 부추김을 받고 있다.

우리는 계속 건강을 유지할 것이라는 기대를 조정할 필요가 있다. 그런 기대가 연령차별 사회를 빚어내고 있기 때문이다. 우리는 노년의 불가피성을 거부함으로써 노인을 과소평가한다. 완경은 삶의 자연스러운 단계인데, 지금은 마치 모든 여성 앞에 드리운 재앙처럼 이야기되고는 한다. 분명히 누군가에게는 두려운 경험이 될 수 있겠지만 누군가에게는 긍정적인 경험이 될 수 있으며, 대다수의 여성에게는 중립적이다. 수면도 마찬가지로 병리화되고 재앙화되고 있다. 우리는 나이를 먹을수록 잠이 줄어들지만, 대중문화는 책과 팟캐스트라는 형태로 숙면이 7시간 미만이면 어떤 끔찍한 일이 벌어질 것이라는 식으로 대중이 믿도록 부추겨왔다. 그런 일은 일어나지 않을 것이다. 수면은 중요하지만, 수면의 가장 좋은 척도는 낮 동안 얼마나 각성 상태를 유지하느냐이다. 연령차별 사회라는 맥락에서 보자면, 정신적 및 신체적 민첩성의 상실을 의학적 문제로 만드는 것은 당연지사이다. 그러면 의사가 그 과정을 되돌릴 수 있지 않을까 하는 희망을 품을 수 있고, 불가능하다면 노화의 징후를 의학적 꼬리표의 힘으로 적어도 용서받을 수 있게 만들어주지 않겠는가. 좋은 건강을 유지하고, 우아하게 늙어가고, 몸과 마음이 원하는 대로 움직일 것이라는 기대는 우리 모두에게 영향을 미치는 평범한 신체적 쇠약에 사람들이 대비하지 못하게 만들어왔다.

그러나 내가 가장 우려하는 것은 젊은이들이다. 성공과 완벽한 신체를 기대하는 문화에서 진단은 거기에 미치지 못하는 모든 것을 설명하는 수단이 되어왔다. 성공은 모든 사람이 매번 이룰 수 있는 것이 아니다. 그런데 누구나 계속 노력하면 성공할 것이라고 사람들에게 설파하는 문화는 공정하지 않다. 누구나 자신이 가장 원하는 목표를 이룰 수 있는 것은 아니며, 우리는 그 점을 인정하고 자신의 기대치를 재조정하는 것이 최선임을 배운다면, 자기 자신과 자녀에게 훨씬 더 친절해질 수 있다. 자신의 실제 강점을 더 알게 되면 더 행복해질 것이다. 자신이 잘하고 싶어하는 일이 자신이 정말로 잘할 수 있는 일이 아닐 때도 있다. 의학적 진단은 이런 좌절에 대처하도록 돕는 쪽으로 전용되어왔지만, 나는 그 방식이 실패와 슬픔을 처리하고 이겨낼 수 있도록 하는 것이 아니라 영속시키도록 하는 것이 아닐까 걱정스럽다.

이 책을 쓰면서 나는 자신이 종종 눈앞에 그리던 성공을 이루지 못했으며, 진단이 그 실망을 관리하는 데에 도움이 되었다고 말하는 사람을 많이 만났다. 한 여성의 이야기가 특히 두드러졌다. 그녀는 꽤 성공한 화가였지만, 그 성공은 자신이 원한 것이 아니었다. 그녀는 학자가 되고 싶었지만, 그쪽으로는 재능이 없었다고 했다. 10대에 그녀는 어른이 되었을 때 즉석에서 시를 인용하는 모습을 상상했다. 그런 어른이 되지 못했다는 사실이 그녀는 몹시 고통스러웠다. 그래서 자신의 성공을 즐기지 못했다. 이윽고 그녀는 ADHD라는 진단을 받았고, 그 진단은 자신이 원하는 모든 방향으로 똑같은 재능을 발휘할 수 없다는 사실을 받아들이는 데 도움을 주었다. 이 진단은 그녀에게 어느 정도 위안을 주었지만, 그녀의 삶을 정체시키기도 했다. 자기 자신이 더 못한 존재라는 믿음을 강화했다. 남들이 부러워하는 성공한 미술가로 자신을 정의하는 대신에, ADHD를 중심으로 삶이 돌아가고 신경발달적으로 다르기 때문에 자신이 할 수 없는 것들에 따라서 정의되는 여성이 되었다. 나는 자신이 신경발달적으로 다르다는 말을 듣는 아이도 이런 식으로 스스로를 과소평가하고 자신의 미래를 제한하게 되지 않을까 걱정스럽다.

또 나는 개인이 도움을 받으려면 진단이 필요하다고 여기게 만드는 문화에도 의문을 제기한다. 나는 그런 꼬리표를 붙이지 않아도 문제가 있는 아이들을 찾아내서 지원하는 것이 가능해야 한다고 생각한다. 우울증 환자라고 불리지 않아도 울적한 기분 때문에 의사의 도움을 받거나 상담사와 이야기를 나눌 수 있어야 한다. 그러나 그렇게 바뀌려면 보험사와 보건의료 서비스도 그런 일이 가능하도록 대폭 조정을 거쳐야 할 것이다.

과잉진단 유행을 해결하려면, 여러 부문에서 변화가 일어나야 한다. 우리 대중은 의학의 한계를 받아들이고 진단이 이룰 수 있는 것에 대한 비현실적인 기대를 줄일 필요가 있다. 또 실패할 때 자기 자신을 더 친절히 대하고 자신이 여러 가지 면에서 불완전하다는 점을 받아들일 필요가 있다. 자녀가 자신의 약점을 숨기기 위해서 교육적 배려를 이용하기보다는 자신만의 강점을 발전시키도록 가르칠 필요가 있다.

의료계도 해야 할 일이 아주 많다. 무엇보다도 보건의료 서비스는 자원을 분배하는 방식을 재검토할 필요가 있다. 이제 막 사용법을 배우고 있는 신기술보다 사람에게 투자하는 쪽이 더 가치가 있다. 새로운 장치는 인상적으로 보일지 몰라도 그 혼란스러운 결과를 증류하여 환자가 이해할 수 있고 환자에게 도움이 되는 것으로 만들 진단의사가 없으면 무용지물이다. 심리적 및 사회적 지원을 할 수 있는 사람에게 돈을 쓰는 편이 해석 불가능한 결과를 내놓을 뿐일 수 있는 새로운 온갖 검사를 널리 보급하거나 치료할 수 없는 병을 앓는 사람들에게 진단을 내리는 것보다 돌아오는 혜택이 더 많을 가능성이 높다. 많은 의학적 수수께끼는 스캐너 촬영보다 경험 많은 의사나 간호사에게 상담을 받음으로써 더 나은 답을 얻을 수 있다.

곧 보건의료 서비스에도 인공지능(AI)이 점점 더 자주 쓰이게 될 가능성이 높다. 의사가 작동시키면 환자의 전신을 훑고서 답을 내놓는 「스타트렉」에 등장하는 것 같은 의료 기기가 등장할 것이라고 믿는 이들도 있을 것이다. AI는 이미 여러 방사선과 의사보다 X선 영상에서 비정상적인 것을 포착하는 일을 더 잘한다는 사실을 보여주었다. 이는 AI가 의료진보다 진단을 더 잘 내린다는 인상을 심어준다. 그러나 이 책에서 내가 보여주었다시피, 영상에서 비정상을 찾아내는 것과 그 비정상이 환자의 증상에 어떤 의미를 지니는지를 아는 것은 크게 다르다. 분명히 어떤 AI 알고리즘에 질 좋은 데이터를 충분히 입력한다면, 시간이 흐를수록 진단의 미묘한 부분까지 학습할 수도 있겠지만, AI가 내놓는 결과는 늘 입력한 데이터에 달려 있을 것이다. 그 데이터는 언제나 누군가에게서 나올 것이고, 그 사람은 이야기에 귀를 기울이고 그 안에 담긴 미묘한 점들을 판단할 수 있어야 한다. AI는 병리학자와 방사선과 의사가 영상과 시료를 빨리 살펴보는 데에 도움을 줄 수도 있지만, 진단의사 같은 경험 많은 사람을 대체할 가능성은 거의 없다. 그리고 AI는 환자를 다독이는 대단히 중요한 일을 할 수 없다. 저명한 정신분석학자 미하이 발린트는 의사가 수술할 때 가장 많이 쓰는 약물이 의사 자신이라는 말로 이 점을 가장 잘 표현했다. 때로 환자에게 필요한 것은 의학적 고통의 세세한 사항이 아니라 이야기하는 행위 자체이다. 이 방면에서 기계나 알고리즘이 사람을 대체하려면 멀었다.

의사는 좁은 자기 전문 분야에 구애받지 말고 폭넓게 사고할 필요가 있다. 어느 의사도 만병의 모든 지식을 알 수는 없으므로, 전문의는 큰 가치가 있다. 당신이 앓는 병의 전문의일수록, 그 의사는 그 병을 더 잘 진료할 것이다. 그러나 거기에는 단점도 있다. 특정한 전문 분야를 더 깊이 파고들수록 일반 의학은 잊게 되는데, 그런 상황은 진단에 해롭다. 의사가 협소한 자기 전문 분야만 잘 알고 있다면, 환자의 증상들에 다른 설명을 내놓기가 어렵다. 망치를 들면 모든 것이 못으로 보인다. 전문의 체계는 의사가 환자를 어느 한 신체 부위로 보기 쉽게 해준다. 환자에게 쌓이는 다른 모든 진단들을 쉽게 무시할 수 있게 해준다. 진단 목록이 늘어난다는 것을 보면서도, 우리는 환자를 전체로서 치료하는 능력을 잃어가고 있다. 전문의는 다른 전문의의 진료를 의심하지 않는다.

우리는 일반의의 역할을 다시금 중시하는 법을 배울 필요가 있다. 일반의는 전문의가 진정한 전문가라는 견해 앞에서 다소 밀려난 처지가 되어버렸다. 그러나 전문의가 반드시 환자의 상태를 전반적으로 다 파악하는 것은 아니다. 반면에 병원의 일반의와 일차 진료 의사들은 그렇게 한다. 그들은 환자를 사람 전체로 인식한다. 동일한 문제에 대해서 여러 가지 진단을 받는 일을 멈출 수 있는 가장 유력한 사람이다. 또한 환자를 이 전문의, 저 전문의에게 계속 의뢰한다고 해서 득이 될 것이 없으리라는 점도 안다. 그들은 다중약물 투여를 줄인다. 때로는 다른 약물의 부작용을 줄이는 것말고는 아무 효능도 없는 약물까지 복용하는 등 환자가 다양한 증상을 치료하겠다고 여러 가지 약물을 투여하는 일을 막는다. 진단과 처방이 너무 많아짐으로써 환자가 나아지는 대신에 더 나빠질 때가 언제인지를 알아차릴 수 있는 일반의를 더 중시하는 체제로 돌아갈 필요가 있다.

자신에게 전혀 도움이 되지 않는 진단을 10가지나 받기에 이르는 여정 중 어느 시점에서 이 전문의, 저 전문의에게로 보내는 일을 중단시키고 새로운 전략이 과연 더 필요한지를 심사숙고할 수 있는 힘을 지닌 의사를 만났다면, 다시에게 도움이 되었을 것이다. 몸에 대한 관심을 끊고 증상을 걱정하는 일을 줄이게 하는 접근법이 그녀에게 더 도움이 되었을 것이다. 그러나 그런 일은 일어나지 않았다. 그녀를 만난 모든 전문의들이 증상들 중 한 부분집합의 설명을 찾아내는 일에만 초점을 맞추었기 때문이다.

　전문의는 일차 진료 의사나 일반의와는 다른 방식으로 이해관계에 얽혀 있다. 자기 전문 분야에서 얼마나 많이 진단을 내리고 얼마나 많은 환자들이 찾아오느냐에 따라서 경력이 좌우된다. 연구자나 전문의 전문가 위원회가 "자기 분야" 질환의 더 가볍거나 비전형적인 사례들까지 포함시키는 쪽으로 진단 기준을 수정함으로써 대중이 혜택을 볼 것이라고 판단할 때에도, 전문의는 이해당사자이다. 환자가 더 많아짐으로써 직접적인 혜택을 보는 입장에 놓인다.

　이 글을 쓰는 지금, 더 많은 여성들이 자폐라는 진단을 받을 수 있도록 자폐의 새로운 기준이 마련되고 있다. 이 작업은 자폐 진단이 여성의 삶을 개선할지, 아니면 악화시킬지 확실히 파악되기도 **전**에 이루어지고 있다. 새로운 진단 기준을 마련하는 이들은 자폐를 연구한 논문을 발표하고, 자폐인을 진료하는 병의원을 운영하고, 찾아오는 자폐인이 늘어날수록 경력과 평판과 소득이 올라가는 바로 그 전문의들이다. 이는 진단을 재편하기에 좋은 모델이 아니며, 개혁이 필요한 체계이다. 모든 새로운 위원회는 제안된 변화가 과잉진단인지를 검토해야 한다. 질병의 정의를 수정함으로써 얼마나 많은 사람들이 영향을 받을지 파악하고, 새로운 환자 집단이 직면할 득실 비율도 측정해야 한다는 뜻이다. 재정의로 환자 집단을 확대하기 전에 치료 전략의 효과를 먼저 평가해야 한다. 그리고 이 모든 결정에 이해당사자가 아닌 사람들, 즉 일반의와 일차 진료 의사도 포함시키는 것이 매우 중요하다. 새로운 진단 기준은 환자가 얼마나 늘어나느냐가 아니라, 삶의 질을 개선하는 능력에 더 중점을 두어서 평가할 필요가 있다. 세계에 자폐인이 새로 수백만 명이 늘어날 만치 자폐의 여성 표현형의 새로운 기준이 매우 포괄적이라면, 성공적이라고 여겨질 것이다. 그러나 그래서는 안 된다. 성공은 진단명의 단기적인 보상 차원을 넘어서 진정한 삶의 질 개선으로 측정되어야 한다.

 그리고 환자로서의 우리는 좋은 의학이 어떤 것임을 배울 필요가 있다. 첨단 기술 의학이 임상 의학보다 더 우월하다는 믿음을 버리는 것부터 시작하는 편이 유용할지도 모르겠다. 많은 이들은 검사 결과가 명확하다고 믿지만 실제로는 그렇지 않다. 진단은 이야기와 진찰과 환자와 의사라는 두 사람 사이의 협력에서 나온다. 이 책을 쓰면서도 나는 그 교훈을 계속 상기해야 했다. 나는 똑같은 유전자 변이체가 왜 누군가의 발암 위험도를 매우 높이는 반면에, 다른 누군가의 위험도는 높이지 않는지 전혀 알지 못한다. 임상 진단은 늘 신경학의 중심에 있었지만, 때때로 나는 다른 전문 분야는 다르지 않을까 하고 믿고 싶은 마음도 들었다. 유전학 분야 같은 매우 인상적인 기술 발전이 이루어지는 분야는 특히 더 그렇지 않을까? 그러나 그렇지 않다. 의학은 여전히 우리 모두에게 기예로 남아 있다. 나는 어떤 검사가 내게 유익하고 유익하지 않은지를 알고 있는 의사를 신뢰할 때 가장 큰 혜택을 볼 수 있다고 생각한다.

 공동 광기는 검사를 의뢰할 때, 가장 뚜렷이 드러난다. 의료인은 설령 불필요하고 더 나아가 혼란을 일으킬 수도 있음을 안다고 해도 환자가 원하는 검사를 해줄 것이기 때문이다. 심지어 우리는 자신이 환자라면 동의하지 않을 검사까지도 환자에게 받으라고 한다. 의사들 중에서 거의 73퍼센트가 불필요한 검사와 절차를 의료계의 심각한 문제라고 여긴다는 연구 결과도 있다.[16] 그러면서도 이 의사들 중 약 50퍼센트는 불필요한 검사를 매주 적어도 한 번은 의뢰한다고 인정했다. 검사를 굳이 할 필요가 없다고 직감하면서도, 굳이 검사를 의뢰하는 주된 이유는 고소당하지 않을까 하는 걱정과 환자의 고집 때문이었다. 의사는 과잉진단으로 고소를 당하는 일이 거의 없으므로, 그렇게 하려는 유혹에 빠질 수도 있다. 또 의사는 시간이 부족하다는 이유로 검사를 한다. 뇌 영상 촬영이 불필요한 이유를 환자에게 설명하기보다는 불필요한 촬영을 의뢰하는 편이 훨씬 쉽고 빠를 수 있다. 일부 환자는 검사를 하는 것 자체를 좋은 의학이라고 생각한다. 좋은 의사는 그렇지 않다는 것을 알지만, 압박을 받으면 마지못해 동의할 때도 있다.

2002년 이탈리아의 심장전문의 알베르토 돌라라는 "느린 의학slow medicine"이 과잉진단의 해결책이라고 주장했다.[17] 개인이 필요로 하는 것을 전체적으로 평가할 수 있고, 시급하지 않은 진단과 치료 과정을 기다리는 동안 불안을 줄이고, 조기 퇴원을 막고 충분한 정서적 지원을 제공하려면 시간이 필요하다. 의료인이 환자에게 쏟는 시간과 관심이 늘어날수록 진단이 더 나아지고 환자의 이해도도 높아진다는 연구 결과가 있다. 우리에게는 기계보다 의사, 간호사, 심리학자, 작업 치료사, 심리치료사가 더 많이 필요하다.

물론 나는 검사와 선별 검사를 더 줄여야 한다는 주장이 무엇이든 간에 사람들을 겁먹게 할 수 있음을 안다. 마치 배급을 하자는 양 느껴진다. 옛 시절로 돌아가자는 양 말이다. 그러나 그렇지 않다. 2017년 「뉴잉글랜드 의학회지」에 생각할 거리를 제공하는 미국의 연구 결과가 실렸다.¹⁸ 저소득 국가와 고소득 국가의 기대수명을 비교했는데, 아마 짐작했겠지만 소득이 높은 나라일수록 수명이 더 길다고 나왔다. 그러나 논문은 더 나은 건강 상태가 더 나은 보건의료 덕분이라고 보지 않았다. 대신에 부유한 사람이 의료 서비스를 너무 많이 받는다고 우려를 제기했다. 이 연구는 부유한 나라가 암 진단율이 훨씬 높다는 것을 발견했는데, 아마 가난한 나라보다 검사를 훨씬 더 많이 받기 때문일 것이다. 그러나 암 사망률은 저소득 국가나 고소득 국가나 비슷했다. 이는 부유한 나라에서 암 진단을 받은 사람들 중 과잉진단된 이들의 비율이 상당히 높음을 시사한다. 이 연구는 부유한 나라에서 암 선별 검사로 목숨을 구한 사람 1명당 굳이 필요하지 않은 암 치료를 받은 사람이 최대 10명에 달한다고 추정했다. 연구진은 이렇게 결론지었다. "더 지속 가능한(그리고 감당할 수 있는) 보건의료 체계를 향해 나아가고자 할 때 받는 저항 중 일부는 어쩔 수 없이 무엇인가를 포기해야 할까 봐 두려워하는 사람들에게서 나온다. 우리의 발견은 그들이 포기하는 것이 **불필요한** 진료일 가능성이 있다고 제시한다."

검사를 더 적게 한다고 해서 반드시 의료를 덜 받는다는 의미는 아니다. 가치가 적은 의료를 이루 헤아릴 수 없는 가치를 지닌 의료로 대체함을 의미할 수도 있다. 보건의료 전문가와 함께 보내는 시간처럼 말이다. 과잉진단과 과잉의료화를 해결하면 남게 될 상당한 예산을 보건의료 서비스에 투입한다면 이런 일이 가능해질 것이다. 미국에서 보건의료에 쓰이는 돈의 30퍼센트가 아무런 혜택도 주지 못한다는 연구도 있다.¹⁹ 2013년 한 보수적인 분석은 최소한 2,700억 달러가 과잉지출되고 있으며, 그런 와중에도 인구 중 상당 비율은 보건의료 서비스를 제대로 접하지 못한다고 추정했다.[20] 영국에서는 임상 진료의 20퍼센트가 결과에 아무런 영향도 미치지 못한다고 여겨진다.[21] 오스트레일리아에서는 과잉의료화가 인구 증가나 노화보다 보건의료비를 증가시키는 더 큰 원인임이 파악되었다.[22]

의학의 역사에는 오랫동안 믿고 유지되었지만 나중에 틀렸음이 입증된 가정들이 가득하다. 약 100년 동안은 커진 가슴샘이 유아 돌연사 증후군을 일으킨다고 믿었다. 아기의 커 보이는 가슴샘에 방사선을 쬐는 관행이 1940년대까지 이어졌는데, 이후 그런 치료가 유방암과 갑상샘암 발병률을 높인다는 것이 발견되었다. 이마엽 절제술은 전적으로 받아들여진 치료법이었다. 이 수술법이 너무나 인기를 끌어서, 이것을 개척한 외과의는 노벨상까지 받았다. 이 수술은 온갖 정신건강과 행동 문제 치료에 쓰이다가, 1950년대에 들어서야 인기가 줄어들었다. 오랫동안 위궤양은 스트레스 때문에 생긴다고 설명했지만, 1980년대 초에 세균 헬리코박터 파일로리 *Helicobacter pylori*가 대다수 만성 위염의 실제 원인임이 밝혀졌다. 1990년대 말까지 허리 통증은 그저 누워서 쉬는 것이 최고의 치료법이라고 여겨졌다. 수련의로 일하는 내내 나는 허리 통증이 있는 사람에게 가만히 누워 있으라고 말하고 다녔다. 지금은 정반대로 말한다. 몸을 움직이고 스트레칭을 하는 등 가벼운 운동을 하라고 권한다.

돌이켜보면 우울증 같은 문제가 있는 이들이 "치료" 목적으로 뇌 수술을 받았다는 사실에 소름이 끼칠 수도 있다. 그러나 당시에는 그것이 첨단 의학처럼 보였다. 우리가 현재 믿는 진단과 치료 중 어느 것이 미래의 어느 시점에 똑같이 충격적이거나 부적절해 보일지 궁금증이 인다. 지금 알기란 불가능하지만 이렇게 물어야 한다. 지나치게 열광하는 검증되지 않은 선별 검사 사업, 위험 저감 수술, 누구나 찍는 영상, 널리 퍼진 유전자 검사가 거기에 속하지 않을까? 우리는 사용하는 법조차 제대로 알기 전에 가능한 모든 사람에게 적용하려고 할 만큼 기술과 사랑에 **빠졌던** 과거를 생각하면서 웃음을 터뜨릴까? 치료할 수 없음을 아는 질병을 찾는 일에 엄청난 에너지를 쏟았던 우리를 보고 놀라지 않을까? 아이들에게 신경발달적으로 다른 뇌를 가졌다고 너무나 자주 이야기했다는 사실에 실망하게 될까?

같은 실수를 계속 되풀이했다는 사실을 정말로 이상하게 여기리라는 점은 확실하다. 거의 매주 나는 예전보다 더 일찍 질병을 진단하는 검사법이 개발되었음을 알리는 기자회견을 본다. 기존 암 선별 검사 사업이 정말로 효과가 있는지 입증하는 연구조차 아직 이루어지지 않은 판에, 더 다양한 유형의 암을 검출하는 새로운 혈액 검사법이 등장한다. 증상이 시작되기 10년 전에 알츠하이머병 발생을 예측할 수 있는 혈액 검사도 나오고, 증상이 생기기 전에 파킨슨병을 검출하는 혈액 검사도 나온다. 이 두 병의 악화 궤도에 변화를 일으킬 치료법 같은 것이 전혀 없음에도 말이다. 조기 진단은 분명히 과학, 연구자, 미래의 환자에게 혜택을 주겠지만, **지금** 진단을 받는 사람에게 반드시 도움이 된다고는 할 수 없을 것이다. 기자회견과 환자에게 검사를 받으라고 하는 말에서는 이런 사실이 뚜렷이 드러나는 일이 거의 없다. 이런 혁신의 지지자(연구자, 이해당사자)는 조기 진단으로 사람들이 힘을 얻고 또 사람들이 알고 싶어

한다고 말한다. 그러나 개발 중인 치료법이 완성되는 데에는 수십 년이 걸릴 수도 있다는 사실을 환자가 언제나 인지하고 있는 것은 아니라고 나는 확신한다. 나는 의료계가 헌팅턴병 공동체로부터 교훈을 얻지 못했다고 지극히 확신한다. 그들은 자신에게 드리운 질병을 알지 않는 쪽을 택하고는 한다.

우리의 목적이 더 건강한 집단을 만드는 것이라면, 조기 진단과 선별 검사보다 더 나은 방법들이 있을 것이다. 항생제, 백신, 말라리아약, 인슐린, 수혈은 수십억 명의 목숨을 구해왔다. 그러나 좋은 위생 환경, 더 나은 영양, 농업 기술의 발전은 더 많은 생명을 구해왔다. 보건의료 자원은 더 건강한 삶을 살아가도록 돕는 캠페인에 쓰는 편이 더 나을 것이다. 이 책의 서론에서 나는 당뇨병 전 단계의 정의를 바꿈으로써 중국 성인 인구 중 거의 절반이 당뇨병 전 단계로 재분류될 가능성이 있다고 말했다.[23] 예전 진단 기준일 때보다 6배 증가했다.[24] 일단 진단을 받으면, 이들은 모두 정기적인 추적 관찰과 체중과 식단을 관리하는 상담을 받게 될 수도 있다. 50퍼센트라는 비싸고 불안을 자극하는 의료화보다 인구 전체를 겨냥한 공중보건 캠페인이 더 나은 전략이 아닐까? 비만, 질 나쁜 식단, 활동 부족, 흡연은 당뇨병 위험을 높이는 요인들이며, 모두 사회적 변화를 통해서 개선할 수 있다.

나는 의사이지만 환자이기도 하다. 이 모든 의학 지식을 가지고 있지만, 여전히 언제 검사에 동의해야 할지, 얼마나 많은 선별 검사를 받아들여야 할지 고민한다. 나는 모든 사람이 해야 하는 방식으로, 즉 꼼꼼히 살펴보고 의사와 상담을 한 뒤 결정을 내린다. 좋은 의료를 받는 열쇠는 좋은 의료가 어떤 모습인지 아는 것이다. 검사를 더 늘리는 것이 아니라, 얻는 혜택이 우연한 발견의 위험을 능가한다는 것을 알고서 수행하는 적절한 검사 말이다. 임상 맥락을 고려한 검사이다. 당신의 말에 늘 동의하고 당신이 원하는 검사를 다 받게 하는 의사가 아니라, 당신의 말에 귀를 기울이고 소통하는 의사가 좋은 의사이다. 진단은 결코 진단 자체를 위해서 이루어져서는 안 된다. 삶의 가능성을 넓히는 가시적인 개선이 수반되어야 한다. 우리는 할 수 없는 것을 더욱 고착시키는 진단을 통해서가 아니라, 우리가 무엇을 할 수 있는지를 상기시키는 취미, 관심사, 열정, 사회망을 통해서 웰니스를 추구해야 한다.

타자화는 사람들을 위계 집단으로 나눈다. 그들과 우리이다. 진단을 개선하려는 욕구는 어느 정도는 고통을 더 제대로 인정받고 낙인을 줄일 필요성에서 나온다. 그러나 경험의 의료화와 지나치게 포괄적인 진단은 낙인을 줄이지 않는다. 타자화를 통해서 불관용을 조장한다. 세상을 신경다양인과 신경전형인으로 나눔으로써, 자기 나이에 걸맞지 않은 것은 무엇이든 질병이라고 칭함으로써, 그저 아프기를 기다리는 유전적 하층계급을 설정함으로써 말이다.

나는 대다수 사람들이 평생에 결코 접할 일이 없음을 알면서도, 헌팅턴병 이야기로 이 책을 시작했다. 헌팅턴병은 드물지 몰라도 헌팅턴병 위험을 지닌 사람들, 원한다면 첨단 검진을 이용할 수 있는 사람들의 경험은 내 생각과 매우 강하게 공명한다. 희망이라는 이루 가치를 따질 수 없는 마음가짐과 그것이 우리를 유지하는 방식을 알려준다. 미국의 철학자 랠프 왈도 에머슨은 이런 말을 했다고 한다. "삶은 목적지가 아니다. 여정이다." 불확실하거나 혜택이 거의 없는 진단을 통해서 자신의 열망이 좁아진다면, 삶의 원대한 여행을 시작하거나 계속하기가 몹시 힘들어질 것이 분명하다. 진단은 명백히 아픈 사람을 위해서 남겨두고, 차이와 불완전함을 더 관용적으로 봄으로써 사람들이 부담 없이 삶을 살아갈 수 있도록 할 방법을 찾아야 한다.

감사의 말

자료 조사를 위해서 만난 수십 명의 놀라운 분들이 아낌 없이 귀한 시간을 내주었다. 관대하게 너무나도 감동적인 이야기를 들려준 분들께 감사드린다. 들은 이야기를 모두 다 실을 수 있었다면 좋겠지만, 지면 사정상 불가능했다. 그러나 실리지 않은 이야기들도 이 책에 큰 기여를 했다. 나는 이야기를 나눈 모든 분들로부터 무엇인가를 배웠고, 모든 분들께 한없는 고마움을 느낀다. 특히 스테퍼니에게 감사한다. 스테퍼니는 내게 자신의 시와 그림을 보내고는 하는데, 내가 가장 필요하다고 느낄 때면 오는 듯하다.

의사, 간호사, 심리학자, 과학자 등 많은 전문가들도 내 온갖 질문에 답하고 찾아볼 자료를 알려줌으로써 조사에 도움을 주었다. 이름을 밝히지 말아달라고 한 분들도 있고, 현재 자기 분야에서 활동하고 있기 때문에 이 책에서 다룬 특정한 주제에 동의하지 않거나 연관되고 싶어하지 않을 것이라고 생각되는 분들의 이름도 뺐다. 전문가의 견해를 듣기 위해서 나는 놀라울 만치 뛰어난 인물들을 만났지만, 물론 이 책에 실린 실수나 결론은 궁극적으로 내 책임이다.

자신의 이야기를 들려주고 싶어하는 이들을 연결해준 지원단체들에도 감사한다. 라임병 행동(라임병 진단을 받고 힘들어하는 이들에게 공감대를 제공하고 많은 자원을 지닌 곳), 영국 스완SWAN UK, 헌팅턴병협회, 영국 라임병연구, 난소암행동, 영국 유전동맹이 그렇다.

영감 넘치는 엄마이자 할머니인 폴리 머리의 이야기를 들려준 웬디와 토드 머리와 이자벨 차이드너에게 감사한다. 예일 대학교 도서관을 돌아다니도록 도와주고 이자벨과 연결해준 멀리사 그래프에게도 감사한다.

이 책은 호더 출판사의 명석한 편집자 커티 토피왈라와 나눈 대화에서 시작되었다. 매우 지적이면서 통찰력이 돋보이는 사람이다. 나는 그녀에게 큰 빚을 졌다. 일이 힘들 때, 그녀는 문제의 핵심을 파고들어서 한 문장으로 요약하는 탁월한 일을 했다. 사실 호더 출판사의 모든 이들은 놀라웠다. 특히 법의학자 수준으로 세세한 사항들을 꼼꼼히 살펴본 애나 배티, 리즈 마빈, 루시 벅스턴, 이언 앨런에게 감사한다. 어디선가 누군가에게 확실히 읽힐 수 있는 책을 만들고자 힘써준 루이즈 코트, 리브 프린치, 멀리사 그리슨, 앨리스 몰리, 레베카 폴랜드, 멜리스 다고글루도 고맙다. 표지 디자인을 맡아준 스티브 리어드에게 감사한다.

또 아주 운 좋게도 나는 미국의 테시스와 일할 수 있었다. 첫 만남에서부터 그들이 이 책에 열정을 보인다는 것을 확연히 느낄 수 있었다. 그 점에 대해 출판업자 에이드리언 자크하임에게 감사한다. 매번 맞다고 즉시 느끼게 하고 최종 결과물을 개선하는 착상과 제안을 내놓은 내 담당 편집자 브리아 스탠퍼드에게도 감사한다. 편집자 메건 워너스트롬, 홍

보탬 아만다 랭, 로런 볼, 테일러 윌리엄스, 표지 디자인에 도움을 준 브라이언 리머스에게도 감사한다. 늘 그렇듯이 처음부터 지금까지 내 집필 활동을 도와준 모건그린 크리에이티브스의 저작권 대리인 커스티 매클라클란에게도 감사한다.

 마지막으로 사과를 하련다. 이 책은 쓰다가 힘들 때가 많았는데 그럴 때마다 참고 지켜봐준 주변 사람들에게 사과하며, 취재하고 집필하느라 사라지곤 했던 것을 사과한다. 그리고 내 자신에게도 한마디 하고 싶다. 책을 내놓는 일은 출산과 조금 비슷하다. 마침내 책이 나오면 출산 때의 고통을 까맣게 잊는 것과 비슷하다. 그러나 책을 쓰는 일은 힘들기에 NHS에서 의사로 일하면서 책을 쓰는 것이 힘들지 않냐고 사람들이 물을 때면, 제발 말하라. 때로 정말로 힘들다고. 그리고 그 점을 염두에 두고서, 앞으로는 이 책의 주제처럼 정말로 중요한 과제만 맡아라.

주

서론

1. Caroline Williams, 'ADHD: What's behind the recent explosion in diagnoses?' *New Scientist*, 2 May 2023, https://www.newscientist.com/article/mg25834372-000-adhd-whats-behind-the-recentexplosion-in-diagnoses/
2. 'Autism Prevalence Rises Again, Study Finds', *New York Times*, https://www.nytimes.com/2023/03/23/health/autism-children-diagnosis.html
3. 'PTSD Has Surged Among College Students', https://www.nytimes.com/2024/05/30/health/ptsd-diagnoses-rising-college-students.html
4. Deidre McPhillips, 'More than 1 in 6 adults have depression as rates rise to record levels in the US, survey finds', *CNN*, 17 May 2023, https://edition.cnn.com/2023/05/17/health/depression-ratesgallup/index.html
5. Cindy Gordon, 'Massive health wake up call: depression and anxiety rates have increased by 25% in the past year', *Forbes*, 12 February 2023, https://www.forbes.com/sites/cindygordon/2023/02/12/massivehealth-wake-up-call-depression-and-anxiety-rates-have-increased-by-25-in-the-past-year/
6. 'Asthma trends and burden', lungs.org, https://www.lung.org/research/trends-in-lung-disease/asthma-trends-brief/trends-andburden
7. Steven Ross Johnson, 'New cancer cases projected to top 2 million, hit record high in 2024', *US News*, 17 January 2024, https://www.usnews.com/news/health-news/articles/2024-01-17/new-cancercases-projected-to-hit-record-high-in-2024
8. 'Dementia diagnoses in England at record high', *NHS England*, 22 July 2024, https://www.england.nhs.uk/2024/07/dementia-diagnoses-in-england-at-record-

high

9. https://diabetesatlas.org/
10. 'Cancer screening', *Nuffield Trust*, https://www.nuffieldtrust.org.uk/resource/breast-and-cervical-cancer-screening
11. I.B. Richman et al, 'Estimating Breast Cancer Overdiagnosis After Screening Mammography Among Older Women in the United States', *Annals of Internal Medicine*, 176 (9) (2023)
12. Mengmeng Li et al, 'The economic cost of thyroid cancer in France and the corresponding share associated with treatment of overdiagnosed cases', *Value in Health*, 26 (8) (2023) pp.1175–1182
13. Jasmine Just, 'Overdiagnosis: when finding cancer can do more harm than good', *Cancer Research UK*, 6 March 2018, https://news.cancerresearchuk.org/2018/03/06/overdiagnosis-when-finding-cancer-can-do-more-harm-than-good/
14. John S. Yudkin et al, 'The epidemic of pre-diabetes: the medicine and the politics', *British Medical Journal*, 349 (2014)

제1장 헌팅턴병

1. A. Maat-Kievit, 'Paradox of a better test for Huntington's disease', *Journal of Neurology, Neurosurgery and Psychiatry*, 69 (2000) pp.579–583
2. Seymour Kessler et al, 'Attitudes of persons at risk for Huntington disease toward predictive testing', *American Journal of Medical Genetics*, 26 (2) (1987) pp.259–70
3. 'Why adults at risk for Huntington's choose not to learn if they inherited deadly gene', Science Daily/Georgetown University Medical Center, 16 May 2019, https://www.sciencedaily.com/releases/2019/05/190516103715.htm
4. Karen E. Anderson, 'The choice not to undergo genetic testing for Huntington disease: Results from the PHAROS study', *Clinical Genetics*,96 (1) (2019) pp.28–34
5. Sheharyar S. Baig et al, '22 Years of predictive testing for Huntington's disease: the experience of the UK Huntington's Prediction Consortium', *European Journal of Human Genetics*, 24 (10) (2016) pp.1396–402
6. Giovanni Pezzulo et al, 'Symptom perception from a predictive processing perspective', *Clinical Psychology in Europe*, 1 (4) (2019) pp.1–14

7. Anne-Catherine Bachoud-Lévi et al, 'International guidelines for the treatment of Huntington's disease', *Frontiers in Neurology*, 10;710 (2019)
8. Maria U. Larsson et al, 'Depression and suicidal ideation after predictive testing for Huntington's disease: A two-year follow-up study', *Journal of Genetic Counseling*, 15, (5) (2006) pp.361-74
9. Robin McKie, 'Woman who inherited fatal illness to sue doctors in groundbreaking case', *Guardian*, 25 November 2018, https://www.theguardian.com/science/2018/nov/25/woman-inherited-fatal-illness-sue-doctors-groundbreaking-case-huntingtons
10. Institute of Medicine (US) Committee on Assessing Genetic Risks, Andrews L.B., Fullarton J.E., Holtzman N.A., et al, editors, 'Assessing genetic risks: implications for health and social policy', *National Academies Press* (Washington DC), 1994
11. Harry Fraser et al, 'Genetic discrimination by insurance companies in Aotearoa New Zealand: experiences and views of health professionals', *New Zealand Medical Journal*, 136(1574) (2023) pp.32-52

제2장 라임병과 만성 코로나 증후군

1. *The Widening Circle: A Lyme Disease Pioneer Tells Her Story* (St Martin's Press, 1996)
2. Ibid.
3. 'Lyme disease', National Institute for Clinical Care Excellence, https://cks.nice.org.uk/topics/lyme-disease/
4. 'Lyme disease surveillance and data', CDC, 15 May 2024, https://www.cdc.gov/lyme/data-research/facts-stats/index.html
5. A. Tonks, 'Lyme wars' *British Medical Journal*, (2007) 335:910
6. 'Treatment and intervention for Lyme disease', CDC, 16 August 2024, https://www.cdc.gov/lyme/treatment/index.html
7. 'Lyme disease guidelines', *National Institute for Clinical Care Excellence*, 11 April 2018, https://www.nice.org.uk/guidance/ng95
8. Andrew Moore et al, 'Current guidelines, common clinical pitfalls, and future directions for laboratory diagnosis of Lyme disease', United States, *Emerging Infectious Diseases*, 22 (7) (2016) pp.1169-1177

9. S. O'Connell, 'Lyme disease in the United Kingdom', *British Medical Journal*, 310 (6975) (1995) pp.303–8
10. https://www.ca4.uscourts.gov/Opinions/Unpublished/151420.U.pdf
11. David Whelan, 'Lyme Inc.', 16 July 2012, https://www.forbes.com/forbes/2007/0312/096.html
12. Takaaki Kobayashi et al, 'Misdiagnosis of Lyme disease with unnecessary antimicrobial treatment characterizes patients referred to an academic infectious diseases clinic', *Open Forum Infectious Diseases*, 6 (7) (2019)
13. Rakel Kling et al, 'Diagnostic testing for Lyme disease: Beware of false positives', *British Columbia Medical Journal*, 57 (9) (2015), pp.396-99
14. 'Lyme disease surveillance and data', CDC, 15 May 2024, https://www.cdc.gov/lyme/data-research/facts-stats/index.html
15. 'About tick bite-associated illness in Australia', Australian Government Department of Health, https://www.health.gov.au/our-work/dscatt/about
16. 'Statistics', Lyme Disease Association of Australia, https://lymedisease.org.au/lyme-in-australia/statistics/
17. 'What is "chronic Lyme disease?"', National Institute of Allergy and Infectious Diseases, https://www.niaid.nih.gov/diseases-conditions/chronic-lyme-disease
18. 'A critical appraisal of "chronic Lyme disease"'; *New England Journal of Medicine*, 357 (2007) pp.1422–1430
19. Ed Yong, 'Covid-19 can last for several months', *Atlantic*, 4 June 2020, https://www.theatlantic.com/health/archive/2020/06/covid-19-coronavirus-longterm-symptoms-months/612679/
20. Elisabeth Mahase, 'Covid-19: What do we know about "long covid"?', *British Medical Journal*, 370 (2020)
21. Jeremy Devine, 'The dubious origins of long Covid', *Wall Street Journal*, 22 March 2021, https://www.wsj.com/articles/the-dubiousorigins-of-long-covid-11616452583
22. https://www.wearebodypolitic.com/
23. Elisa Perego et al, 'Why we need to keep using the patient made term "long Covid"', the BMJ Opinion, *British Medical Journal*, 1 October 2020, https://blogs.

bmj.com/bmj/2020/10/01/why-weneed-to-keep-using-the-patient-made-term-long-covid/
24. Felicity Callard and Elisa Perego, 'How and why patients made Long Covid', *Social Science and Medicine*, 268 (2021)
25. A.V. Raveendran et al, 'Long COVID: An overview', *Diabetology & Metabolic Syndrome*, 15 (3) (2021) pp.869–875
26. 'The dubious origins of long Covid', *Wall Street Journal*
27. César Fernández-de-las-Peñas et al, 'Post-COVID-19 symptoms 2 years after SARS-CoV-2 infection among hospitalized vs nonhospitalized patients', *JAMA Network Open*, 5(11) (2022) e2242106
28. M. Heightman et al, 'Post-COVID-19 assessment in a specialist clinical service: a 12-month, single-centre, prospective study in 1325 individuals', *BMJ Open Respiratory Research* 8 (2021) e001041
29. Ellen J. Thompson et al, 'Risk factors for long COVID: analyses of 10 longitudinal studies and electronic health records in the UK', *Nature Communications*, 13 (3529) (2022)
30. Harry Crook et al, 'Long Covid – mechanisms, risk factors, and management', *British Medical Journal*, 374 (2021)
31. Jennifer Senior, 'What Not to Ask Me About My Long Covid', *Atlantic*, 15 February 2023, https://www.theatlantic.com/ideas/archive/2023/02/long-covid-symptoms-chronic-illness-disability/673057/
32. 'Post COVID-19 condition (Long COVID)', WHO, 7 December 2022, https://www.who.int/europe/news-room/fact-sheets/item/post-covid-19-condition
33. 'Prevalence of ongoing symptoms following coronavirus (COVID-19) infection in the UK', *Office for National Statistics*, 30 March 2023, https://www.ons.gov.uk/peoplepopulationandcommunity/healthandsocialcare/conditionsanddiseases/bulletins/prevalenceofongoingsymptomsfollowingcoronaviruscovid19infectionintheuk/30march2023
34. Mary Kekatos, 'About 18 million US adults have had long COVID: CDC', *ABC News*, 26 September 2023, https://abcnews.go.com/Health/18-million-us-adults-long-covid-cdc/story?id=103464362

35. C. Lemogne et al, 'Why the hypothesis of psychological mechanisms in long COVID is worth considering', *Journal of Psychosomatic Research*, 165: 111135 (2023)
36. Ari R. Joffe and April Elliott, 'Long COVID as a functional somatic symptom disorder caused by abnormally precise prior expectations during Bayesian perceptual processing: A new hypothesis and implications for pandemic response', *SAGE Open Medicine*, 11 (2023)
37. Michael Fleischer, 'Post-COVID-19 syndrome is rarely associated with damage of the nervous system: findings from a prospective observational cohort study in 171 patients', *Neurology and Therapy*, 11 (2022) pp.1637–1657
38. Sara Gorman and Jack Gorman, 'The role of psychological distress in long Covid', *Psychology Today*, 4 October 2022, https://www.psychologytoday.com/gb/blog/denying-the-grave/202210/the-role-psychological-distress-in-long-covid
39. Matthjew S. Durstenfeld et al, 'Long COVID symptoms in an online cohort study', *Open Forum Infectious Diseases*, 10 (2) (2023)
40. Siwen Wang et al, 'Associations of depression, anxiety, worry, perceived stress, and loneliness prior to infection with risk of post-COVID-19 conditions', *JAMA Psychiatry*, 79(11) (2022), pp.1081–1091
41. Vasiliki Tsampasian et al, 'Risk factors associated with post-COVID-19 condition: a systematic review and meta-analysis', *JAMA Internal Medicine*, 183(6) (2023) pp.566–580
42. Elaine Hill et al, 'Risk factors associated with post-acute sequelae of SARS-CoV-2 in an EHR cohort: A national COVID cohort collaborative (N3C) analysis as part of the NIH RECOVER program', *the RECOVER Consortium*, medRxiv preprint (2022)
43. Elizabeth T. Jacobs et al, 'Pre-existing conditions associated with postacute sequelae of Covid-19', *Journal of Autoimmunity*, 135 (2023)
44. Joel Selvakumar et al, 'Prevalence and characteristics associated with post-Covid-19 condition among nonhospitalized adolescents and young adults', *JAMA Network Open*, 6 (3) (2023)
45. Kelsey McOwat, et al, 'The CLoCk study: A retrospective exploration of loneliness

in children and young people during the COVID-19 pandemic, in England,' *PLoS One*, 21; 18 (11) (2023)

46. Petra Engelmann et al, 'Risk factors for worsening of somatic symptom burden in a prospective cohort during the COVID-19 pandemic', *Frontiers in Psychology*, 13 (2022)

47. Mark Shevlin et al, 'Covid-19-related anxiety predicts somatic symptoms in the UK population', *British Journal of Health Psychology*, 25 (4) (2020) pp.875–882

48. Liron Rozenkrantz et al, 'How beliefs about coronavirus disease (COVID) influence COVID-like symptoms? A longitudinal study' *Health Psychology*, 41 (8) (2022) pp.519–526

49. Justina Motiejunaite et al, 'Hyperventilation: A possible explanation for long-lasting exercise intolerance in mild Covid-19 survivors?', *Frontiers in Physiology*, 11: 614590 (2021)

50. Michael C. Sneller et al, 'A longitudinal study of COVID-19 sequelae and immunity: baseline findings', *Annals of Internal Medicine*, 175 (7) (2022) pp.969–979

51. 'Risk factors for worsening of somatic symptom burden in a prospective cohort during the COVID-19 pandemic', *Frontiers in Psychology*

52. T. Fox et al, 'What is the evidence that "microclots" cause the post-COVID-19 syndrome, and is removal using plasmapheresis justified?', *Cochrane*, 26 July 2023, https://www.cochrane.org/CD015775/INFECTN_what-evidence-microclots-cause-postcovid-19-syndrome-and-removal-using-plasmapheresis-justified

53. Klaus J. Wirth and Carmen Scheibenbogen, 'Dyspnea in post-COVID syndrome following mild acute COVID-19 infections: potential causes and consequences for a therapeutic approach', *Medicina*, 58 (3) (2022) p.419

54. 'A longitudinal study of COVID-19 sequelae and immunity: baseline findings', *Annals of Internal Medicine*, 2022

55. Mattieu Gasnier et al, 'Comorbidity of long COVID and psychiatric disorders after a hospitalisation for COVID-19: a cross-sectional study', *Journal of Neurology, Neurosurgery & Psychiatry* 93 (2022) pp.1091–1098

56. S. A. Behnood et al, 'Persistent symptoms following SARS-CoV-2 infection

amongst children and young people: A meta-analysis of controlled and uncontrolled studies', *Journal of Infection*, 84 (2) (2022), pp.158–170
57. Siweem Wang, 'Associations of depression, anxiety, worry, perceived stress, and loneliness prior to infection with risk of post-COVID-19 conditions', *JAMA Psychiatry*, 79 (11) (2022) pp.1081–1091
58. Grace Huckins, 'Is Long COVID Linked to Mental Illness?', *Slate*, 26 June 2023, https://slate.com/technology/2023/06/mentalillness-long-covid-body-mind.html

제3장 자폐증

1. 'Data and statistics on autism spectrum disorder', CDC, 16 May 2024, https://www.cdc.gov/autism/data-research/index.html
2. Adam Kula, 'Idea that 5% of all Northern Ireland's children are autistic is "a fantasy" claims international expert', Newsletter.co.uk, 12 June 2023, https://www.newsletter.co.uk/education/ideathat-5-of-all-northern-irelands-children-are-autistic-is-a-fantasyclaims-international-expert-4178467
3. John Mac Ghlionn, 'Doctor who helped broaden autism spectrum "very sorry" for over-diagnosis', *New York Post*, 24 April 2023, https://nypost.com/2023/04/24/doctor-who-broadened-autismspectrum-sorry-for-over-diagnosis/
4. Peter Stanford, 'Simon Baron-Cohen: "The treatment of autistic people is a scandal on the scale of infected blood"', *Telegraph*, 15 June 2024, https://www.telegraph.co.uk/news/2024/06/15/simonbaron-cohen-interview-autism-scandal-infected-blood/
5. The DSM 3 and 4 each have two editions, the original and a revised edition, taking it to seven editions in total
6. Robyn L. Young and Melissa L. Rodi, 'Redefining Autism Spectrum Disorder Using DSM-5: The Implications of the Proposed DSM-5 Criteria for Autism Spectrum Disorders', *Journal of Autism and Developmental Disorders* 44 (2014), pp. 758–765
7. 'The prevalence of autism (including Aspergers syndrome) inschool age children in Northern Ireland. Annual report 2023', *Department of Health*, 18 May 2023
8. https://www.goldenstepsaba.com/resources/what-country-hasthe-highest-rate-of-autism

9. Patricia M. Dietz, 'National and state estimates of adults with autism spectrum disorder', *Journal of Autism and Developmental Disorders*, 50 (12) (2020) pp.4258–4266
10. Rachel Loomes et al, 'What is the male-to-female ratio in autism spectrum disorder? A systematic review and meta-analysis', *Journal of the American Academy of Child and Adolescent Psychiatry*, 56 (6) (2017) pp.466–474
11. 'A qualitative exploration of the female experience of autism spectrum disorder (ASD)', *Journal of Autism and Developmental Disorders*, vol. 49, iss. 6 (2019) pp.2389–2402
12. Victoria Milner et al, 'Evidence of increasing recorded diagnosis of autism spectrum disorders in Wales, UK: An e-cohort study', *Autism*, 26 (6) (2022) pp.1499–1508
13. 'Elon Musk reveals he has Asperger's on Saturday Night Live', *BBC News*, 9 May 2021, https://www.bbc.co.uk/news/world-us-canada-57045770
14. Chanel Georgina, 'Sir Anthony Hopkins says his autism diagnosis is nothing more than a "fancy label"', *Sunday Express*, 2 October 2022, https://www.express.co.uk/life-style/health/1676488/sir-Anthony-Hopkins-health-aspergers-autism-symptoms
15. John N. Constantino and Richard D. Todd, 'Autistic traits in the general population: a twin study', *Archives of General Psychiatry*, 60 (5) (2003) pp.524–530
16. Victoria Milner, 'A qualitative exploration of the female experience of autism spectrum disorder (ASD)', *Journal of Autism and Developmental Disorders*, 49 (6) (2019) pp.2389–2402
17. L. Kanner, 'Autistic disturbances of affective contact', *Nervous Child*, 2 (1943) pp.217–250
18. Kristen Bottema-Beutel et al, 'Adverse event reporting in intervention research for young autistic children', *Autism*, 25 (2) (2021) pp.322–335
19. Yu-Chi Chou et al, 'Comparisons of self-determination among students with autism, intellectual disability, and learning disabilities: A multivariate analysis', *Focus on Autism and Other Developmental Disabilities*, 32 (2) (2016) pp.124–132
20. Xueqin Qian et al, 'Differences in self-determination across disability categories: findings from national longitudinal transition study', *Journal of Disability Policy*

Studies, 32 (4) (2012) pp.245–256

21. Rifat, Kerem Gurkan and Funda Kocak, 'Double punch to the better than nothing: physical activity participation of adolescents with autism spectrum disorder', *International Journal of Developmental Disabilities*, 69 (5) (2021) pp.697–709

22. Lee Jussim, 'Self-fulfilling prophecies: A theoretical and integrative review', *Psychological Review*, 93 (4) (1986) pp.429–445

23. Eric Fombonne, 'Editorial: Is autism overdiagnosed?', *Journal of Child Psychology and Psychiatry*, 64 (5) (2023) pp.711–714

24. 'Anxiety and depression in children: Get the facts', CDC, https://www.cdc.gov/childrensmentalhealth/features/anxiety-depressionchildren.html

25. 'Rising ill-health and economic inactivity because of long-term sickness, UK: 2019 to 2023', *Office for National Statistics*, 26 July 2023, https://www.ons.gov.uk/employmentandlabourmarket/peoplenotinwork/economicinactivity/articles/risingillhealthandeconomicinactivitybecauseoflongtermsicknessuk/2019to2023

26. 'One in five children and young people had a probable mental disorder in 2023', *NHS England*, 21 November 2023, https://www.england.nhs.uk/2023/11/one-in-five-children-and-young-peoplehad-a-probable-mental-disorder-in-2023/

27. Jessica Morris, 'The rapidly growing waiting lists for autism and ADHD assessments', Nuffield Trust QualityWatch, https://www.nuffieldtrust.org.uk/news-item/the-rapidly-growing-waiting-listsfor-autism-and-adhd-assessments

28. 'Editorial: Is autism overdiagnosed?', *Journal of Child Psychology and Psychiatry*

29. 'Some NHS centres twice as likely to diagnose adults as autistic, study finds', University College London, 5 March 2024, https://www.ucl.ac.uk/news/headlines/2024/mar/some-nhs-centrestwice-likely-diagnose-adults-autistic-study-finds

30. 'Doctor who helped broaden autism spectrum "very sorry" for over-diagnosis', *New York Post*

31. Diego Aragon-Guevara, 'The reach and accuracy of information on autism on TikTok', *Journal of Autism and Development Disorders* (2023)

32. Ellie Iorizzo, 'Tallula Willis reveals autism diagnosis: "It's changed my life"', Yahoo, 18 March 2024; Kate Ng, '"It's fantastic": Melanie Sykes says she is

"celebrating" her autism diagnosis', *Independent*, 6 December 2021

33. 'Does Bill Gates have autism?', *Rainbow*, 13 April 2024, https://www.rainbowtherapy.org/blogs-does-bill-gates-have-autism/
34. 'Does Tim Burton have autism or Asperger's?', *Golden Steps ABA*, 3 August 2023, https://www.goldenstepsaba.com/resources/does-tim-burton-have-autism
35. 'Famous Autistic People', On The Spectrum Foundation, https://www.onthespectrumfoundation.org/famous-people-with-asperger-s
36. Jack Shepherd, 'Robbie Williams "believes he has Asperger Syndrome"', *Independent*, 29 June 2018, https://www.independent.co.uk/arts-entertainment/music/news/robbie-williams-aspergersyndrome-radio-2-interview-autism-spectrum-a8422461.html
37. https://www.thetimes.com/uk/healthcare/article/rise-of-autismmakes-diagnosis-meaningless-6pgssfznt
38. 'Concerns about Spectrum 10K: Common Variant Genetics of Autism and Autistic traits', NMHS Health Research Authority, 22 May 2022, https://www.hra.nhs.uk/about-us/governance/feedback-raising-concerns/spectrum-10k-update-19-may-2022/

제4장 암 유전자

1. 'BRCA Exchange: Facts & stats', BRCA Exchange, https://brcaexchange.org/factsheet
2. 모든 BRCA 유전자 변이체가 암 위험을 증가시키는 것은 아니다. 이로우면서 건강 문제를 전혀 일으키지 않는 것도 많다. '병적' 또는 '고위험' 변이체는 암 위험을 증가시키는 것을 말한다.
3. https://www.cancer.gov/about-cancer/causes-prevention/genetics/brca-fact-sheet
4. 'Surgery to Reduce the Risk of Breast Cancer', National Cancer Institute, https://www.cancer.gov/types/breast/risk-reducing-surgery-fact-sheet
5. Sofía Luque Suárez et al, 'Immediate psychological implications of risk-reducing mastectomies in women with increased risk of breast cancer. A comparative study', *Clinical Breast Cancer*, S1526-8209 (2024)
6. Stephanie M. Wong et al, 'Counselling framework for germline BRCA1/2 and

PALB2 carriers considering risk-reducing mastectomy', *Current Oncology*, 31 (2024) pp.350–365

7. Amanda S. Nitschke et al, 'Non-cancer risks in people with *BRCA* mutations following risk-reducing bilateral salpingo-oophorectomy and the role of hormone replacement therapy: a review', *Cancers*, 15 (3) (2023) pp.711

8. Minal S. Kale and Deborah Korenstein, 'Overdiagnosis and overtreatment; how to deal with too much medicine', *Journal of Family Medicine and Primary Care*, 9(8) (2020)

9. 'Overdiagnosis in primary care: framing the problem and finding solutions', *British Medical Journal*, 362 (2018)

10. 'Thyroid cancer: zealous imaging has increased detection and treatment of low risk tumours', *British Medical Journal*, 347 (2013)

11. 'Prostate-specific antigen screening and 15-year prostate cancer mortality: a secondary analysis of the CAP randomized clinical trial', *JAMA*, 331(17) (2024), pp.1460–1470

12. Brigid Betz-Stablein and H. Peter Soyer, 'Overdiagnosis in Melanoma Screening: Is It a Real Problem?', *Dermatol Pract Concept.* 13(4) (2023); Katy J.L. Bell, 'Melanoma overdiagnosis: why it matters and what can be done about it.', *British Journal of Dermatology*, 187 (4) (2022), pp. 459–460.

13. Daniel Lindsay et al, 'Estimating the magnitude and healthcare costs of melanoma in situ and thin invasive melanoma overdiagnosis in Australia', *British Journal of Dermatology* (2024)

14. Ilana B. Richman et al, 'Estimating breast cancer overdiagnosis after screening mammography among older women in the United States', *Annals of Internal Medicine*, 176(9) (2023) pp.1172–1180

15. 'Screening for breast cancer with mammography', Cochrane Database of Systematic Reviews

16. Oleg Blyuss et al, 'A case-control study to evaluate the impact of the breast screening programme on breast cancer incidence in England', *Cancer Medicine*, 12 (2) (2023) pp.1878–1887

17. Michael Bretthauer et al, 'Estimated lifetime gained with cancer screening tests:

a meta-analysis of randomized clinical trials', *JAMA Internal Medicine*, 183 (11) (2023) pp.1196–1203

18. Kelly Metcalfe et al, 'International trends in the uptake of cancer risk reduction strategies in women with a BRCA1 or BRCA2 mutation', *British Journal of Cancer* 121 (1) (2019) pp.15–21

19. Narendra Nath Basu et al, 'The Angelina Jolie effect: Contralateral risk-reducing mastectomy trends in patients at increased risk of breast cancer', *Scientific Reports*, 11 (1) (2021) p.2847

20. Federica Chiesa and Virgilio S. Sacchini, 'Risk-reducing mastectomy', *Minerva Obstetrics and Gynecology*, 68 (5) (2016) pp.544–7

21. J. Morgan et al, 'Psychosocial outcomes after varying risk management strategies in women at increased familial breast cancer risk: a mixed methods study of patient and partner outcomes', *Annals of The Royal College of Surgeons of England*, 106 (1) (2024) pp.78–91

22. Katja Keller et al, 'Patient-reported satisfaction after prophylactic operations of the breast', *Breast Care* (Basel), 14 (4) (2019) pp.217–223

23. 'International trends in the uptake of cancer risk reduction strategies in women with a BRCA1 or BRCA2 mutation', *British Journal of Cancer*

24. Caroline F. Wright et al, 'Assessing the pathogenicity, penetrance, and expressivity of putative disease-causing variants in a population setting', *American Journal of Human Genetics*, 104 (2019) pp.275–86

25. Lynn B. Jorde and Michael J. Bamshad, 'Genetic ancestry testing: what is it and why is it important?' *JAMA*, 323 (11) (2020) pp.1089–1090

26. Kirpal S. Panacer, 'Ethical issues associated with direct-to-consumer genetic testing', *Cureus*, 15 (6) (2023)

27. Rachel Horton et al, 'Direct-to-consumer genetic testing', *British Medical Journal*, 367 (2019)

28. Amit Sud, 'Realistic expectations are key to realising the benefits of polygenic scores', *British Medical Journal*, 380 (2023)

29. Kelly F.J. Stewart et al, 'Behavioural changes, sharing behaviour and psychological responses after receiving direct-to-consumer genetic test results: a systematic review

and meta-analysis', *Journal of Community Genetics*, 9 (1) (2018) pp.1–18

30. Gareth J. Hollands et al, 'The impact of communicating genetic risks of disease on risk-reducing health behaviour: systematic review with meta-analysis', *British Medical Journal*, 352 (2016)

31. 'Hancock criticised over DNA test "over reaction"', *BBC News*, 21 March 2019, https://www.bbc.co.uk/news/health-47652060

32. 'Are genetic tests useful to predict cancer?', Hannah Devlin, 23 March 2019, https://www.theguardian.com/society/2019/mar/23/are-predictive-genetic-test-useful-to-predict-cancer-matt-hancock

33. Ephrem Tadele Sedeta et al, 'Breast cancer: Global patterns of incidence, mortality, and trends', *Journal of Clinical Oncology*, 41 (2023) pp.10528–10528

34. 'Watch and wait', Cancer Research UK, https://www.cancerresearchuk.org/about-cancer/treatment/watch-and-wait

35. Marc D. Ryser et al, 'Outcomes of Active Surveillance for Ductal Carcinoma in Situ: A Computational Risk Analysis', *Journal of the National Cancer Institute*, 108(5) (2015)

36. Kirsten McCaffery et al, 'How different terminology for ductal carcinoma in situ impacts women's concern and treatment preferences: a randomised comparison within a national community survey', *BMJ Open* 5(11) (2015);

37. Edward Davies, 'Overdiagnosis: what are we so afraid of?', *British Medical Journal*, 12 September 2013, https://blogs.bmj.com/bmj/2013/09/12/edward-davies-overdiagnosis-what-arewe-soafraid-of/

제5장 ADHD, 우울증, 신경다양성

1. 'General Prevalence of ADHD', chadd.org, https://chadd.org/about-adhd/general-prevalence/

2. Elie Abdelnour et al, 'ADHD diagnostic trends: increased recognition or overdiagnosis?', *Missouri Medicine*, 119 (5) (2022) pp.467–473

3. Douglas G.J. McKechnie et al, 'Attention-deficit hyperactivity disorder diagnoses and prescriptions in UK primary care, 2000–2018: population-based cohort study', *BJPsych Open*, 9 (4) (2023) e121

4. Luise Kazda et al, 'Attention deficit/hyperactivity disorder (ADHD) in children: more focus on care and support, less on diagnosis', *British Medical Journal*, 384 (2024) e073448
5. Mohammad Al-Wardat et al, 'Prevalence of attention-deficit hyperactivity disorder in children, adolescents and adults in the Middle East and North Africa region: a systematic review and meta-analysis', *British Medical Journal Open*, 14 (2024) e078849 https://bmjopen.bmj.com/content/bmjopen/14/1/e078849.full.pdf
6. https://www.washingtonpost.com/national/health-science/adhdabout-1-in-5-adults-may-have-a-disorder-usually-associated-with-grade-school/2013/12/13/34634f4a-5b7f-11e3-a49b-90a0e156254b_story.html
7. 'Attention deficit hyperactivity disorder: How common is it?', National Institute of Clinical Excellence, https://cks.nice.org.uk/topics/attention-deficit-hyperactivity-disorder/background-information/prevalence/
8. https://www.theguardian.com/society/2023/oct/29/adult-adhd-autismassessment-nhs-screening-system-yorkshirepilot#:~:text=The%20ADHD%20Foundation%20has%20indicated,services%20have%20struggled%20to%20cope
9. Eleni Frisira et al, 'Systematic review and meta-analysis: relative age in attention-deficit/ hyperactivity disorder and autism spectrum disorder', *European Child and Adolescent Psychiatry*, (2024); Martin Whitely et al, 'Annual Research Review: Attention deficit hyperactivity disorder late birthdate effect common in both high and low prescribing international jurisdictions: a systematic review', *Journal of Child Psychology and Psychiatry*, 60(4) (2019), pp.380–391
10. Tarjei Widding-Havneraas et al, 'Geographical variation in ADHD: do diagnoses reflect symptom levels?', *European Child and Adolescent Psychiatry*, 32 (9) (2023) pp.1795–1803
11. 'State-based Prevalence of ADHD Diagnosis and Treatment 2016–2019', CDC, https://www.cdc.gov/adhd/data/state-basedprevalence-of-adhd-diagnosis-and-treatment-2016-2019.html
12. James J. McGough, 'Psychiatric comorbidity in adult attention deficit hyperactivity disorder: Findings from multiplex families', *American Journal of Psychiatry*, 162(9) (2005) pp.1621–7

13. ADDitude editors, 'What Is ADHD? Symptoms, Subtypes & Treatments', ADDitude, 26 September 2019, https://www.additudemag.com/what-is-adhd-symptoms-causes-treatments/
14. 'What is ADHD/ADD?', ADHD Ireland, https://adhdireland.ie/general-information/what-is-adhd/
15. Oliver Grimm et al, 'Genetics of ADHD: what should the clinician know?', *Current Psychiatry Reports*, 22 (4) (2020) p.18; Sami Timimi, 'Insane Medicine, Chapter 3: The Manufacture of ADHD (Part 2)', Mad in America, 16 November 2020, https://www.madinamerica.com/2020/11/insane-medicine-chapter-3-manufacture-adhd-part-2a/
16. Judy Singer interview played on *AntiSocial* with Adam Fleming, BBC Radio 4, 27 January 2023
17. 'Seven-fold increase in adult ADHD prescriptions over 10 years', *BBC News*, 28 August 2023, https://www.bbc.co.uk/news/uk-scotland-66135145
18. Ben Beaglehole, 'Despite a tenfold increase in ADHD prescriptions, too many New Zealanders are still going without', The Conversation, 2 May 2024, https://theconversation.com/despitea-tenfold-increase-in-adhd-prescriptions-too-many-new-zealanders-are-still-going-without-229179
19. Shannon Brumbaugh et al, 'Trends in characteristics of the recipients of new prescription stimulants between years 2010 and 2020 in the United States: An observational cohort study', *eClinicalMedicine* 50 (2022) 101524
20. R. Thomas, 'Attention deficit/Hyperactivity disorder: are we helping or harming?' *BMJ* (2013)
21. K. Boesen et al, 'Extended-release methylphenidate for attention deficit hyperactivity disorder (ADHD) in adults', Cochrane, 24 February 2022, https://www.cochrane.org/CD012857/BEHAV_extended-release-methylphenidate-attention-deficithyperactivity-disorder-adhd-adults
22. Joanna Moncrieff et al, 'The serotonin theory of depression: a systematic umbrella review of the evidence', *Molecular Psychiatry*, 28 (2023) pp.3243–3256
23. Susan Mayor, 'Meta-analysis shows difference between antidepressants and placebo is only significant in severe depression', *British Medical Journal*, 336 (2008) p.466

24. 'Position statement on antidepressants and depression', Royal College of Psychiatrists, May 2019, https://www.rcpsych.ac.uk/docs/default-source/improving-care/better-mh-policy/position-statements/ps04_19---antidepressants-and-depression.pdf?sfvrsn=ddea9473_5
25. 'Depression: Learn More – How effective are antidepressants?', National Library of Medicine, https://www.ncbi.nlm.nih.gov/books/NBK361016
26. 'One in five children and young people had a probable mental disorder in 2023', NHS England, 21 November 2023, https://www.england.nhs.uk/2023/11/one-in-five-children-and-youngpeople-had-a-probable-mental-disorder-in-2023/
27. J. Dykxhoorn et al, 'Temporal patterns in the recorded annual incidence of common mental disorders over two decades in the United Kingdom: a primary care cohort study', *Psychological Medicine*. 54(4) (2024), pp. 663–674
28. Ágnes Zsila and Marc Eric S. Reyes, 'Pros & cons: impacts of social media on mental health', *BMC Psychology*, 11 (2023) p.201
29. Laura Marciano et al, 'Digital media use and adolescents' mental health during the Covid-19 pandemic: a systematic review and meta-analysis', *Frontiers in Public Health*, 9 (2022) 793868
30. Ruth Plackett et al, 'The longitudinal impact of social media use on UK adolescents' mental health: longitudinal observational study', *Journal of Medical Internet Research*, 25 (2023) e43213
31. Andree Hartanto et al, 'Does social media use increase depressive symptoms? A reverse causation perspective', *Frontiers in Psychiatry*, Sec. Public Mental Health, 12 (2021)
32. Hasan Beyari and Sen-Chi Yu, 'The relationship between social media and the increase in mental health problems', *International Journal of Environmental Research and Public Health*, 20 (3) (2023), p.2383
33. Sharon Neufeld, senior research fellow, Cambridge University, interviewed on *The Briefing Room*, BBC, 22 July 2024
34. 'The power threat meaning framework', The British Psychological Society, January 2018, https://cms.bps.org.uk/sites/default/files/2022-10/PTMF%20overview.pdf
35. Liesbet Van Bulck et al, 'Illness identity: A novel predictor for healthcare use in

adults with congenital heart disease', *Journal of the American Heart Association*, 7 (11) (2018)

36. Veronica W. Wanyee and Dr Josephine Arasa, 'Literature review of the relationship between illness identity and recovery outcomes among adults with severe mental illness recovery outcomes among adults with severe mental illness', *Modern Psychological Studies*, 25 (2) (2020), https://scholar.utc.edu/cgi/viewcontent.cgi?article=1513&context=mps

37. Paul Garner, 'Paul Garner on long haul Covid-19 – Don't tryto dominate this virus, accommodate it', The BMJ Opinion, 4 September 2020, https://blogs.bmj.com/bmj/2020/09/04/paul-garner-on-longhaul-covid-19-dont-try-and-dominate-this-virus-accommodate-it/

38. Paul Garner, 'Paul Garner: For 7 weeks I have been through a roller coaster of ill health, extreme emotions, and utter exhaustion', The BMJ Opinion, 5 May 2020, https://blogs.bmj.com/bmj/2020/05/05/paul-garner-people-who-have-a-moreprotracted-illness-need-help-to-understand-and-cope-with-the-constantly-shifting-bizarre-symptoms/

39. 'Paul Garner on long haul Covid-19 – Don't try to dominate this virus, accommodate it', The BMJ Opinion

40. J. Biederman, 'Attention deficit/hyperactive disorder: a lifespan perspective', *Journal of Clinical Psychiatry*, 59 (supplement 7) (1998) pp. 4–16

41. R. Gittelman et al, 'Hyperactive boys almost grown up. I. Psychiatric status'. *Archives of General Psychiatry*, 42 (10) (1985) pp. 937–47

42. Mélodie Lemay-Gaulin, 'Efficacy and Perceptions of Academic Accommodations for University Students with ADHD', doctoral thesis, August 2022, https://papyrus.bib.umontreal.ca/xmlui/bitstream/handle/1866/27699/Lemay-Gaulin_Melodie_Essai.pdf

43. Benjamin J. Lovett and Jason M. Nelson, 'Educational accommodations for children and adolescents with attention-deficit/hyperactivity disorder', *Journal of the American Academy of Child & Adolescent Psychiatry*, 60, (4) (2021) pp. 448–457

44. 'Academic testing accommodations for ADHD: Do they help?', Learn Disability Association of America, 21 (2) (2016) pp. 67–78

45. Dorien Jansen et al, 'The implementation of extended examination duration for students with ADHD in higher education', *Journal of Attention Disorders*, 23 (14) (2018) pp.1746–1758
46. Kapil Sayal et al, 'Impact of early school-based screening and intervention programs for ADHD on children's outcomes and access to services: Follow-up of a school-based trial at age 10 years', *Archives of Pediatrics & Adolescent Medicine*, 164 (5) (2010) pp.462–9
47. Franco De Crescenzo et al, 'Pharmacological and non-pharmacological treatment of adults with ADHD: A meta-review', *Evidence Based Mental Health*, 20 (2017) pp.4–11
48. William E. Pelham et al, 'The effect of stimulant medication on the learning of academic curricula in children with ADHD: A randomized crossover study', *Journal of Consulting and Clinical Psychology*, 90 (5) (2022) pp.367–380
49. Janet Currie et al, 'Do stimulant medications improve educational and behavioral outcomes for children with ADHD?' *Journal of Health Economics*, 37 (2014) pp.58–69
50. Perry T., editor, Therapeutics Letter, Vancouver (BC): Therapeutics Initiative; 1994-, Letter 110, 'Stimulants for ADHD in children: Revisited', 2018 Feb.
51. Samuele Cortese, 'Evidence-based prescribing of medications for ADHD: Where are we in 2023?', *Expert Opinion on Pharmacotherapy*, 24 (4) (2023) pp.425–434
52. Owens, J., Jackson, H., 'Attention-deficit/hyperactivity disorder severity, diagnosis, and later academic achievement in a national sample', *Social Science Research*, 61 (2017) pp.251–265

제6장 이름 없는 증후군

1. 100,000 Genomes Project, https://www.genomicsengland.co.uk/initiatives/100000-genomes-project
2. 'BRCA Exchange: Facts and Stats', BRCA Exchange, https://brcaexchange.org/factsheet
3. 우연한 발견과 경계선에 놓인 결과는 검사에서 아주 흔히 나온다. 내가 대규모로 혈액 검사를 한다면, 거의 예외 없이 경계선에 놓인 결과도 나온다. 그중 어느 것

을 환자와 상담할 필요가 있고 어느 것이 전할 필요가 없는 사소한 것임을 결정하려면 임상 판단을 이용하는 것이 의사의 표준 행위이다.

4. 'Newborn Genomes Programme', Genomics England, https://www.genomicsengland.co.uk/initiatives/newborns
5. Guardian Study, https://guardian-study.org/
6. https://babyscreen.mcri.edu.au/about/
7. Nina B. Gold et al, 'Perspectives of rare disease experts on newborn genome sequencing', *JAMA Network Open*, 6 (5) (2023) e2312231
8. Suzannah Kinsella et al, 'A Public Dialogue to Inform the Use of Wider Genomic Testing When Used as Part of Newborn Screening to Identify Cystic Fibrosis', *International Journal of Neonatal Screening*, 8(2) (2022)
9. Emma Wilkinson, 'Newborn genome screening: a step too far?', *Pharmaceutical Journal*, 6 January 2023, https://pharmaceutical-journal.com/article/feature/newborn-genome-screening-a-step-too-far
10. 'Non-invasive prenatal testing (NIPT)', NHS Inform, https://www.nhsinform.scot/healthy-living/screening/pregnancy/non-invasive-prenatal-testing-nipt/#how-nipt-works
11. 'NIPT Test', Cleveland Clinic, https://my.clevelandclinic.org/health/diagnostics/21050-nipt-test
12. 'Non-invasive prenatal testing for Down's Syndrome is 99% accurate and is preferred by parents', Great Ormond Street Hospital for Children, 9 June 2015, https://www.gosh.nhs.uk/press-releases/non-invasive-prenatal-testing-downs-syndrome-99-accurateand-preferred-parents-0/
13. Catherine Joynson, 'Our concerns about non-invasive prenatal testing (NIPT) in the private healthcare sector', Nuffield Council on Bioethics, 8 February 2019, https://www.nuffieldbioethics.org/blog/nipt-private
14. 'Non-invasive prenatal testing: ethical issues', Nuffield Council on Bioethics, March 2017, https://www.nuffieldbioethics.org/assets/pdfs/NIPT-ethical-issues-full-report.pdf
15. 'Our concerns about non-invasive prenatal testing (NIPT) in the private healthcare sector', Nuffield Council on Bioethics

16. 'Fact checking: Non-invasive prenatal testing (NIPT) for Down's syndrome', Down's Syndrome Association, https://www.downs-syndrome.org.uk/wp-content/uploads/2020/08/2020.FactChecker_NIPT.pdf
17. Ibid.; Van Der Miej et al, 'TRIDENT-2: National Implementation of Genome-wide Non-invasive Prenatal Testing as a First-Tier Screening Test in the Netherlands', *The American Journal of Human Genetics*, 105 (6), pp.1091–1101
18. Zainab Al-Ibraheemi et al, 'Changing face of invasive diagnostic testing in the era of cell-free DNA', *American Journal of Perinatology*, 34 (11) (2017) pp.1142–1147
19. EUROCAT Working Group, 'Survey of prenatal screening policies in Europe for structural malformations and chromosome anomalies, and their impact on detection and termination rates for neural tube defects and Down's syndrome', *BJOG*, 115 (6) (2008) pp.689–96
20. 'FactCheck: Are 90% of babies with Down syndrome in Britain aborted?', *The Journal*, 3 February 2018, https://www.thejournal.ie/factcheck-babies-abortion-3823611-Feb2018/
21. Sarina R. Chaiken et al, 'Association between rates of Down syndrome diagnosis in states with vs without 20-week abortion bans from 2011 to 2018', *JAMA Network Open*, 6 (3) (2023) e233684
22. Julian Quinones and Arijeta Lajka, '"What kind of society do you want to live in?": Inside the country where Down syndrome is disappearing', CBC News, 15 August 2017, https://www.cbsnews.com/news/down-syndrome-iceland/
23. 'ASA bans prenatal testing ads for the use of misleading statistics', Nuffield Council on Bioethics, 20 November 2019, https://www.nuffieldbioethics.org/news/asa-bans-prenatal-testing-ads-for-theuse-of-misleading-statistics
24. 'When they warn of rare disorders, these prenatal tests are usually wrong', https://www.nytimes.com/2022/01/01/upshot/pregnancybirth-genetic-testing.html

결론

1. Darcisio Hortelan Antonio and Claudia Saad Magalhaes, 'Survey on joint hypermobility in university students aged 18–25 years old', *Advances in Rheumatology* 58 (3) (2018)

2. https://www.ehlers-danlos.com/what-is-eds/#:~:text=Classical%20EDS%20 (cEDS)%20and%20vascular,1%20in%201%20million%20people
3. Joanne C. Demmler et al, 'Diagnosed prevalence of Ehlers-Danlos syndrome and hypermobility spectrum disorder in Wales, UK: a national electronic cohort study and case control comparison', *BMJ Open* 9 (2019) e031365
4. R.A. Wedge et al (eds), National Academies of Sciences, Engineering, and Medicine; Health and Medicine Division; Board on Health Care Services; Committee on Selected Heritable Disorders of Connective Tissue and Disability, 'Ehlers-Danlos Syndromes and Hypermobility Spectrum Disorders', National Academies Press (US), (2022), https://www.ncbi.nlm.nih.gov/books/NBK584966/
5. Cheryl Iny Harris, 'Covid-19 increases the prevalence of postural orthostatic tachycardia syndrome: What nutrition and dietetics practitioners need to know', *Journal of the Academy of Nutrition and Dietetics*, 122 (9) (2022) pp.1600–1605
6. Lesley Kavi, 'Postural tachycardia syndrome and long COVID: an update', *British Journal of General Practice*, 72 (714) (2022) pp.8–9
7. 'Osteoarthritis: Key facts', World Health Organization, 14 July 2023, https://www.who.int/news-room/fact-sheets/detail/osteoarthritis
8. Yixiang He et al, 'Global burden of osteoarthritis in adults aged 30 to 44 years, 1990 to 2019: Results from the Global Burden of Disease Study 2019', *BMC Musculoskeletal Disorders* 25 (2024) p.303
9. 'Two fifths of people have chronic pain by their 40s, with consequences for later life', University College London, 2 November 2022, https://www.ucl.ac.uk/news/2022/nov/two-fifths-people-havechronic-pain-their-40s-consequences-later-life
10. Lucy Norcliffe-Kaufmann, 'Fear conditioning as a pathogenic mechanism in the postural tachycardia syndrome', *Brain*, 145(11) (2022) pp.3763–3769
11. Ian Hacking, 'Making up people', *London Review of Books*, 28 (16) (2006), https://www.lrb.co.uk/the-paper/v28/n16/ian-hacking/making-up-people
12. Jenny L.L. Csecs et al, 'Joint hypermobility links neurodivergence to dysautonomia and pain', *Frontiers in Psychiatry*, 12, 786916 (2022)
13. David Harris, 'Mast cell activation is linked to a wide range of other conditions',

EDS.Clinic, https://www.eds.clinic/articles/mast-cellactivation-is-linked-to-a-wide-range-of-other-conditions

14. Emily L. Casanova et al, 'The Relationship between autism and Ehlers-Danlos syndromes/hypermobility spectrum disorders', *Journal of Personalized Medicine*, 10 (4) (2020) pp.260

15. Robert T. Thibault, 'Treating ADHD with suggestion: Neurofeedback and placebo therapeutics', *Journal of Attention Disorders*, 22 (8) (2018) pp.707–711

16. 'Unnecessary tests and procedures in the health care system', the ABIM Foundation/PerryUndem Research/Communication, 1 May 2014, https://www.choosingwisely.org/files/Final-Choosing-Wisely-Survey-Report.pdf

17. 'A Brief History of Slow Medicine', Slow Medicine, 26 May 2019, https://www.slowmedicine.com.br/the-slow-medicine-history-byladd-bauer/

18. H. Gilbert Welch and Elliott S. Fisher, 'Income and cancer overdiagnosis – when too much care is harmful', *New England Journal of Medicine*, 376 (2017) pp.2208–2209

19. William H. Shrank et al, 'Waste in the US health care system: estimated costs and potential for savings', *JAMA*, 322(15) (2019) pp.1501–1509

20. Shannon Brownlee et al, 'Evidence for overuse of medical services around the world', *Lancet*, 390(10090) (2017) pp.156–168

21. Hugh Alderwick, 'Is the NHS delivering too much of the wrong things?', The King's Fund, 12 August 2015, https://www.kingsfund.org.uk/insight-and-analysis/blogs/nhs-delivering-too-muchwrong-things

22. João Pedro Bandovas et al, 'Broadening risk factor or disease definition as a driver for overdiagnosis: A narrative review', *Journal of Internal Medicine*, 291(4) (2022) pp.426–437

23. John Yudkin, 'The epidemic of pre-diabetes: the medicine and the politics', *British Medical Journal*, 349 (2014)

24. John S. Yudkin, '"Prediabetes": Are There Problems With This Label? Yes, the Label Creates Further Problems!', *Diabetes Care* 39(8) (2016), pp. 1468–1471

역자 후기

 어릴 때 집에 두꺼운 의학 백과사전이 있었다. 그 책이 왜 있었는지는 모르겠지만, 아무튼 딱히 읽을 것이 없을 때면 그 책을 펼쳐보고는 했다. 그런데 이 항목이든 저 항목이든 읽을 때마다 그 병의 증상이 내게도 있는 양 느껴졌다. 한 시간 사이에 내가 앓는 병이 수십 가지로 늘어날 때도 있었다. 어릴 때라 책을 덮고 밖에서 놀다 보면 까맣게 잊었지만, 밖에서 노는 시간이 적은 지금 같은 상황이라면 어떤 결과가 빚어졌을까 하는 생각이 문득 든다.

 이 책은 먼저 자폐, ADHD, 우울증, 암뿐 아니라, 수십 년 전에는 존재하지 않았던 온갖 병을 앓는 이들이 최근 들어 급격히 증가해왔음에 주목한다. 선진국일수록 더 그렇다. 수십 년 사이에 환자수가 수백 퍼센트나 늘어난 질환도 많다. 그렇게 늘어난 이들이 정말로 그 병을 앓고 있는 것일까? 아니면 조기 검진과 진단 기술의 발전 덕분에 본인조차 모르던 병을 찾아낸 것일까? 아니면 사회 분위기에 휩쓸리거나 지원을 받고 싶거나 마음의 안정을 얻기 위해서 병이 있다고 확인을 받으려는 이들이 늘어난 것일까? 그것도 아니라면, 의사들이 진단을 남발하는 것일까?

이 책에서 저자는 바로 이런 의문들을 깊이 파고든다. 끝도 없이 계속 늘어나는 듯한 진단명과 환자수를 보면서, 저자는 지금이 진단의 시대라고 말한다. 그리고 그 갑작스러운 증가의 원인이 무엇인지 살펴본다. 그러면서도 저자는 끊임없이 묻는다. 진단명과 환자수의 이 급증이 과연 당사자와 주변 사람들, 그리고 사회 전체에 기여할까? 더 건강하고 행복한 삶을 안겨줄까? 개인이든 사회든 과연 그런 급증의 득과 실을 제대로 따져보았을까? 그리고 이 모든 질환의 중증 환자수는 세월이 흘러도 발병률이 거의 변함없는 수준으로 유지되고 있는데, 왜 경증 환자만 대여섯 배까지 늘어날까?

저자는 헌팅턴병, 자폐, ADHD, 암 등 다양한 질환을 앓는 사람들의 이야기를 곁들여서 이런 주제를 꼼꼼히 파헤친다. 어떤 의사도 무슨 병이라고 확실히 말하지 못하는 온갖 증상에 시달리다가 새로운 낯선 진단명을 받고 마음의 평화를 얻은 사람도 있다. 치료가 불가능해도 말이다. 불치병에 걸릴 것이라는 유전자 검사 결과를 받고서 황망한 상태에 빠진 사람도 있다. 이 의사 저 의사를 찾아다니면서 어떤 증상이 있냐는 질문을 받을 때마다 걱정이 쌓여서 몸을 더 유심히 살피고, 그럴 때마다 새로운 증상을 찾아내는 사람도 있다.

저자는 이런 환자들을 통해서 증상이 약한 이들까지 환자 집단에 포함시키는 것이 과연 가치가 있는지, 실보다 득이 더 많다고 할 수 있는지 의문을 제기한다. 게다가 가장 본질적인 그런 질문조차 제대로 하지 않은 채, 증상이 가벼운 이들까지 모두 병자로 등록시키려고 애쓰는 현행

의료 추세에도 이의를 제기한다. 또 개인의 미래에 어떤 영향을 미칠지도 잘 모르고, 설령 불치병을 가져온다고 해도 치료법이 없는 유전자 변이체가 있다고 수십 년 전에 미리 알게 되는 것이 과연 어떤 이점이 있을까? 저자는 대중과 의료인이 일종의 공동 광기에 사로잡혀 있다는 말까지 한다.

그런 한편으로 저자는 등이 휠 것 같은 삶의 무게를 의사가 제대로 이해하지 못한다는 환자의 말에도 공감하면서, 현재 우리에게 진정으로 필요한 것은 첨단 검사 기술이 아니라, 환자의 말에 귀를 기울이면서 더 천천히 시간을 들여 상담과 진료를 할 수 있는 체계를 만드는 것일 수도 있다고도 말한다.

읽고 있자면, 정말 많은 생각을 하게 된다. 더 나아가 이 이야기가 딱히 의학에만 적용되는 것이 아니라는 생각도 절로 든다. 지금 우리가 열광하고 있는 인공지능도 마찬가지가 아닐까?

2025년 가을
이한음

인명 색인

가너 Garner, Paul 247-248

데이비스 Davies, Edward 215

로언스타인 Lowenstein, Fiona 113-114
뢴트겐 Röntgen, Wilhelm Conrad 212
루카센 Lucassen, Anneke 198-199, 209, 270-272

머리 Murray, Polly 77-81, 105, 108-109
모트롱 Mottron, Laurent 138-139

발린트 Bálint, Mihály 321
배런 Baron, Richard 105
배런-코언 Baron-Cohen, Simon 139, 165
버그도퍼 Burgdorfer, Willy 81

스티어 Steere, Allen 81
싱어 Singer, Judy 232

아스페르거 Asperger, Hans 142
알완 Alwan, Nisreen 113-114

용 Yong, Ed 113
윙 Wing, Lorna 142

젬섹 Jemsek, Joseph 93-95, 101, 107
조인슨 Joynson, Catherine 285
존스턴 Johnstone, Lucy 243
졸리 Jolie, Angelina 194

캐너 Kanner, Leo 141-142, 148, 165
커티스 Curtis, David 279
코펜 Coppen, Alec 237

타드로스 Tadros, Shereen 58, 63, 75, 291

페레고 Perego, Elisa 112-113, 123
폼본 Fombonne, Eric 151
프랜시스 Frances, Allen 161
브로카 Broca, Paul 183
프리먼 Freeman, Hadley 246
프리스 Frith, Uta 164

해킹 Hacking, Ian 306
행콕 Hancock, Matthew 211-212